油田设备润滑管理创新与实践

刘振龙 编著

石油工业出版社

内 容 提 要

本书从思维创新、方法创新、技术创新三个方面，结合实际，对油田设备润滑管理进行了系统介绍。论述了管理创新思维的内涵、意义、本质属性及训练；提炼总结了在设备润滑管理上较为重要的方法和手段；从润滑油劣化和润滑油性能评价出发，介绍了润滑油劣化相关理论、润滑油储存环境对寿命影响研究，以及柴油机油、润滑油、润滑脂的试验评价等方面内容。

本书可供从事设备润滑管理的工作人员参考使用，也可供高等院校相关专业师生参考阅读。

图书在版编目(CIP)数据

油田设备润滑管理创新与实践／刘振龙编著．—北京：石油工业出版社，2021.8
ISBN 978-7-5183-4777-3

Ⅰ．①油… Ⅱ．①刘… Ⅲ．①石油机械-设备管理-润滑管理-研究 Ⅳ．①TE9

中国版本图书馆 CIP 数据核字（2021）第 148199 号

出版发行：石油工业出版社
　　　　　（北京安定门外安华里 2 区 1 号楼　100011）
　　　　　网　　址：www.petropub.com
　　　　　编辑部：（010）64523687　图书营销中心：（010）64523633
经　　销：全国新华书店
印　　刷：北京晨旭印刷厂

2021 年 8 月第 1 版　2021 年 8 月第 1 次印刷
787×1092 毫米　开本：1/16　印张：12.25
字数：300 千字

定价：60.00 元
（如出现印装质量问题，我社图书营销中心负责调换）
版权所有，翻印必究

前　　言

设备是企业生存发展的基石，设备润滑管理一直是设备管理的重点内容，却也是薄弱环节。笔者在长期从事设备润滑管理工作实践中发现，很多从事润滑工作的人员思维和认知还停留在几十年前的水平。如运输车辆很多基层单位执行按季换油或5000km换油，而同等情况下，国外或精心维护的车辆的换油周期达到30000~50000km；有些人仅以价格为取舍，认为贵的就是好油，而不考虑正确合理选油，事实上不是油品越贵对设备润滑就越好，关键是油品对路；有油就行，对变化的标准不掌握，仍在使用已淘汰或不使用的油品；现场有什么油就加什么油，如上次加的是齿轮油，补油换油时加的却是液压油，对油品的适用范围和主要指标不了解；现场有员工对油品加多也不在意，认为油品只能多加不能少加，实际上多加少加对设备都是有害的，等等。

这些问题，有技术上的，有认识上的，但从根本上看，主要还是思维认知上，思维仍然停留在几十年前的水平，也称之为思维惯性。"打破砂锅易，打破思维难"。要提高润滑管理水平，必须打破原来的思维桎梏，以创新的思维来引领工作的开展。有了创新的思维，润滑管理工作还要有创新的方法和技术，这样才能达到事半功倍的效果，而不是纸上谈兵。编写本书的目的就是从根本上推动设备润滑管理向高质量发展迈进，而不仅仅是一直停留在传统和经验之上。

在思维创新上，本书论述了管理创新思维的内涵、意义、本质属性及训练，并结合油田设备现场管理实际，由浅入深总结提炼出了思维创新的实践案例，包括打破设备管理思维定式、培养正确的思维方式、设备是有生命的、设备健康管理、关注细节、一切灵感源于现场、没有问题就是最大的问题、寻找问题的真正原因、别让惯性思维害了你、不能做一个差不多先生、习惯养成定律、一万小时定律、让不浪费成为习惯、培养匠人精神等。旨在促进设备润滑管理人员打破惯性，培养正确的思维方式，实现思维创新，引领设备润滑管理不断前进。

在方法创新上,本书提炼总结了在设备润滑管理上较为重要的方法和手段,包括润滑管理标准化创新及实践、活动设备专业化润滑创新与实践、自动加脂技术创新与实践、润滑油在线监测技术创新与实践等5个方面内容,并附以应用案例,促进设备润滑管理人员掌握方法并直接应用。

在技术创新上,目前国内外对润滑油劣化的研究相对不多,本书从润滑油劣化和润滑油性能评价出发,在润滑油劣化的相关理论、润滑油储存环境对寿命影响研究、5W/40柴油机油应用试验评价、往复式注水泵润滑油试验评价、抽油机润滑脂试验评价、润滑油剩余寿命预测研究、油田钻采特车按质换油研究等方面进行了大胆探索和实践,总结了许多现场经验。

本书在编写过程中,将抽象的创新理论与实践案例相结合,突出了针对性和实用性,既可作为油田设备润滑管理人员的参考用书,为设备管理同行提供经验借鉴,也可作为高等院校机械等相关专业师生的学习参考书。

本书在编写过程中,得到了大庆油田物资装备部李明山主任的大力支持,大庆油田第一采油厂、第二采油厂、第四采油厂、第八采油厂、井下作业分公司、钻井二公司、中国石油润滑油公司大庆分公司、吉化集团大庆星云化工有限公司等单位同行给予了很多支持和帮助,在此表示衷心的感谢!同时,本书在编写过程中还参阅了部分国内外文献和论文资料,在此对作者表示衷心感谢。

由于编者水平有限,书中难免有不妥之处,敬请读者批评指正。

目 录

第一章 油田设备润滑管理思维创新 ………………………………………… (1)

 第一节 管理思维创新概述……………………………………………… (1)
 第二节 打破设备管理思维定式………………………………………… (12)
 第三节 问题导向的思维创新实践……………………………………… (22)
 第四节 习惯培养的思维创新实践……………………………………… (33)
 第五节 工匠精神培养的思维创新实践………………………………… (44)

第二章 油田设备润滑管理方法创新 ………………………………………… (60)

 第一节 润滑管理标准化创新及实践…………………………………… (60)
 第二节 活动设备专业化润滑创新与实践……………………………… (69)
 第三节 抽油机专业化润滑创新与实践………………………………… (79)
 第四节 自动加脂技术创新与实践……………………………………… (91)
 第五节 润滑油在线监测技术创新与实践……………………………… (104)

第三章 油田设备润滑管理技术创新 ………………………………………… (123)

 第一节 润滑油劣化的相关理论………………………………………… (123)
 第二节 润滑油储存失效及控制措施…………………………………… (129)
 第三节 5W/40柴油机油应用试验评价 ………………………………… (134)
 第四节 往复式注水泵润滑油试验评价………………………………… (141)
 第五节 抽油机润滑脂试验评价………………………………………… (146)
 第六节 润滑油剩余寿命预测方法……………………………………… (160)
 第七节 油田钻采特车按质换油分析…………………………………… (165)

参考文献 ……………………………………………………………………… (188)

第一章　油田设备润滑管理思维创新

爱因斯坦说过："人们解决世界的问题，靠的是大脑的思维和智慧。"思维创造一切，思考是进步的灵魂。如果思维是石，那么它将敲出人生信心之火；如果思维是火，那么它将点燃人生熄灭的灯；如果思维是灯，那么它将照亮人生夜航的路；如果思维是路，那么它将引领人生走向黎明！思维控制了一个人的思想和行动，也决定了一个人的视野、事业和成就。

不同的思维会产生不同的观念和态度，不同的观念和态度产生不同的行动，不同的行动产生不同的结果，而不同的结果则昭示着不同的人生。只有具有良好的思维，才能升华生命的意义，收获理想的硕果。成功者无一不具有创造性思维，而失败者总是困于僵化的思维之中。人的命运常常为思维方式所左右，创造性思维就是打开命运之门的金钥匙。

当今世界的发展日新月异，我们面临着一次又一次的重要变革，挑战无处不在。越来越多的人意识到，思维训练不只是专家和高层管理人员的事情，它对于一个普通人的学习、生活和工作也起着至关重要的作用。一个人只有接受更多、更好的思维训练，才能有更高的思维效率和更强的思维能力，才能从现代社会中脱颖而出。人的一生可以通过学习来获取知识，但思维训练从来都不是一件简单容易的事情，也不可能一蹴而就，许多心理学家和社会学家都认为思维命题训练是一种最好的方式。美国著名心理学家哈伊·奇克森特米哈伊把思维命题训练称为"使思维流动的活动"，它不但能够帮助发掘个人潜能，而且能使人感到愉快，是一种通过轻松有趣的游戏训练思维、提高智力的方式。

多年来设备管理尤其润滑管理思维创新较少，多是传统经验做法，多定式思维。思维创新，就是要打破原有的思维束缚，树立全新的思维和观念。通过润滑管理思维创新，能够解决润滑管理的根本性的问题，持续提高润滑管理水平。本章对管理思维创新的基本内涵、意义与本质属性、管理思维创新的训练、如何推进思维方式的创新等内容进行了阐述。

第一节　管理思维创新概述

思维创新是人类智慧的结晶，对于实践有着巨大指导意义和作用。管理者的思维创新对于管理实践的意义不容小觑，这就要求我们必须重视管理者的思维创新，发现问题，寻求推进思维创新的路径。

一、管理思维创新的基本内涵

1. 思维

思维是人类智慧的结晶。思维活动是马克思主义哲学的研究对象之一，也是心理学、生物学、医学等具体科学的研究对象。从哲学的角度来看，思维是相对于"存在"而言的，与意识和精神属于同一个层面的概念。思维是相对于"感性认识"而言的理性认识，是对事物本质及事物间规律的观念把握，是人脑对客观事物间接的概括的反映，是认识的高级形式。

管理思维是管理者对管理实践活动的认识和用来指导管理实践的思维方式、方法和过程，是关于管理实践的理性认识和现实把握。思维不仅是一种认识性的活动，也是一种具有变革性的活动，列宁说："人的意识不仅反映客观世界，并且创造客观世界。"所以，管理思维不但是对管理环境、管理对象的一种观念把握，也是对管理实践的一种现实改造。

2. 思维创新

"创新是一个民族进步的灵魂，是一个国家兴旺发达的不竭动力"。思维创新是思维发展、认识深化的必然要求。思维创新直接地表现为一种创新性思维活动，因此思维创新也被称为创新思维或创造性思维，有的学者也把创新思维称为"创意思维"。不管如何称呼，思维创新都是一种具有创新意义的思维活动，是对于旧的认识的一种否定、更新和发展。

目前，学界对于思维创新的含义还没有明确的界定，一般认为思维创新的定义有广义和狭义之分。狭义的思维创新活动是指在人类认识史上首次产生的、前所未有的、具有较大社会意义的高级思维活动。它强调的是人类历史上的新发现、新发明，但这种思维创新能力仅能为少数人所具有。广义的思维创新则是对某一具体的思维主体而言，凡具有新颖独到的任何思维见解或思考问题的新技巧、新方法都可被视为思维创新。既可以表现在科学史的重大发现之中，也可以存在于政治、经济、文化中，甚至存在于日常生活的具体问题之中。

3. 管理思维创新

管理思维创新就是管理者在管理实践活动中自觉的、能动的运用新颖的管理思维创造出新事物、新理论或通过独特的管理方法和技巧使管理实践效益最优化。管理思维创新的目的是提高管理效率，实现管理效益的最大化。管理思维创新主要表现在以下几方面：

（1）对原有思维的主动性、积极性的超越。思维创新是一种主动性、积极性的超越式思维，这种主动性、积极性从两方面体现。一方面是管理者会为了组织的顺利运行和管理目标的实现，在原有思维基础上积极进行思维创新活动，主动的采用各种措施调动管理对象，使各要素的效用都得到充分发挥；同时，还及时协调内部因素与外部管理环境因素的关系，保障组织目标的实现。另一方面，管理者会主动根据外在环境的变化趋势，审时度势，及时调整组织的管理方向和管理目标，保证组织的利益最大化。

（2）新知识的增加。思维创新使管理者突破了领域的限制，拓展了认识范围、提高了认识水平，增加了管理者的知识总量，更新了管理者的认识。同时，由于各种新的思维方式、方法的运用，原有的知识或被分解或被重新组合，创造出新的知识或增添了旧知识新的内涵和意义。

（3）思维方法和思维技巧的创新。随着时代的发展，管理实践中会出现许多以往不曾遇到过的新问题、新困难，面对这些新实践、新问题，管理者就要不断通过思维创新，寻找解决新问题的方法，探索前人所未曾采用过的方法，或者试图在其他领域找寻某些新颖独特的技巧来认识新问题、解决新问题。解决问题的过程就是思维创新的过程，也是思维方法、技巧不断更新的过程。

（4）管理思维与管理实践的具体结合的创新。管理思维创新不是一种纯粹的思维活动，而是一种与管理实践相互融合的思维过程。脱离了管理实践，思维创新就是一种空谈。思维创新要源于管理实践，根据管理实践进行创新性思维，创造出独特的新思路、新创意，而新思维又要应用到具体的管理实践中才能展现出新思路、新创意的魅力。管理者思维创新源于管理实践，又归于管理实践，两者的关系是密不可分的。

例如，在一次电视采访中，有人这样评价乔布斯："乔布斯就是乔布斯，他拥有令人吃惊的能力，总是能够发现那些应该存在而实际上并不存在的东西，找到合适的新技术，将其和无法想象的美学元素结合在一起，从而产生出巨大的魅力"（中央电视台财经频道，2011年4月21日）。

二、管理思维创新的意义

1. 推进管理实践发展的需要

现代社会中，科学技术日新月异，知识总量不断增加，信息化影响范围逐步扩大，时代发展的新潮流、新趋势，对现代管理实践提出了新要求、新挑战。一个组织要想在现代社会中发展壮大，管理者进行思维创新是必须的，这是由推进管理实践发展的现实条件决定的。

（1）社会的发展、进步决定了管理理论的变化发展。

在19世纪末到20世纪20年代，机器化大生产出现的历史时期，人们以研究人与机、机与机的协调问题以及工厂的管理工作为核心，强调科学性、精密性和纪律性为时代的共同特征。在当时客观实践的促使下，科学管理理论和组织管理理论应运而生。20世纪20年代，工人自我意识日益觉醒，工会组织逐渐壮大，工人运动不断发生，人道主义者极力主张：重视、保护、开发、利用人力资源。在重视人、在乎人的现实社会背景下，行为科学、人际关系理论、需求动机和激励理论和关于人的特性的$X-Y$理论相继产生。20世纪20年代到80年代初，第二次世界大战结束后各国相继发展经济，并都取得了不错的成果，管理思想也是百花齐放，众说纷纭，成为管理理论的"丛林"。20世纪80年代至今，在全球化、信息化、网络化的新趋势、新潮流的影响下，产生了权变管理理论、企业文化理论和学习型组织理论。管理实践催生了管理思想，但在这个过程中必须经历思维创新这一环节。如果没有管理者的认真研究、主动创新的思维，这些优秀的管理成果就难以出现，管理的发展也不可能。管理者思维创新是推进管理实践发展的必然要求。

（2）管理对象的变动性。

随着社会的发展、科技的进步，管理对象无论是从广度还是深度都发生了很大的变化，管理对象之间也具有了新特点，这些变化交织在一起，共同影响着实践的管理行为，对管理实践提出了新的要求和挑战。如，随着资本市场的发展，以前企业经营的是实体产业，现在企业经营的可以是资本，也可以是虚拟的资本，甚至是金融的衍生品。像这种管理对象的变动性在现代社会是普遍存在的。要想在错综复杂的环境中认识并掌握管理对象的变动性，不仅需要理性的逻辑思考，更需要创新性思维去应对新环境、新变化，以帮助管理实践的顺利开展。

（3）管理外在环境的变化。

全球化的广泛影响、信息化的迅速快捷，二者的结合使管理的外在环境具有了更多的不确定性和复杂性。为了管理实践的顺利开展，管理者应适时做好对外在管理环境的适应或改造。只有在组织的内部结构与管理环境的合理配合的情况下，才能保障管理实践发展。在适应或改造管理环境的过程中，管理者的思维创新发挥着积极的作用。

例如：克罗格公司是一个在美国商业发展史上扮演了重要角色的公司，该公司随着社会环境的发展变化和历任接班人的不断创新，从最初的小型杂货店依次发展成杂货与面包公司、杂货商店中经营畜肉的公司、全国范围内的连锁商店、全美第一家超级商场，开设折扣店、专卖店，还研制出了全美第一台用于超级商场收款的电子扫描机。纵观克罗格公司的发展历史可以发现，管理实践的发展要求和管理者的创新思维，使该公司一直把创新摆在首位。

2. 管理者改善自身的需要

管理者决定着管理活动的方向，决定管理实践的成效，保障管理目标的实现，所以管理者自身的发展对管理实践活动的发展有着至关重要的作用和意义。

随着社会实践的不断发展变化，管理者自身也需要及时进行调整、完善。管理者及时更新知识内存、不断学习新的管理思想、掌握管理发展的总趋势，管理能力不断提高、进步。在时刻变化的管理环境中，管理者审时度势，根据具体的管理对象，运用最新的管理方法和管理工具，适时提出合理有效有创意的管理措施，保障管理活动的顺利开展、管理目标的成功实现。如果管理者消极被动，不能及时更新知识，不能很好地掌握外在环境的变化情况，继续沿用一些陈旧的管理思想或一些不符合实际的管理措施，就很难对组织的管理提出有效的管理措施。

用旧思路、旧办法解决"新"问题，只会让组织寸步难行，甚至破产。日本松下电器公司的创始人松下幸之助就是一个典型的例子。松下幸之助通过自己在实践中的不断努力探索，创建了一套属于他自己的独特的管理思想，使松下电器公司能够发展至今。松下电器公司的成功使松下幸之助成为管理领域的名人，成为企业家们竞相学习的对象。松下幸之助通过思维创新成就了松下电器公司的传奇，也成就了他自己的"经营之神"的传奇人生。

时代发展的新潮流、新趋势决定了管理者的新特点，思维视野的广阔性，思维角度的多样性，思维速度的敏捷性，思维方法的科学性，思维内容的创造性，这些新特点的产生是社会发展的必然趋势所决定的，也是管理者思维创新的成果。思维创新是管理者内部进行新旧知识交替的必然过程。

3. 提升管理实践效率的需要

提高效率，是管理的永恒话题，也是管理的本质追求，因此管理者思维创新也是提升管理实践效率的客观需要。

提升管理实践的效率就要调动管理客体的积极性、主动性。管理客体是管理者所指向的特定对象，主要包括人和物。财、物、信息、时间等构成"物"的基本要素，它具有客观性和复杂性，需要管理者的认真分析和及时把握，才能被认识和掌控。管理客体中的"人"是有思想、有目的、有价值意识和自主意识的个人，也具有主观能动性。要重视管理客体"人"的创造性、有目标追求和发展潜力的特质，把他们的思想、意识和行为当作和管理者一样的有意识的管理行为，但这种主观能动性一般是在管理者的宏观指导下进行的，相对具有一定的局限性。但人又是具有一定的惰性和随意性的，所以，管理客体中的"人"又离不开管理者的管理，必须在管理者的管理下，他才能与管理客体中的"物"达到有机的结合，提高管理的效率。

提高管理的效率就要处理好管理者"人"与管理客体"人"的关系，处理好管理者"人"与管理客体"物"的关系。处理好人与人之间的关系，就是要求管理者尊重管理客体"人"、重视管理客体"人"，尊重他的人格和尊严，重视他的意见和想法。给予管理客体"人"在管理活动中充分的自由和空间，让他为管理活动贡献无限的力量和智慧，并在组织中找到成就感和归属感。处理好人与物的关系，就是要在纷繁的、变化莫测的世界中认识和掌握管理客体"物"。管理者对管理客体的基本情况、发展规律等认识得越深刻，对客体的可控性就越强，就越能把握、指挥和有效地调动客体。

管理者通过一系列的管理手段、方法、措施影响和控制管理客体按照既定的管理目标运行，而这一系列的管理手段、方法和措施是在思维创新的基础上形成的。思维创新的程度越高，管理的手段和措施就越适合管理客体，就能提升管理实践的效率，反之，思维创新没有得到较好地利用，提升管理实践的效率就会成为空谈。

思维创新已经深深地融入管理实践活动的每一个环节，哪一个环节缺少了思维创新都将难以顺利进行，思维创新是管理实践发展、管理者自身发展、管理效率提高的必经阶段和环节。

三、管理思维创新的训练

思维创新不是仅局限于一种或几种思维方式、方法的，而是能够恰当地、灵活地、综合地运用各种不同的思维方式，才使思维出现新的、有效的思维成果。所以，要想推进管理者思维创新，就要加强主体多样管理思维的训练。

1. 思维类型

根据常见的思维类型的划分，把管理思维类型分为五组。

（1）经验思维与理论思维。

经验思维是人们根据生活的亲身感受、实践的直接经验和传统的习惯等进行的思维活动。理论思维是依据一定的系统知识、遵循特定的逻辑程序而进行的思维活动。经验思维是理论思维的基础，理论思维是经验思维的升华，经验思维提供的材料越丰富，理论思维的认识才能越深刻。管理者在实践中，通过经验思维可以掌握大量真实的客观存在的问题，经过理论思维，才能更深刻、更全面地反映问题的本质所在。两种思维方式彼此需要，相互作用，共同推动思维认识的发展。

（2）形象思维与抽象思维。

形象思维是通过感性形象来反映和把握客观事物的思维活动。形象思维具有直观可感性，形象具体而生动，便于理解、易于接受，管理者可以运用形象思维与广大被管理者交流、沟通，有益于双方的理解。

抽象思维，也叫逻辑思维，是人们在认识过程中依据一定的系统知识，遵循特有的逻辑思维程序，借助于概念、判断、推理反映现实的思维过程，是用科学的概念、范畴揭示事物的内在本质和规律。抽象思维具有高度抽象性和概括性，是对感性认识的高度抽象，摒弃事物表面的现象，抓住事物内在的和背后的东西，使主体的认识更深刻、更确定。抽象思维的逻辑性，是由概念、判断、推理等思维形式和比较、分析、综合、抽象、概括等科学的逻辑方法共同完成的。脱离了这些思维形式和逻辑方法，抽象思维的逻辑性将成为泡影，掌握和运用这些思维形式和方法的程度，也就是逻辑思维运用的能力和水平。抽象思维的逻辑性本身就确定了抽象思维的系统性，抽象思维的成果是有一定的层次性和科学的逻辑顺序的。抽象思维的抽象性、逻辑性和系统性的特性决定了思维的深刻性、层次性和严密性，抽象思维是思维方法中很重要的一种，也是人们思考问题必须用到的一种。所以，作为管理者更要深刻认识到抽象思维的重要作用，并把抽象思维作为分析问题、解决问题的法宝。

形象思维与抽象思维表面看来是截然不同的两种思维类型，其实，二者是可以相互作用、相互贯通、相互促进的。形象思维是抽象思维的基础，为抽象思维提供可供思考的原料，抽象思维是形象思维的升华，抓住形象思维的内在本质和依据。两种思维方法都是有助于思维创新的思维活动方式，管理者要注意多多加强训练和练习。

（3）发散性思维与收敛性思维。

发散性思维是从多方向、多角度寻求解决问题答案的思维方式。收敛性思维与发散性思维相反，是聚焦于某一个中心问题而进行的各种思维过程，是以集中思维为特点的。发散性思维与收敛性思维是既对立又相互补充的一对思维方式，发散思维以收敛思维为基础，收敛思维以发散思维为前提，二者相辅相成，使管理者的思维更开阔、视野更宽广、认识更深刻，共同推动管理者的思维创新活动。

（4）纵向思维与横向思维。

纵向思维是比较同一事物在过去、现在和将来的情况，通过纵向的对比分析，掌握事物的本质属性的思维过程。纵向思维有利于把握同一事物的发展规律和趋势。横向思维是研究同一时间点上的不同事物之间的相互关系的一种思维活动。在相同时间点，比较的事物越多，对事物的认识就越深刻。这两种比较思维，侧重点不同，比较方法不同，从纵横两个方向展开，综合运用两种思维方式，有利于认识得全面、透彻。

（5）静态思维与动态思维。

静态思维是在事物相对静止的状态下，从固定概念出发，遵循固定思维程序，达到固定思维成果的思维活动。静态思维是为了找寻事物中相对稳定的因素和程序。动态思维是在一种不断变化的状态下,不断调整自己的思维程序和思维方向,对事物进行调整、控制,从而达到最优化的思维目标。动态思维的环境、主体、客体都是处在不断变化的状态下,在变动中寻找三者的一个平衡状态。静态思维与动态思维是对立统一的,两种思维方式表现为动与静、确定性与不确定性的对立,二者又相互补充,相互完善,携手推动管理者的认识、管理思维的发展和创新。

以上五组十种思维类型并不是孤立存在、只可单独使用的,它们彼此之间都是可以共同存在、交叉组合的。通过优势互补、优化组合,多种思维方式横向交流创新,古今思维方式纵向贯通发展。思维的多样化,只会让主体认识事物面更多,角度更全,这样对事物的认识越多,事物的本质也就易暴露出来。思维的多样化,即思维认识角度的全面化,有助于主体创新灵感的产生,有利于开展思维创新,有利于创新成果的产生。加强各种思维方法的训练,有助于管理者思维的开阔,便于管理者各种思维方法的融会贯通、交叉运用,是管理者思维创新实现的必要手段。

衡量一种思维方式的优劣不在于其思维形式的高或低、先进或落后、简单或复杂、动态或静态,关键在于它与思维对象的适应性,以及它与其他思维方式的融合度。这五组十种思维方式也无所谓孰重孰轻,只要能为管理者所用,并推动思维创新,就是适合的、正确的思维方法。加强管理者思维创新的训练,就是要训练管理者能在短时间内及时、迅速地寻找到一种或几种正确的思维方式和方法。

2. 思维训练案例

在一家高科技公司的招聘现场,面试官给求职者出了一道让人颇为头疼的题目:

(1) 用四条直线把下图九个小圆连接起来;
(2) 连接时不能移动任何一个小圆;
(3) 所有的连线必须一笔完成;
(4) 在连线画完前,笔不能离开纸面。

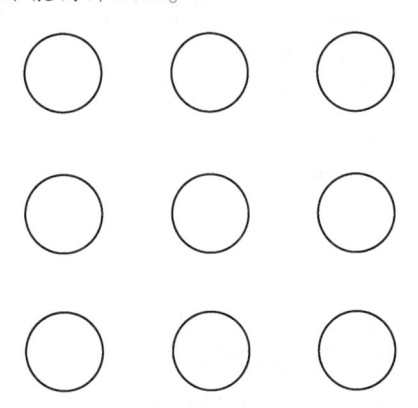

现场一片安静,求职者眉头紧锁,满面愁云,最后全都败下阵来。这些有着高学历、高智商的天之骄子,竟然没有一个人过关。这是美国创新协会的一道十分有名的题目,名为"九子图"。如果能顺利解答这个问题,那么就证明你在思考中拥有相当优秀的抽离和重新聚焦的能力。虽然听着吓人,但它的答案其实很简单(如下图所示)。

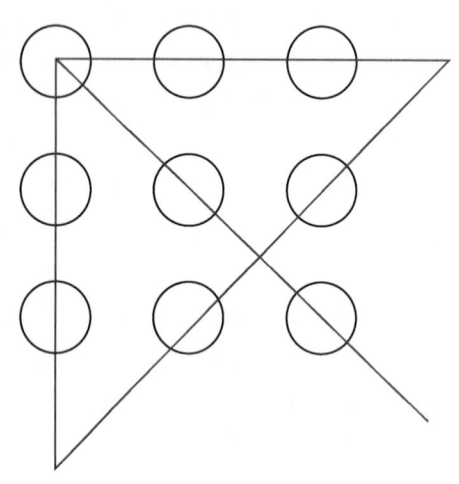

每一位事后看到答案的人都大吃一惊：这种画法很简单，为什么我刚才没有想到呢？原因就是，人们受生活中的经验及脑海中所填充信息的影响太大了，它们形成了一层透明的薄膜，把人阻隔在了正确路径的另一侧。这层薄膜很难穿透，大多数人无法打破这道障碍，从中迅速抽离，另辟蹊径。人们习惯了在解答和分析一件事情时，先从记忆库中调取过去的经验和知识，这是一种固定的思考机制，也是浅思考的具体表现形式。就像电脑程序，每次需要处理问题时，这个程序就会发生作用。调用大脑内的信息，就是人们思考时最省时省力的一条路径，但它形成了一层薄膜。许多问题并不是无法解答，而是答案就在眼前，你却躲在障碍的后面。

四、如何推进管理者思维方式创新

思维方式是一定时代人们的理性认识方式，是按一定结构、方法和程序把思维诸要素结合起来的相对稳定的思维运行样式。要想推进管理者思维方式的创新，就要从思维的结构、模式和思维诸要素入手，使思维的结构不固定单一、新颖多样，对思维诸要素的掌握要全面，并注意要及时更新、扩充。思维方式的创新要比知识的创新更重要，只要实现思维方式的创新，知识就会源源不断地创造出来。为了推进管理者思维方式的创新，下面就从突破思维定式、加强知识、经验积累和跨行业交流学习的角度来着手分析。

1. 突破思维定式

思维定式是源于长时间的习惯于用一种思维模式或思维结构来思考，形成思维的固定模式，使思维对这种固定模式产生强大的依赖感，无法摆脱，难以进行独立思考。习惯性是一种看不见的但却顽固强大的束缚力，要想实现思维创新，就要突破这习惯性和束缚力，解除思维定式的困扰。没有思维的突破性就没有思维的创新。因此，研究思维创新，必须在如何实现突破上下功夫，有了突破思维才能自由，自由的思维才能够创新。人们常见的思维定式主要有权威定式、从众定式、经验定式，针对这三种思维模式，根据具体情况采用不同的突破方法。

（1）突破权威定式。

权威定式是指由于思维主体个人能力的有限性，把某一权威人物的论断作为评价标准的一种思维模式。权威定式妨碍了人们的独立思考和思维创新。要突破权威定式对管理者思维创新的制约作用，首先，要敢于推翻错误的、过时的权威思想。如，哥白尼提出的"日心说"，挑战了当时占据统治地位的"地心说"思想。其次，要看到权威论断是否经得起时间的考验。任何论断都是时代的产物，随着时间的变化而变化，权威论断也是有时间局限性的。不符合时代的论断都是错误的论断。再次，用实践来检验权威论断。经得起实践检验的论断，才是正确的论断。最后，要勇于向权威发起挑战，坚持个人的观点和想法，不盲目相信权威、屈从权威。

（2）突破从众定式。

从众定式指思维主体遵从大多数人的意见或观点来看待问题、分析问题的思维模式。从众定式是一种人云亦云的思维方式，没有自己的独立思考，很难形成创新思维。要突破从众定式，首先，要拒绝跟风、盲从，不任意随大流。其次，要勇于追求真理，与从众潮流做斗争。再次，要敢于提出自己的观点。最后，要正确对待多数人的行为和认识。不是任何时候多数人的观点都是对的，有时候，真理也会掌握在少数人手中。

（3）突破经验定式。

经验定式是指思维主体过分依赖过去的经验，仅用已有的经验作为参照的思维模式。经验具有很大的局限性和狭隘性，经验定式束缚人的思想，严重阻碍思维创新的发展。要突破经验定式，首先，要正确对待以往的经验，既要借鉴先进的有利于思维创新的经验，又要认识到经验的局限性和狭隘性。其次，要使个人经验上升到理论高度，让个人经验具有普遍理论性，才具有指导意义。再次，要注意经验理论的适用时间限制，经验认识只是对事物表面现象的暂时的把握和认识，随着时间的推移经验认识也会过期。

突破思维定式，为思维解除了束缚、放下了包袱，让思维更自由、思维结构更多样化，使思维拥有了更广阔的发展空间，不会仅局限某一种思维方式。这样，思维的创新才能成为可能，管理者思维创新才能顺利进行。

2. 加强思维主体的知识积累

知识是人类思维的原材料，没有或缺少知识，思维就像是"无源之水无本之木"，没有生机、没有活力，空洞而乏味。知识是人发现问题、分析问题、创造性地解决问题的基础因素，是新思想、新观念、新创意产生的原动力，也是进行思维创新的先决条件和必要前提。知识能够凝聚力量，进行创造、发明；知识可以增强洞察力，使人在复杂多变的环境中认清事实、快速做出判断；知识能够开启智慧，让人产生丰富的联想和独到的见解；知识可以开阔思路，拓宽人们思维的广度和深度。知识有助于提高人的创造水平，发挥人的创造潜力，改善人的创造性思维。

科学的知识结构、全新的知识内存和良好的信息处理能力，是开展管理者思维创新的重要保障。

（1）科学的知识结构。

知识结构是各种科学知识在大脑中的组合方式。知识结构往往是大脑依据一定的比例关系和组合方式来建构不同种类的知识，组成具有开放性、通用性、多层次和动态性的知识构架。不科学的知识结构，思想僵化、观念陈旧、知识单一，不宜于接受新事物，难以建构新思想、新思维。科学的知识结构使人的思维有规律、有秩序、清晰、不混乱，益于知识的融会贯通。科学的知识结构有助于新思想、新概念、新思维的产生。

科学的知识结构应该是：一有扎实的基础知识。这是知识经济时代和信息时代的必然要求，一个没有知识的人在现代社会是很难生存的。扎实的基础知识是进行思维创新的基础和前提。二有精专的专业知识。这是对知识认识向深度的探索。只有对知识又精又专，才会使人才在专业领域有所建树，才能达到本专业的顶峰。精专的专业知识是进行思维创新的精细化要求。三有广博的综合知识。这是对知识认识向广度的扩展。广博的综合知识有助于各种知识的相互融合，彼此形成互补，避免思维的狭隘性和局限性，更有利于思维创新的发展。广博的综合知识是进行思维创新的推动力。

(2) 全新的知识内存。

在知识更新速度快、信息量大的当今社会，及时更新知识是社会发展带来的必然要求。新技术、新产品的更新速度之快，超乎人的想象，稍不留神，也许就错过了。在现代社会中，一个知识陈旧的人，很难与人交流沟通的。全新的知识内存就是对层出不穷的新知识、新技术、新方法、新工具及时掌握和更新，是在现代社会进行思维创新的必备品。

(3) 良好的信息处理能力。

科学的知识结构和全新的知识内存为创新做好了充分的知识储备，良好的信息处理能力是大脑中对知识储备进行综合运用和加工处理能力，是推进知识创新的工具和手段。若信息处理能力较差，即使知识的储量大、内容广，也难以发挥知识的效用。若信息处理能力越强，对知识的控制能力越强，思维的跨度越大，跳跃性越强，创造的可能性也就越大。良好的信息处理能力是管理者进行思维创新的必要工具和能力。

思维创新过程易于受到主体所从事的行业专业知识和实践行为的限制。这种局限性，通过信息处理能力的有效解决，使知识结构更合理、更科学，专业知识和其他知识相互贯通，知识与现实实践相互融合，突破行业的有限性和狭隘性。思维创新本质上并不是一种孤立的、单一的思维运动，而是一种多层次协同进行的整体思维过程。良好的信息处理能力还有助于对信息的学习和吸收，借鉴和应用，选择和重建，便于知识的重组和思维的创新。

据说，一个当代的博士生，仅能掌握人类知识总量的不到1%，剩下的99%都不懂，其中还有4%是他根本不知道还有这种知识的存在。作为管理者又有什么理由拒绝新的知识呢？"要有创造力，你必须要有一些知识，有的时候不需要非常的多。而你所需要知道的决定于你的创意。"为了思维创新，要加强知识积累；加强知识积累，才能推进思维创新。

3. 加强思维主体的经验积累

创新是对原有的经验的超越和再创造，已有的经验是进行创造性思维的前提和基础，因此，加强思维主体的经验积累是推进管理者思维创新的必然要求。经验是对以往解决和处理工作的方法的总结，是过去的经历和感性认识的沉淀和凝结。经验包括正确的经验和错误的经验，但不管是哪一种，都对管理者有一定的借鉴意义，或创新，或纠错，都是对原有管理经验的超越。经验是管理者的宝贵资源，管理实践中遇到的许多突发情况，都是管理者凭借丰富的经验，审时度势、准确判断，做出英明的决策。管理者的经验越丰富，管理工作就越游刃有余，经验越多样化，管理者可吸取的精华部分就越多。对经验运用得当的前提下，这些经验对管理者思维创新是有积极意义的，对推进管理者思维方式的创新是有益的。在总结经验的基础上实现思维创新，是许多有成就的创新者的必由之路。因此，管理者应当善于总结自己的经验，也应当善于学习他人的经验，加强管理者的经验积累，为管理者思维方式的创新做好准备工作。

4. 跨行业交流学习

突破思维定式是打破思维方式的固化模式，给思维减负，实现思维自由。加强思维主体的知识、经验积累，是为了给思维方式创新准备材料、创造条件。而跨行业交流学习，是给思维的思考提供了一个新视角、新方向。

"像外行那样思考，像内行那样做事。"就是跨行业交流学习的主要思路。外行不懂得内行的那么多禁忌、规矩和惯例，外行的思维是不会受到局限的，他只会以实现目的为最终目标，而想出一切可行、有效的方法，这些方法对于长期固定化、模式化的内行来说就是创新。外行业的介入、跨行业的知识、经验都非常重要，因为跨行业本身就是在创新、在注入新的元素。

超集群学习就是跨行业交流学习的一种典型方法。邬爱其认为，超集群学习可以带动集群企业成功转型。超集群学习就是突破本地区本行业内学习的局限，强调集群外学习的重要性，主要可分为三种情况：

一是本地跨产业学习模式，即集群企业向集群所在地的非相关产业的其他企业和组织学习；

二是异地同产业学习模式，即集群企业向集群所在地之外的同行企业和相关组织学习；

三是异地跨产业学习模式，即集群企业向集群所在地之外的其他产业的企业和组织学习。

这种学习模式已经在浙江卡森公司得到了有效证实。1992年到2000年期间，卡森公司在经过与异地同产业学习，了解到国际市场猪皮革、牛皮革的崛起，就从羊皮服装革制革转向猪皮服装革和牛皮家具革制革。2000年到2006年期间，通过异地跨产业学习，卡森公司从牛皮制革延伸至皮革软体家具和汽车革生产经营。2007年到2009年，卡森公司关注本地跨产业学习，从制革和皮革产品生产延伸至皮革产品生产销售一体化。卡森公司在产业结构调整中逐渐去掉了皮革制造业中的部分低附加值业务，开始延伸至零售的市场终端，成功实现了企业的转型。

跨行业交流学习的方法在很多领域已经被广泛应用，使用最普遍的就是学科间的交叉。学科交叉不但催生了很多应用性很强的新学科、新领域，也产生了很多新知识、新思想、新技术。管理者在掌握本行业内的知识、经验等基本要求外，还要广泛接触其他行业的知识、经验和方法，使各类知识、经验相互融合、相互作用，以推进思维方式的创新。

第二节　打破设备管理思维定式

中华人民共和国建立之初，引进了苏联的设备管理模式，这一模式可接受事后检修与故障检修，实行预防检修与事故检修相结合，其过程贯彻了定修的概念。计划经济时代，在国内流行设备运行管理的主要概念是"三修三养三查"：三修是小修、中修、大修，三养是日常保养、一级保养、二级保养，三查是日常检查、定期检查、专项检查。对操作者的要求是"四懂三会"：懂原理、懂性能、懂结构、懂用途、会操作、会保养、会排除故障。

随着 TPS（丰田生产模式）导入，TPM（全面生产性维护）成为国内盛行的主导模式。在国内企业导入 TPM 过程中，又混杂着"三修三养三查"和"三好四会"，简单的拿来主义和继承主义，但 TPM 推行的效果却不尽如人意。

TPS、TPM 推行效果为何不尽如人意？主要原因是没有思考新形势对设备管理要求的改变，即没有打破原有的思维定式。

一、培养正确的思维方式

2019 年，我国发布了《新时代公民道德建设实施纲要》（简称《纲要》），《纲要》指出，中华文明源远流长，孕育了中华民族的宝贵精神品格，培育了中国人民的崇高价值追求。中国共产党领导人民在革命、建设和改革历史进程中，坚持马克思主义对人类美好社会的理想，继承发扬中华传统美德，创造形成了引领中国社会发展进步的社会主义道德体系。坚持和发展中国特色社会主义，需要物质文明和精神文明全面发展、人民物质生活和精神生活水平全面提升。中国特色社会主义进入新时代，加强公民道德建设、提高全社会道德水平，是全面建成小康社会、全面建设社会主义现代化强国的战略任务，是适应社会主要矛盾变化、满足人民对美好生活向往的迫切需要，是促进社会全面进步、人的全面发展的必然要求。《纲要》同时指出，在国际国内形势深刻变化、我国经济社会深刻变革的大背景下，由于市场经济规则、政策法规、社会治理还不够健全，受不良思想文化侵蚀和网络有害信息影响，道德领域依然存在不少问题。一些地方、一些领域不同程度存在道德失范现象，拜金主义、享乐主义、极端个人主义仍然比较突出；一些社会成员道德观念模糊甚至缺失，是非、善恶、美丑不分，见利忘义、唯利是图，损人利己、损公肥私；造假欺诈、不讲信用的现象久治不绝，突破公序良俗底线、妨害人民幸福生活、伤害国家尊严和民族感情的事件时有发生。这些问题必须引起全党全社会高度重视，采取有力措施切实加以解决。

现在企业里有些人常常感叹，工作累，要求高，工资低，天天免费加班，工作压力大，工作内容枯燥乏味，周一盼周末，周末盼放假，生活是多么的空无一物，多么的无聊；厌恶无聊空洞的会议，厌恶出差，厌恶接待，厌恶纪律，厌恶规定，甚至厌恶读书，厌恶学习，厌恶交流，似乎没有什么喜欢的了。自私，抱怨，忌妒，猜疑，钩心斗角，想着跳槽，想着辞职，感到孤独，日复一日，无聊的更加无聊，空虚的更加空虚。安逸舒适的生活埋葬了青春，本该奋斗的岁月却选择了得过且过随波逐流。

实际上，当这些人真正失去工作时，才会觉得有工作多好；躺在病床上后才觉得健康多好。工作是人生重要的组成部分，在工作中发现人生的价值，就找到了开启幸福人生的钥匙。人生在世，谁都希望实现自我价值，碌碌无为，虚度时光，是不可能获得真正的幸福的。无论工作中还是生活中，持有正面的"思维方式"，满怀热情，付出不亚于任何人的努力，把自己的能力最大限度地发挥出来，正面面对自己的工作，把工作做得更出色，那么这个人的人生一定会硕果累累，一定会幸福美满。

日本的稻盛和夫先生用人生方程式给了我们一个"人生、工作"结果的基本判定原则。

"人生·工作"的结果=思维方式×热情×能力

这个方程式由"能力""热情""思维方式"三个要素构成。

所谓能力是指智力、运动能力、艺术天赋、健康等，是一种与生俱来的，也是最初被授予的一笔财富。由于它是先天俱备的，所以不涉及每个人的意志和责任，这种可称为天赋的"能力"，因人而异，如果用分数表示，其分值范围0~100。

"热情"又可称之为"努力"。从缺乏干劲、霸气、朝气、懒散潦倒的人，到对人生充满火焰热情拼命工作的人，这中间也有个人的差异，其分值范围0~100。这个"热情"可以由自己的意志决定，如果把这个"热情"发挥到极致，持续做出了无限的、不亚于任何人的努力，就可以得到100分。

"能力"和"热情"的乘积用分数来表示，如甲身体健康、头脑聪明，"能力"可以打90分。但甲因为有能力而过分自信，不肯认真努力，"热情"最多可以打到30分，两者乘积就是2700分。

乙认为自己的能力水平只比平均值略高，只能打到60分。但因为自己知道能力不足所以格外努力工作，因此热情燃烧，"热情"可以打到90分。两者乘积就是5400分。

这就是说，乙同更有能力的甲相比，结果的分值高出一倍。所以，即使能力很平凡，但只要拼命努力就可以弥补能力的不足，从而取得巨大的成功。

此外，还需要在这个基础上乘以"思维方式"。这个"思维方式"有正有负，分值可从-100~+100。不厌辛苦，愿意为工作、家庭努力拼命，这样的"思维方式"就是正值；相反，愤世嫉俗、怨天尤人、否定真诚的人生态度，这样的"思维方式"就是负值。

在上面的方程式中，因为是乘法，持有正面的"思维方式"，"人生·工作"的结果就会是一个更大的正值。相反，如果持有负面的"思维方式"，哪怕是很小的负数，乘积一下子就成了负值，而"能力"越强，"热情"越高，反而会给人生和工作带来更大的负面影响。

还是拿上面的例子，甲的"思维方式"稍稍偏向否定，是-1分，那么乘积就变成了-2700分。乙持有正确的"思维方式"，乐观向上，并可以达到90分，那么乘积就是90×90×60=48600分。甲与乙从分值上看，就不是一个结果的人生。

稻盛和夫先生给出了工作和人生带来硕果的正确的"思维方式"：

积极向上、具有建设性；善于与人共事，有协调性；性格开朗，对事物持肯定态度；充满善意；能同情他人、宽厚待人；诚实、正直；谦虚谨慎；勤奋努力；不自私，无贪欲；有感恩心，懂得知足；能克制自己的欲望，等等。

网络上有一篇文章：抱怨其实是一种毒药。

烦恼的根源都在自己。生气，是因为你不够大度；郁闷，是因为你不够豁达；焦虑，是因为你不够从容；悲伤，是因为你不够坚强；惆怅，是因为你不够阳光；嫉妒，是因为你不够优秀。凡此种种烦恼的根源都在自己这里，所以，每一次烦恼的出现，都是一个给我们寻找自己缺点的机会。

越计较越痛苦。人生，有多少计较，就有多少痛苦；有多少宽容，就有多少欢乐。痛苦与欢乐都是心灵的折射，就像镜子里面有什么，决定于镜子面前的事物。心里放不下，自然成了负担，负担越多，人生越不快乐。计较的心如同口袋，宽容的心犹如漏斗。复杂的心爱计较，简单的心易快乐。

抱怨是一种毒药。它摧毁你的意志，削减你的热情。抱怨命运不如改变命运，抱怨生活不如改善生活，毕竟抱怨≠解决。凡事多找方法，少找借口，强者不是没有眼泪，而是含着眼泪在奔跑！

人生无悔便是道，人生无怨便是德。得到的要珍惜；失去的就放弃。过多的在乎会将人生的乐趣减半，看淡了，一切也就释然了。执着其实是一种负担，甚至是一种苦楚，计较得太多就成了一种羁绊，迷失太久便成了一种痛苦。放弃，不是放弃追求，而是让我们以豁达的心去面对生活。

心好，一切都好。心态好，人缘就好，因为懂得宽容；心态好，做事顺利，因为不拘小节；心态好，生活愉快，因为懂得放下。别让脾气和本事一样大，越有本事的人越没脾气。心态好的人，处处圆融，处处圆满。好的心态，能激发人生最大的潜能，是你最大的财富。

"平坦的大道"是大家都想走的、大家正在走的路。在那样的大路上跟着别人亦步亦趋没有趣味。若只知步别人后尘，则决不能开拓新的事业。同别人干一样的事，很难期待获得出色的成果，因为那么多人走过的路上不会剩下什么有价值的东西。而无人涉足的新路，尽管寸步难行，却可以有许多新的发现和巨大的成果。实际上，那些没人敢走的泥泞之路，行走虽然艰苦，但却通向难以想象的光明灿烂的未来。

在设备管理现场，对于润滑工程师岗位有些人没有从正面的思维去理解和把握，认为润滑工程师没有权利，只有付出，实际润滑工程师所做的工作对于企业、对于社会都是非常重要的，节能减排、降本增效。而且润滑工作能够培养"工匠精神"，能够促使人去钻研、去学习，去实践。

【引用案例：大庆1202钻井队——永不卷刃的尖刀】

1953年3月，1202钻井队由中国人民解放军19军57师转业的一个排组建，先后转战玉门、克拉玛依、四川、江汉等7个油田。1960年参加大庆会战，为建设大庆油田做出了卓越贡献。

"萨6井"是1202钻井队在大庆油田的第一口井。1960年4月29日，队长马德仁在万人誓师大会上发出"向铁人王进喜学习，宁可掉十斤肉，流百斤汗，也要把1202红旗插在大庆油田"的铮铮誓言。

当时，天寒地冻，队员面临吃、住等重重困难。1202钻井队靠"两论"起家，靠永不言败的"尖刀"精神，与1205钻井队展开激烈的"擂台赛"。

在北区一条南北走向的公路两侧，1202钻队和1205钻队进行激烈"对决"。寒风凛冽，司钻两手紧扶刹把，聚精会神打钻，队员们坚守岗位，不时响起响彻云霄的呐喊声，呈现出一派紧张激烈的"比拼"景象。

钻台上紧张万分，钻台下双方的"情报员"跑得满头大汗，传送彼此的消息和经验。一会儿，1205钻井队班进300米，一会儿1202钻井队班进330米，一会儿1205钻井队日进达到573米，一会儿1202钻井队日进又创658米。两队都想力拔头筹，形成了难分胜负的"拉锯战"。

竞赛第二天，传来1205钻井队在600米以上，只用了一个刮刀钻头，还打算用一个牙轮钻头打标准层以下进尺，节省了大量的时间。指导员韩荣华，队长马德仁和当班司钻林春文轮次到1205钻井队取经。学习再总结、总结再学习，又"消化创新"，采取钻压、泵量等几个防钻头泥包的有效措施，只用三个钻头打完进尺。利用少换一次钻头的时间，比1205队提前8小时打完一口井，首创"战区"新纪录。

在1202、1205钻井队的带动下，浩荡的石油大会战如火如荼。1961年3月31日，经过一年努力，会战夺得巨大胜利，油田进入崭新时期。张云清、马德仁等老一辈1202钻井队带头人，带领队伍创出一个又一个新纪录，让1202钻井队威名远播。

1202钻井队这把"尖刀"，在会战年代磨砺得锋利无比，在每一个历史时期都篆刻了不朽的功勋。1963年，利用9个半月时间创进尺3.2万米的世界纪录；1966年，创出年进尺10万米世界纪录，超过当时的美国王牌钻井队和苏联格林尼亚功勋钻井队；70年代，创月进尺1.7万米的全国纪录；80年代，首次引进美国威尔逊65型钻机，连续两年钻43口，获全国优质高效钻井队竞赛银质奖章。1985年6月11日，总进尺突破100万米大关。90年代，明确"建设成集调整井、定向井等多种井型于一身的多功能钻井队"的目标，完成四口"丛式定向井"施工，填补一项空白，实现由单一井型向多功能钻井的转变。

随着时代的发展，水平井在油田勘探开发中的地位越来越重。2006年，大庆油田要打50口水平井，1202钻井队主动请缨，承建建队以来第一口水平井。该井深1870米，水平段650米，靶点13个。针对靶点越多难度就越大，技术要求高、施工难度大的特点，1202钻井队发挥"岗位责任制"的作用，打一单根，测一次井斜、方位和井深，最终，经过26天艰苦奋战，成功完钻。

随后，1202钻井队又承担了大庆油田第一口水基钻井液试验水平井任务。钻井液分为油基钻井液和水基钻井液，油基钻井液虽然不易出现卡钻现象，但是成本高，容易污染环境，水基钻井液大有用武之地。开始，1202钻井队严盯井眼，看紧砂量，每隔一小时就测一次砂量。如此精心，还是出现3次卡钻现象。24小时坚守在井场的技术员王东坤，一边仔细观察施工，一边及时与现场人员研究改进措施。当钻到1200米时，出现斜角减小、泵压升高、扭矩增大、振动筛返砂异常等现象。如不及时处理，会造成卡钻事故，甚至整口井都会报废。

通过多方式"通井"，超拉、遇阻现象频频出现，扭矩依旧不正常，决定换钻头、换水

— 15 —

眼，并适当调整钻井液参数。经过反复探索，井斜终于稳住了，扭矩正常了……随后，在采油四厂打第6口水平井时，井深1700米，水平段600米，只用了13天，创国内水平井建井周期最快的新纪录。

1202钻井队不甘落后、敢为人先，凝练成"有第一就争，见红旗就扛"的尖刀精神。61年来，先后创出2项世界纪录，5项全国纪录，10项大庆油田纪录。荣获各类锦旗、奖杯、奖状300多面(件)，被石油部命名为"永不卷刃的尖刀""钢铁钻井队""卫星钻井队"；荣获全国"五一劳动奖状"、中国石油集团"百面红旗单位"、黑龙江先进基层党组织等荣誉称号。

1202钻井队的"心系大局、无私奉献、敢于拼搏、攻坚啃硬"的尖刀作风，体现了石油人的"苦干实干、三老四严"的作风品质，体现了"为国分忧、为民族争气"的爱国情怀，这种品质任何时候都会照亮人们前行的路，时刻给人以勇气、力量和信念！

二、设备是有生命的

大家看过很多美国科幻电影，导演赋予机器以生命，如机器人、大黄蜂等。实际上，随着科学技术的发展，设备逐渐走向智能化，设备逐渐像人一样具有生命特征。

中国设备管理专家李葆文教授曾经撰文《也许你根本不信——设备是有生命的》，诠释了人和设备的高度关联性。

几乎没有人相信，设备是有生命的！其实，世间万物都是有生命的。人们根据实际需要，开始进行设备的概念设计，再进入技术设计，再研究其制造工艺，然后进入制造、安装、调试和检验并让其投入使用运行，这真有点像是人类十月怀胎和一朝分娩的生产过程。

人们忙忙碌碌所从事各种生产活动，就像流畅运行的设备不停地加工和生产一样。人可以变老并逐渐衰弱多病，设备也有性能劣化、老化这一过程，我们称之为设备进入耗损故障期。就像人的一生一样，设备的一生也存在着寿命周期。

在人类使用设备过程中，设备总是不断地表现其生命迹象。我们超负荷运行设备，设备的某些部件可能损毁，严重的可能出现故障停机，就像是因为过度疲劳而病倒的人一样。不正确的给设备加脂加油，设备出现剧烈磨损，最后导致故障的发生，这也像给人喝进不洁净的水，或者喝水不足，都会引起人类生病乃至因为缺水而死亡一样。遭到雷电的冲击，设备内部电路会产生击穿或者短路，导致设备停机，这就像人类遭到雷击而烧伤，乃至死亡一样。设备出现故障，需要解体检查和修理，才能够最后恢复其功能，这就像人类生病要去医院看病，通过打针吃药等各种医疗处理才能恢复正常生活一样。设备的大修理需要换件，这又像是人类动手术移植某些器官一样。人类本身有20%以上的小病是自己吃药、调理治愈的，设备的微小问题也需要操作者的自主维护，才不至于酿成大问题。

人类是注意身体保养的，在没病的时候也要注意营养的平衡、起居饮食的规律性和科学性、保持愉快的心情和适当的体育锻炼。设备在没有故障的时候，也要注意健康管理。例如笔者曾经在天津港的一家企业考察，企业从日本企业购买了一台柴油机，他们通过

"四清"活动杜绝了可能造成机器故障的源头。这"四清"是指润滑油滤清、冷却水滤清、燃油滤清和空气滤清。经过这"四清"活动，设备无故障运行时间从设计寿命3万小时延长到10万小时零故障。这是典型的设备健康管理案例。

设备的操作者如果能够善待设备，它们是很懂得感恩的，它们加班加点工作，生产出质量优秀的产品来。反之，如果它们不能受到善待，他们会静坐，有时发出尖叫抗议，有时竟然会咬人。重庆开县油气泄漏，造成200多人死亡，是对人类漠视设备检查与维护的反抗。BP公司在墨西哥湾油管爆炸泄漏，造成人员死伤，还污染了周边人类赖以生存的海洋生态环境，是设备对人类的剧烈报复和惩罚。日本福岛的核电站设施已经服役了43年，早进入耗损故障期，却仍然不让它们退休，这属于掠夺性和杀鸡取卵式的使用设备。在此之前，设备已经发出不少抗议的信息，但人们仍然不予理睬，加上强烈的地震推波助澜，它们对人类的报复竟然如此之强烈。这一切让我们真的不能忽视设备生命的抗争和呐喊！

不少能够为人类疾病诊断的工具，同样可以为设备诊断。例如对人类的心电图测试，对设备有振动监测频谱分析；对人类的超声波检测，对设备缺陷同样有超声波检测；对人类的各种液体（血液、尿液等）化验，对设备就有润滑油液分析和油质化验；对人类的心脏听诊，对设备就有声发射技术的诊断应用……

人在剧烈的外界打击下，会生重病乃至早夭。激发能理论告诉我们，设备受到激发能作用，会出现快速劣化现象。设备受到的激发能种类很多，如设备的超负荷运行、雷击、不良的润滑、浸水、强烈振动的影响、损坏性的维修等等。控制激发能也是设备维护策略的重要内容。

当人们爱护自己的生命时，也要爱护设备，就像爱护自己的生命那样。设备就会以其持久的寿命周期和活力，为人类造福。

在设备管理现场能够看到，很多技师深爱自己的工作岗位，总在车间里转，看到设备就想摸摸弄弄，脏了就要擦干净。如果是一台新机器，就总想着打开看看。在他们的眼里，设备都是有生命的。

有很多设备管理理念，如"润滑油是设备的血液""像爱护眼睛一样爱护设备"，在这里我要说，要像"呵护婴儿那样呵护我们的设备"。

当设备出现异常响声，不就像是婴儿的大哭吗？
当设备温度异常时，不就像是婴儿体温异常高烧吗？
当设备出现异常振动，不就像是婴儿的抖动吗？

稻盛和夫先生提出，要聆听"产品的哭泣声"，多么让人感动的话。在这里我要说，润滑管理工程师们，要学会聆听"设备的哭泣声"。

三、设备的健康管理

健康管理最早来源于人的健康。健康管理是20世纪50年代末最先在美国提出的概念

(Managed Care)，其核心内容是医疗保险机构通过对其医疗保险客户（包括疾病患者或高危人群）开展系统的健康管理，达到有效控制疾病的发生或发展，显著降低出险概率和实际医疗支出，从而减少医疗保险赔付损失的目的。健康管理是指一种对个人或人群的健康危险因素进行全面管理的过程。其宗旨是调动个人及集体的积极性，有效地利用有限的资源来达到最大的健康效果。在我国，健康管理服务由具有执业资格的"健康管理师"来提供。我国"十三五"之后提出"大健康"建设，把提高全民健康管理水平放在国家战略高度。根据"规划"，群众健康将从医疗转向预防为主，不断提高民众的自我健康管理意识。

近年来，设备管理借鉴了人体健康的理论，逐渐形成了设备健康管理的理论。传统的设备管理模式通常认为设备只有"正常""故障"两种模式，忽略了设备的"亚健康"状态。也就是说，设备的运行状况和人类身体状况一样存在着"健康—亚健康—疾病—死亡"，设备也是从健康向亚健康状态转变，继而再过渡到故障状态的。设备健康管理以设备的"亚健康"状态为研究核心，通过对设备健康程度的分析与评价，掌握设备的实时运行状态变化，制定相应的设备维护策略，从而保障设备运行的可靠性以及稳定性，提高综合效益。

类比人类从健康到患病的阶段性过程，对感染急性疾病的患者而言，从健康到发病，乃至死亡，过程可能相对较短；但对于感染慢性非传染性疾病的患者来讲，却是个相对很长的过程。在疾病被最终确诊之前，我们可以通过多种医疗手段来干预（减少或者阻断）导致疾病产生的主要危险因素，就有可能推迟甚至逆转疾病的发生，从而起到健康维护的目的。以糖尿病患者的发病过程为例，其血糖值从正常范围到"糖调节受损"，再恶化至糖尿病，平均发病过程需要 10~15 年。在发病前的这个阶段，如果针对性的通过药物或食疗方式进行治疗，患者进一步发展为糖尿病的时间可以大为推迟。

由人的健康管理思想进行延伸，发展出了设备的健康管理思想。设备在连续不断的使用过程中，其内部各零部件状态会随着时间逐渐发生变化，进而导致其整体性能慢慢劣化，无法满足生产的要求。设备的性能劣化过程通常满足设备 P—F 曲线，设备从潜在故障发展到功能故障的过程，如图 1-1 所示。其中，A 点是系统设备潜在故障的开始点；P 点表示潜在故障点，类似于人类的"亚健康"状态，在该时刻能够检测出故障迹象；F 点代表设备出现功能故障的时刻，表示设备在该时刻故障已经发生；T 表示设备从出现潜在故障恶化到功能故障的时间周期。所以应该在设备发生故障之前尽早地捕捉到潜在故障点 P，针对性地制定预防维护计划，降低由设备故障停机造成的企业损失。

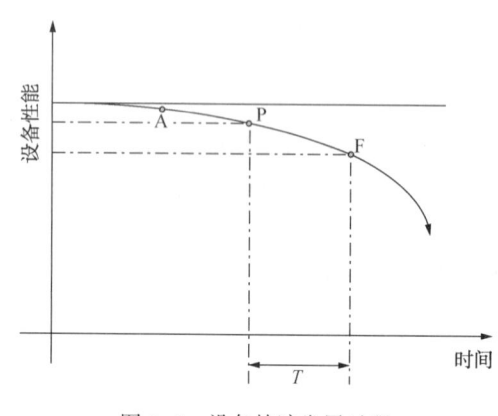

图 1-1 设备故障发展过程

设备健康管理是指对设备组及其零部件的运行状态进行全面管理，诊断设备实时的运行健康状况，并预测设备未来的性能状况以及故障发生时间等，实现设备高效率运行的过程。

作为一种新的系统管理方式，设备健康管理构建了一个评估和预测模型，采用先进的检测技术和工具,科学地评估系统的健康状况,对可能存在的异常及时预测和控制,从而便于对系统进行全面的维护。设备健康管理的概念可以从以下四个方面进行理解:

从功能上看,设备健康管理利用对系统健康状态的检测和评估结果,可以发现系统存在的故障和异常,对未来可能发生的故障和异常提前预估,评估任务能力并及时把握关键部件的剩余寿命。这一过程中实时发生的智能推理和信息交汇为健康管理提供决策依据,保障系统有效工作。

从使用上看,设备健康管理在降低生产维护成本的同时,可以有效地提高机械产品柔性装配系统的生产能力和安全可靠程度。

从技术上看,设备健康管理涉及诸多技术,例如故障和异常的检测、诊断和预测技术,实时智能推理、决策技术和数据传输技术。

从发展上看,传统的生产系统运行状态评估方式大多通过传感器进行系统状态的判断,而设备健康管理将这一方法转变为以智能系统为基础进行判断预测。另外,传统的事后维修和定期维修也通过这一方法的改善逐步转变为视情维修。

"健康"的含义可以理解为以正常状态为标准,其运行状态符合标准的程度。设备管理的目的是为了最大化地提高设备的使用效率,进而提升企业的生产率、增加企业的经济效益。健康管理通常是指对设备的购买、安装、使用、维修、改造、报废和更新等整个寿命周期进行的全过程管理。对设备的健康管理是多角度的:不仅包括系统多设备综合的运行状态、单一设备的状态以及元器件的状态管理;还包括历史、现在以及未来的运行状态管理。

设备的健康状态可以通过对设备系统的状态动态监测、故障实时诊断与预测等手段来获得的准确而清晰的信息。因此,设备的健康管理主要包括对设备运行参数的监测、健康状态的评价、健康寿命的预测与健康维护四个方面的内容。

(1) 设备运行参数监测。

针对装配系统中的不同设备,每个设备的不同零部件随着生产的进行都有着状态特征参数(如温度、工作压力、噪音和运行速度等)的变化,在设备的关键位置配置相应的传感器来监测、采集与设备相关的状态数据,是设备健康管理的基础。在此基础上,通过专门的工具、技术和方法对设备运行参数的变化以及设备的损伤程度进行动态监控,防止故障生成。

(2) 设备健康状态评价。

在获得设备运行状态数据的基础上,采用一定的评价方法,对设备健康状态进行实时评估,从而掌握系统设备所处的健康等级以及性能劣化的程度。该方法有助于及时了解设备潜在的异常环节,以便及时制定相应的设备维护策略,保障设备能够按时按量完成生产目标,从而提高系统的安全性和可靠性,保证系统的正常运行,提高生产率。

(3) 设备健康寿命预测。

设备健康寿命预测是为了确定设备健康状态的变化趋势,即预测设备后续的运行健康状态,以便能够及时发现和排除设备故障隐患。一般来说,是在诊断出设备的实时运行健康状态后,再结合生产设备的历史数据,并通过一系列的预测方法,预测设备即将发生的故障时间以及维护时间节点。通过有效预测设备的健康寿命,可以保证在设备发生严重故障而停机之前，有充足的时间制订和实施设备健康维护计划。

（4）设备健康维护。

对于制造企业而言，对设备进行健康维护是设备健康管理的核心。设备状态维护是根据设备生产运行数据和内部各零部件磨损规律，在设备未发生故障之前，采取相应的方法使设备保持特定状态，从而防止设备发生故障。设备健康维护是基于对设备健康状态的预测结果，在综合考虑设备的重要性、维修性以及经济性等因素的基础上，制定合理的设备维护计划，从而降低系统的损失，实现设备管理的科学化，保障设备的正常运行，最终保证了整个系统的正常有效运行，提高了企业的效益。

在油田 HSE 管理中，识别的设备隐患也是设备亚健康的状态之一，如下面列出的常见设备设施隐患清单：

① 机械设备运转部（轮、轴、齿轮等）位没有防护罩。
② 手动砂轮机没有防护罩。
③ 栏杆高度不足 1.05m 或强度不够。
④ 梯子角度过陡，大于 75°。
⑤ 起重设备限位失灵（主、副钩、防护门等）。
⑥ 使用的钢丝绳磨损超过标准。
⑦ 平台、沟、坑、洞等缺少栏杆或盖板。
⑧ 转动的轴头缺少轴套。
⑨ 安全防护器具处于非正常状态或检查不够。
⑩ 绝缘工具破损。
⑪ 灭火器缺少铅封。
⑫ 自动灭火报警系统不能正常动作。
⑬ 抽排烟、除尘装置不能正常发挥作用。
⑭ 地面不平整，有突出地面的物体。
⑮ 轨道尽头缺少阻车装置，未安装防止"跑车"的挡车器或挡车栏。
⑯ 电气装置（电机、开关、变压器等）缺少接地或接零。
⑰ 在危房内作业。
⑱ 缺少防护罩或未在适当位置。
⑲ 防护罩根基不牢。
⑳ 电气装置带电部分裸露。
㉑ 作业安全距离不够。
㉒ 工件有锋利毛刺、毛边。
㉓ 设施上有锋利倒梭。
㉔ 工具、制品、材料堆放不安全。
㉕ 煤气水封缺水。
㉖ 输送易燃、可燃气体或液体的管道没有接地、两节管道间没有搭接。
㉗ 地面有油或其他液体。
㉘ 地面有冰雪覆盖。

㉙ 地面有其他易滑物。
㉚ 电线、电缆外皮破损。
㉛ 高温物品距离操作人员过近。
㉜ 旋转或转动的设备没有划出警戒线。
㉝ 作业场所摆放混乱，容易造成摔倒。
㉞ 作业场所有毒有害物质超标。
㉟ 操作台或操作开关没有明显标识。
㊱ 脚手架等铺设的跳板没有固定，处于活动状态。
㊲ 防护、保险、信号等装置缺乏或有缺陷。
㊳ 无防护罩。
㊴ 无安全保险装置。
㊵ 无报警装置。
㊶ 无安全标志。
㊷ 无护栏或护栏损坏。
㊸ 绝缘不良。
㊹ 风扇无消音系统、噪声大。
㊺ 防护不当。
㊻ 防护装置调整不当。
㊼ 防爆装置不当。
㊽ 设备、设施、工具、附件有缺陷。
㊾ 设计不当，结构不符合安全要求。
㊿ 通道门、墙等遮挡视线。
51 制动装置有缺陷。
52 安全间距不够。
53 拦车网有缺陷。
54 安全设施强度不够。
55 机械强度不够。
56 绝缘强度不够。
57 起吊重物的绳索不符合安全要求。
58 设备在非正常状态下运行。
59 设备带"病"运转。
60 超负荷运转。
61 维修、调整不良。
62 设备失修。
63 地面不平。
64 保养不当、设备失灵。
65 安全鞋等缺少或有缺陷。
66 照明光线不良。

(67) 照度不足。
(68) 作业场地烟雾尘土弥漫视线不清。
(69) 光线过强。
(70) 煤气浓度超标。
(71) 作业场所狭窄。
(72) 作业场地杂乱。
(73) 交通线路的配置不安全。
(74) 操作工序设计或配置不安全。
(75) 贮存方法不安全。
(76) 环境温度、湿度不当。
(77) 消防通道宽度不够。
(78) 灭火器失效。
(79) 在必须使用安全电压的地方使用常压电。
……

第三节　问题导向的思维创新实践

问题是创新的起点，也是创新的动力源。问题导向，就是通过发现问题、筛选问题、研究问题、解决问题，不断推动企业和社会前进。大庆油田电力集团武海玉工作室墙上写着这样两句话“问题的出现就是改进的开始，重复的故障就是攻关的方向”。这凸显了问题导向的意识。

一、细节决定成败

有一本书叫《细节决定成败》。大礼不辞小让，细节决定成败。泰山不拒细壤，故能成其高；江海不择细流，故能就其深。做事情，有必要将我们的责任心放大。只有关注每一个小细节，才能把事情做好。

这是一个细节制胜的年代，任何事情都是做出来的，不是喊出来的。在一个具体的工作岗位上，更需要把小事做细的这种精神。一个被忽略的小问题可能会导致一次巨大的危机。芝麻大小的事情，看似简单却不等于容易做好。

莎士比亚的名句——一马失社稷，就是细节决定成败的最直接体现。这个著名的传奇故事流传至今，成为史册中关于“细节”的最佳反面教材。

故事出自记载英国查理三世的历史：

1485 年，他在波斯沃斯战役中被击败。

战斗进行的当天早上查理派马夫去准备好那匹自己最喜欢的战马。马夫牵着战马到铁匠那里，对铁匠大声喊道：“快点，国王希望这匹战马打头阵呢！”

铁匠回答:"那可不行,你得多等等。前几天我给国王全军队的马都上了掌,眼前得去找点铁片来。"

马夫着急地说道:"等不及了!敌军正在一步步逼近,我们要马上去战场迎击敌军,你手上有什么就用什么吧,时间不等人!"

于是,铁匠抽出一根铁条,从上面做出四个马掌的形状,砸好、弄好以后,固定在马蹄子上。开始钉钉子了,一个、两个、三个,就在这时,他发现没有那第四个钉子了。铁匠说:"我没有钉子了,必须抽点时间砸一个出来。"

马夫不同意,说:"不行,我说了,没时间了,你没听见军号么?就不能凑合凑合?"

铁匠仿佛想到了什么,说:"我倒是有钉子能用上,但是不那么牢固,行么?"马夫急切地问:"能挂住么?能挂住就行!"

铁匠犹豫不决地回答:"应该可以吧!"

马夫叫道:"好吧,好吧,就这样吧,不然国王会怪罪我们俩的!"

接着,马夫将马牵回,国王拉着马就去了阵地。

远远的,国王看到对方士兵似乎有些疲惫,他决定趁此机会策马扬鞭,杀他个措手不及。谁知道还没走到一半,一只马掌掉了下来,马突然跌倒在地,顿时人仰马翻。战马跳起来转身就跑,这时环顾四周,看到敌人的军队正在一点点围上来。国王就这样被擒,来不及做任何的反抗。

因为没有了国王,军队变得分崩离析,战士们军心混乱,不一会儿就被敌人俘虏了。国王心有不甘,对天长啸"就因为一匹马,我的国家就倾覆了!"但此时却没人听得到他说什么了。

后来人们就开始流传这样一段话:少了个铁钉,丢了个马掌。少了个马掌,丢了匹战马。少了匹战马,败了场战役。败了场战役,丢了一个国家。追根溯源,一切都因为那个马掌钉。

这个故事让人觉得惋惜,谁能想到,痛失一个国家竟然是因为一颗小小的马掌钉呢?然而生活之中,那些让我们不以为然的小细节,恰恰是让事情功亏一篑的罪魁祸首。

就润滑管理来说,想要抓实润滑管理,必须关注润滑管理的各环节,各个细节,用反复追问"为什么"的方式寻找问题的真因,制定可行的措施。以现场润滑油污染为例,就要从各个细节来查找污染源。

(1) 新油不干净,出厂或运输途中携带了固体颗粒及水分。

(2) 油品储存中露天存放,导致灰尘和冷凝水、雨水等进入润滑油中。

(3) 加补油过程中,油抽子脏、油抽子共用或加脂枪脏,导致混入固体颗粒、水分和异种润滑油,以及现场随意使用盛装其他润滑油、冷却液的容器,未彻底清理,导致其他润滑油或冷却液混入。

(4) 设备运行过程中异常磨损和正常磨损产生的固体颗粒,如果长时间不清洗,将会对润滑系统产生极大的影响,尤其液压系统。

(5) 设备维修中带入的固体颗粒及水分,如现场维修时机件不卫生,甚至落下工具、抹布等。

（6）油箱不合格，耐腐蚀性差或加工质量、焊接质量不合格，导致焊渣、锈渣等混入润滑油。

（7）系统密封差，混入的固体颗粒及水分，尤其对于灰尘大的地区，此种情况更明显。

（8）油田设备现场清洗时，不注意防护，蒸汽及水从呼吸盖进入润滑油中。

（9）北方地区室外设备冬季运行时，冷凝产生的水分。

（10）设备检查中混入杂质，如油田抽油机为防盗需要，将上端盖焊死，而且油视窗没有或不清晰，现场拆盖检查中，灰尘以及焊渣等混入减速器中。

……

以上10项是现场设备润滑油污染的主要来源，这就需要现场润滑管理人员抓住每个细节，来控制润滑油的污染源，从而达到提高润滑油的洁净度、延长换油时间的目的。

【引用案例：30滴，40滴】

1998年，大庆油田第三采油厂北十九联注水站一直使用的牛油密封填料改用碳纤维密封填料。由于当时没有使用标准，更换高压注水泵轴密封填料时，如果过紧，就容易烧密封填料造成停机，过松则会造成泵效过低。为了避免生产事故，提高设备运行使用率，站长蔡忠财在总结牛油密封填料使用经验的基础上，开始摸索使用新密封填料的最佳漏失量标准。为了获得准确的观察记录，需要反复调整观察点的漏失量。1滴、2滴、3滴……每分钟正好30滴，蔡忠财先从每分钟30滴起开始观察，并坚持每20分钟查看一次。就这样，他又对40滴、50滴等控制量，同样进行跟踪观察，并认真记录、分析不同控制量上的密封填料使用变化以及设备运行情况。有时一蹲就是半个多小时，腿蹲麻木了，就干脆坐在地上歪着头继续观察，每一次都汗流浃背，湿透工装。三个月来，蔡忠财手里的小本本上的数字越来越多，心里也越来越亮堂了……最后，蔡忠财总结出注水泵碳纤维密封填料漏失量的最佳点为每分钟30~40滴之间。控制到这样的最佳点，使新密封填料使用期达到一年，不仅延长了设备使用寿命，而且提高了运行效率，取得了全站三套高压注水泵连续10年没有更换润滑油的好效果。

"30滴，40滴"的案例，充分体现了石油人严细认真的工作作风，体现了石油人注重细节的工作标准，"细节决定成败"在油田开发中得到了完美体现。

二、一切灵感源于现场

我国著名科学家袁隆平被誉为"杂交水稻之父"，说的最有名的一句话是"书本上、电脑里种不出水稻"。这也与他的工作作风一致。

"我的工作地点主要在试验田，越是打雷、刮大风、下大雨，越要到田里面去看看，看禾苗倒伏不倒伏，看哪些品种能够经得起几级风。从参加工作到现在，只要田里有稻子，我都坚持下试验田。我们搞育种的就是要坚持在第一线，这样才会发现新品种，才会产生灵感，'灵感=知识+汗水'。"袁隆平说。

有一种管理模式是走动管理，起源于美国管理学者汤姆·彼得斯(T. J. Peters)与罗伯特·沃德曼(R. H. Jr. Waterman)在一九八二年出版的名著《追求卓越》(*In Search of Excellence*)一书。书中提到，表现卓越的知名企业中，高阶主管不是成天待在豪华的办公室中，等候部属的报告，而是在日理万机之余，仍能经常到各个单位或部门走动走动。该书作者因此建议，高阶主管应该至少有一半以上的时间要走出办公室，实际了解员工的工作状况，并给予加油打气。正式的沟通管道透过行政体系逐级上传或下达，容易生成过滤作用(filtering)以及缺乏完整讯息的缺点。走动管理不是到各个部门走走而已，而是要搜集最直接的讯息，以弥补正式沟通管道的不足，并配合情境做最佳的判断，以及早发现问题并解决问题。

在丰田的工作现场，经常会听到这样一句话"耳听为虚，眼见为实"。耳听为虚就是不要只听别人说，眼见为实就是一定要到"现场"，看"现实"和"现物"。

"三现主义"是日本本田提出，被定义为在做决定前需要考虑的三大事实，这三大事实是：现场、现物、现实。

现场，即真实的地点：在工厂车间，获得第一手知识。

现物，即真实的东西，使用第一手知识来关注实际情况，并开始起草决策或建议。

现实，即真实的符合事实的对策：用真实的数据和在真实的地点采集的信息来支持自己的决定，根据事实做决定。

"三现主义"在日本企业界被奉为循环反复的真理。"现场"是知识的开始，在通过"现物"的打磨后，这个知识将作为"现实"的根基。这时，由第一手知识而获得有现实意义的决策；相应地，建立在现实基础上的符合实际的决策会在未来的现场中展示出新的知识。

"三现主义"要求管理者不要期望坐在办公室里，面对着计算机解决生产现场发生的问题，而一定要到现场去，亲自到现场(现地)、亲自接触实物(现物)、亲自了解现实情况。了解现物和现实，真正有效地帮助现场解决问题。

"三现主义"在我国也早已提出，如毛主席的"没有调查研究就没有发言权"；大庆石油会战期间形成的企业领导机关为基层服务的"三三制"工作制度，即"机关工作人员三分之一在机关办公，三分之一跑面了解情况，三分之一在基层蹲点调查。"设备管理、润滑管理尤其适用"三现主义"，否则将很难将润滑管理落到实处。

(1) 现场。管理人员、技术人员不要只坐在办公室决策，而是要立即赶到现场，奔赴第一线。现场是生机勃勃的，每天都在变化，不具备正确的观察方法，你就没法感觉它的变化，包括异常的产生。

润滑油用的好坏、润滑方式是否正确、如何控制润滑油污染，这就需要管理人员将"先去现场"当作例行事务，站在现场观察事情的进展，养成到现场的习惯。在8h的工作时间里，管理人员应该至少一半时间是待在现场里。现场是所有真实资料的来源，管理人员应该到现场去探查所取得的信息，而不是他人提供的资料报告。当你在现场时，甚至用不着这些数字资料，因为你所看到的、所感觉到的，就是原始的第一手资料。管理人员也必须创建可视化的现场管理，管理人员只要一走入现场，一眼即可看出问题的所在，而且可以在当时、当场下达指示。

（2）现物。对设备现场及润滑管理现场来说，现物包括设备和存在的问题。管理的最重要的概念是"总是以事实为依据而行动"，不到现场看到设备，很难了解问题和矛盾；不看到问题，难以找到事实真相。因为只有一个真理存在，最通用的方法是"到问题中去，并客观地观察其过程"，要发现其变化的原因，仔细观察事实。当你这样做时，隐藏的原因将会出现，这样做，你可以提高发现真相的能力。

润滑工程师很重要的工作，就是要经常保持注视变动运行的现场，而且依据现场和现物的原则来认定问题。比如，油田电动机应用多，是耗能大户，也是故障多发的场所，因此润滑工程师如果能够待在电动机运行现场，就会知道高温的原因是什么、哪种润滑脂更适合、应该什么时候加脂、加脂过程应注意什么、是否制定流程和规程等，从细微之处了解现场现物，并制定出科学合理的提升方案和解决措施。

（3）现实。解决问题需要你面对现实，把握事实真相。我们需要用事实解决问题，而事实总是变化无常的，要抓住事实就要识别变化，理想与实际总是有很大的差距。很多问题如果我们不亲临现场，不调查事实和背景原因，就不能正确认识问题。但为什么会发生那样的问题呢？我们要多问几次"为什么"，对"现物""现实"进行确认。

大庆油田从会战之初就重视设备现场。

在会战初期，通过学习"两论"，广大职工认识到："搞生产和打仗一样，不能没有人，也不能没有物。打仗，武器是重要的，但是决定战争胜负的是人，人不勇敢，武器就不能充分发挥作用。搞生产，没有机器设备、工具、材料等物质条件不行，但是决定生产的好坏、水平的高低、速度的快慢，不仅是物质条件，更重要的是掌握和创造这些物质条件的人"。以铁人为代表的会战职工以高度的革命精神与天斗、与地斗，靠人拉肩扛、脸盆端水保开钻；阴雨连绵，卡车司机创造车轮胎穿的"铁鞋"，解决在泥泞路上行驶的困难；没有机修厂，就把机床放在露天搞备品配件，组织机修人员到现场去维修……如会战"五面红旗"之一的段兴枝，为了使钻机能持续地打井，他狠抓设备的检查和保养维修工作，从钻具的使用、钻井液的配制到螺丝、卡子的检查，都要亲自摸一摸、看一看、试一试，少一个螺丝也不行。下套管时，一定要做到扣扣上紧。他还首创了冲鼠洞的新工艺，在全油田和全国石油系统推广，以实际行动树立了坚持质量第一、工作一丝不苟的榜样。为了用好、管好设备，会战工委组织职工列举不爱护设备的"八条罪状"（一是不注意"小节"，丢了、坏了小零件不在乎；二是操作蛮干，不遵守操作规程；三是不按规定维护保养；四是光用不修，带病运转；五是不注意油和水的清洁；六是修理不讲究质量；七是不擦洗，不除锈，不注意整洁；八是干部只问生产任务，不问设备好坏），并把机械工程师、技术员、老技师、老工人组织起来到处查机器和车辆，机器上缺了螺丝，车辆的油、水不合格，干脆就贴上封条，直到整改好，消除了设备隐患，保证了设备安全运行。就是这样，在艰苦卓绝的石油大会战中，培育形成了设备管理"四个一样好"（室外设备与室内设备管理一样好；小设备与大设备管理一样好；上面设备与下面设备管理一样好；备用设备与在用设备管理一样好)的设备管理文化,激励会战职工用落后的设备和装备把会战打了上去,并取得了最后的胜利。

大庆油田"六在一线"工作法,与"三现主义"都是契合的,都说明现场、现物、现实在管理中的重要作用。

大庆油田"六在一线"工作法
干部办公在一线
领导决策在一线
学习实践在一线
管理创新在一线
问题解决在一线
成效反映在一线

润滑工程师在现场观察现物、找到问题的真正原因,并采取对策措施时,要即时当场解决。在现场管理中,有句很流行的话,就是"现在就做!马上动手做!"。

当我们到现场去发现问题,分析问题,解决问题,现场的管理水平会大为改观。但这些问题,我们必须确定不会再因同样的理由而发生。因此,一旦问题被解决后,新的工作流程就必须予以程序化标准化,作为员工唯一的工作方式,确保改善的效果,使之能继续维持下去,否则,员工就会忙于救火的工作。管理是一种实践,其本质在于执行,通过踏踏实实的现场管理,创造一流的现场、一流的企业。

润滑工程师回到现场,放下那些成型的概念和教条,培植现场的创造力,必定会百脉俱开,走上一条健康可持续的道路。

延伸阅读:《习近平新时代中国特色社会主义思想学习纲要》"十九、掌握马克思主义思想方法和工作方法——重视调查研究"。

调查研究是我们党的传家宝,是做好各项工作的基本功。习近平总书记指出:"调查研究是谋事之基、成事之道,没有调查就没有发言权,没有调查就没有决策权。"研究问题、制定政策、推进工作,刻舟求剑不行,闭门造车不行,异想天开更不行,必须进行全面深入的调查研究。

调查研究,是对客观实际情况的调查了解和分析研究,目的是把事情的真相和全貌调查清楚,把问题的本质和规律把握准确,把解决问题的思路和政策研究透彻。要重点处理好调查和研究两个环节的关系。从客观实际出发,对调查了解到的真实情况和各种问题,坚持有一是一、有二是二,既报喜又报忧,不唯书、不唯上、只唯实。在调查的基础上进行深入细致的思考,进行一番交换、比较、反复的工作,把零散的认识系统化,把粗浅的认识深刻化,直至找到事物的本质和规律,找到解决问题的正确办法。

开展调查研究,务求"深、实、细、准、效"。"深",就是要深入群众,深入基层,善于与工人、农民、知识分子和社会各界人士交朋友,到田间、厂矿、群众和社会各层面中去解决问题。"实",就是作风要实、轻车简从,真正做到听实话、摸实情、办实事。"细",就是要认真听取各方面的意见,深入分析问题,掌握全面情况。"准",就是不仅要全面深入细致地了解实际情况,更要善于分析矛盾、发现问题,透过现象看本质,把握规律性的东西。"效",就是提出解决问题的办法要切实可行,制定的政策措施要有较强操作性,做到出实招、见实效。

调查研究要制度化经常化。坚持和完善重要决策调研论证制度,把调查研究贯穿决策的全过程,提高决策的科学化水平。领导干部要带头调查研究,不仅要"身入"基层,更要"心到"基层,不能走马观花、蜻蜓点水。要适应当今社会信息网络化的特点,拓展调研渠道、丰富调研手段、创新调研方式。过去常用的蹲点调研、解剖麻雀的调研方式,在信息化时代依然是管用的,可以有选择地开展。

三、没有问题就是最大的问题

在管理中,最大的问题是没有问题,没有了问题,也就没有了提升的空间和改进的动力。没有问题的安逸如同没有引爆的地雷一样危险。

江珊著的《没有问题就是最大的问题》中提到:

维特根斯坦是剑桥大学著名哲学家穆尔的学生。有一天,著名哲学家罗素问穆尔:"你最好的学生是谁?"穆尔毫不犹豫地说:"维特根斯坦。""为什么?""因为在所有的学生中,只有他一个人在听课时总是露出一副茫然的神色,而且总是有问不完的问题。"后来,维特根斯坦的名气超过了罗素。有人问:"罗素为什么会落伍?"维特根斯坦说:"因为他没有问题了。"

润滑管理现场也是一样,很多人不能发现问题,很机械地做一些动作,却不知道是否有效果,这让人想起了"木头人"。叶匡政写了一首诗《我们都是木头人》,很形象、很生动地描述了木头人的特征。

> 我们都是木头人
> 不许讲话不许笑
> 还有一个不许动
> 就这样我们头发慢慢白了
> 皮肤变黑了,皱纹越来越多了
> 就这样我们走进生命的冬日
> 天黑得越来越快了
> 就这样我的好友,我的兄弟
> 离得越来越远了
> 围坐身旁的都是陌生人
> 我们低着头,像接受惩罚的孩子
> 血落在这里
> 长出来的都是木头人

> 我们都是木头人
> 这是我们内在生活的真实形象
> 他们数数人头，就知道我们还在
> 看见我们吃饭
> 就知道木头人还乖
> 他们真是这样想的
> ……

在发现和解决润滑管理现场问题中，还要注意以下几点：
(1) 细微处发现问题；
(2) 面对问题多问几个为什么；
(3) 找到问题的真正原因；
(4) 找不到真正原因时换个角度思考问题；
(5) 先解决最重要的问题；
(6) 解决问题的方法和方案尽量简化；
(7) 集思广益，依靠集体的智慧，才能取得最佳效果；
(8) 调查研究是解决问题的金钥匙；
(9) 做好细节杜绝大问题；
(10) 不要让同样的问题重现。

延伸阅读：《习近平新时代中国特色社会主义思想学习纲要》"十九、掌握马克思主义思想方法和工作方法——坚持问题导向"。

问题是时代的声音。坚持问题导向是马克思主义的鲜明特点。习近平总书记指出："每个时代总有属于它自己的问题，只要科学地认识、准确地把握、正确地解决这些问题，就能够把我们的社会不断推向前进。"

问题无处不在、无时不有，关键在善不善于发现问题。要从历史和现实相贯通、国际和国内相关联、理论和实际相结合的宽广视角，聚焦我国发展和我们党执政面临的重大理论和实践问题，进行深入思考和全面把握。原则问题要旗帜鲜明，发展问题要方向清晰，难点问题要明确回答，实际问题要重点解决。

发现问题是前提，能不能正确分析问题更见功力。要善于具体问题具体分析，弄清楚哪些是体制机制弊端造成的问题，哪些是工作责任不落实造成的问题，哪些是条件不具备一时难以解决的问题。善于透过现象看本质，从繁杂问题中把握事物的规律性，从苗头问题中发现事物的倾向性，从偶然问题中揭示事物的必然性。善于抓主要矛盾和矛盾的主要方面，明确有效破解问题的主攻方向，带动全局工作，推进事业全面发展。

我们党领导人民干革命、搞建设、抓改革，从来都是为了解决中国的现实问题。要以解决问题为工作导向，瞄着问题去，追着问题走，善于化解矛盾、破解难题作为打开局面的突破口。对事关战略全局、事关长远发展、事关人民福祉的紧要问题，要科学统筹、优先解决，确保取得实效。对一些带有共性、规律性的问题，要注意总结和反思，以利于更好前进。

四、寻找问题的真正原因

最早亚里士多德提出了一个理论：第一性原理。万事万物发生都不是无缘无故的，背后一定存在一个最根本、最本质的原因。他的思维影响了无数的人。

埃隆·马斯克曾说过："如果你真的想做一些新的东西出来，就必须依赖物理学的方法。"马斯克将取得的颠覆式创新成就主要归结于对"第一性原理"的运用。

第一性原理，是用来解决复杂问题和想出原创解决方案的最有效的策略之一，也是学习如何独立思考的最有效的方法。

比如，在 Tesla 早期研制电动汽车的时候，遇到了电池高成本的难题，当时储能电池的价格是 600 美元/(kW·h)，85kW 电池的价格将超过 5 万美元。马斯克和工程师不信邪，仔细分析电池的组成，经过多次试验，将成本大幅降低。一些人会说，那些电池组非常昂贵，而且会一直这么贵，大概是 600 美元/(kW·h)。因为它过去就是这么贵，它未来也不可能变得更便宜。那么我们从第一性原理角度进行思考：电池组到底是由什么材料组成的？这些电池原料的市场价格是多少？电池的组成包括碳、镍、铝和一些聚合物。如果我们从伦敦金属交易所购买这些原材料然后组合成电池，需要多少钱？你会发现只要 80 美元/(kW·h)。从中发现巨大的价格差距，所以特斯拉在 2013 年开始自己建立了电池厂，投产之后电池的价格可以下降 30%，每年可以支持 150 万辆电动车对电池的需求。这是他对第一性原理的一个应用。

第一性原理最早来自古希腊哲学家亚里士多德。两千多年前，亚里士多德将第一性原理定义为"事物被认知的第一根本"。科学家不会去假设任何事情。相反，他们会反问自己："我们能确定的真相是什么？""什么是可以被证实的？"他说："在每个系统探索中存在第一性原理。第一性原理是基本的命题和假设，不能被省略和删除，也不能被违反。"

第一性原理在设备润滑管理思维创新中的具体应用为：发现问题的真正原因。

很多人听说过 n-WHY 分析法，又称"n 问法"，也就是对一个问题点连续以 n 个"为什么"来自问，以追究其根本原因。

n-WHY 分析法并不急于立即解决问题，而是立足于揭示问题根源，找出长期的对策，有时可能只需要 3 次，有时也许需要 10 次，即"打破砂锅问到底"。

许多读者都知道华盛顿著名的杰弗逊纪念堂的故事。纪念堂建成后不久，墙面便出现了裂纹，一如我们见过的违章建筑。这究竟是什么原因造成的？责任在建筑商还是装修工，抑或联邦政府的腐败分子？最初的调查中，专家认为元凶是酸雨，但进一步调查发现，是清洁工人冲洗墙壁的清洁剂导致了如此严重的后果。于是，n-WHY（通过不停地追问，探究根本原因）分析法出现了，它与连续的针对性提问有关。

第 1 个问题：为什么要冲洗墙壁？因为墙壁上每天都有大量的鸟粪。
第 2 个问题：为什么有那么多鸟粪？因为大厦周围聚集了很多贪吃的燕子。
第 3 个问题：为什么有那么多燕子？因为墙上有很多燕子爱吃的蜘蛛。
第 4 个问题：为什么有那么多蜘蛛？因为大厦四周有蜘蛛喜欢吃的飞虫。

第 5 个问题：为什么有那么多飞虫？因为飞虫在这里繁殖特别快。
第 6 个问题：为什么飞虫在这里繁殖特别快？因为这里的尘埃最适宜飞虫繁殖。
第 7 个问题：为什么这里有那么多尘埃？因为要开着窗户使阳光充足。

这起事故的本质是什么？是"大厦开着窗户引发了墙体裂纹"，解决方案是关闭窗户，就这么简单。n-WHY 分析法的本质是连续使用"为什么"对事物的表象提出追问，步步深入，直至根本。它不局限于次数，直到找出真正的信息为止。有时你只需要 3 个问题，有时则需要 30 个。运用 n-WHY 分析法的基本原则是，放弃用确定性思维思考问题，带着不确定的疑问锲而不舍地寻找最初原因。即使这么做，有时也不能找到最精确的答案，但一定比不这么做离它更近。

丰田（Toyota）汽车可说是现今全世界备受瞩目的日式经营标杆企业之一，其持续改善、提升效率、降低成本等经营哲学，让包括通用（GM）、福特（Ford）汽车公司，都因采用了丰田的生产模式而大大改善了他们的生产效率。

在丰田模式的"找出根本原因"中，有一个著名的 5 个"为什么"分析，就是问五次为什么。因为想要真正解决问题，必须找出问题的根本原因，所以遇到状况先问第一个"为什么"，得到答案后再问为什么会发生，就这样连问五次为什么。这种方法由丰田佐吉提出，后来，丰田汽车在发展完善其制造方法学的过程中也采用了这一方法，并且在持续改善法、精益生产法以及六西格玛法之中也得到了采用。

比如，一台机器不转动了，你就要问：

（1）"机器为什么不转动了？"
"因为超负荷保险丝断了。"
（2）"为什么超负荷了？"
"因为轴承部分的润滑不够。"
（3）"为什么润滑不够？"
"因为润滑泵吸不上油来。"
（4）"为什么吸不上油来？"
"因为油泵轴磨损松动了。"
（5）"为什么磨损了？"
"因为没有安装过滤器混进了铁屑。"

反复追问上述 5 个"为什么"，就会发现需要安装过滤器。由于没有安装过滤器，导致杂质进入泵轴，导致油泵轴发生异常磨损，异常磨损后吸不上油来，导致轴承润滑不良，超负荷运行，保险丝出于保护熔断。如果"为什么"没有追问到底，换上保险丝或换上油泵轴，那么一段时间以后还会再次发生同样的故障。

丰田的自问自答 5 个"为什么"，就可以查明事情的因果关系，找到隐藏在背后的"真正的原因"。

对于润滑管理现场而言，既要重视"数据"，又要重视"事实"。一旦发生问题，如果原因追查不彻底，解决办法就不会奏效。5个"为什么"的追问到底管理方法，也是一种科学的管理态度。找到问题的关键点，解决本质问题。

例：某采油厂单螺杆泵转子异常磨损的反复追问"为什么"：

(1)"转子为什么会产生异常磨损？"
"因为轴承坏了。"
(2)"轴承为什么坏了？"
"因为轴承润滑不够。"
(3)"为什么轴承润滑不够？"
"因为润滑脂加注量不够"。
(4)"为什么润滑脂加注量不够？"
"因为设计不合理，加注口狭小，不便于加。"
(5)"为什么会现出设计不合理？"
"因为技术人员不懂润滑，在采购时未关注保养点。"

通过反复问"为什么"，最后发现设计不合理有缺陷，只有注油孔，无出油孔，润滑脂加注量不好确定；加油孔空间狭小，加脂困难；轴承润滑情况不易检查(图1-2)。

最后确定采取的措施：一是要求维保人员每半年要打开泵壳体，对轴承进行保养，避免烧坏轴承事故发生。二是尝试安装集中加脂盒，定期自动补脂，目前正在联系合作方。三是轴承用脂级别提升，使用耐高温、使用期限更长的合成型脂或聚脲基脂。四是对采购人员进行润滑培训，购买到便于维护的设备。

图1-2 单螺杆泵加油孔空间狭小

【引用案例："特修大拿"王强】

2014年4月13日，大庆油田第二采油厂作业队施工井正在等待搬家，前来搬家的平板车突然在路上熄火，司机怎么都启动不着，堵住了上这口井的唯一道路，要搬的井是一口高产急上的油井，作业队非常着急。大队机动部门知道这个情况后，立即要求保养站组织人员上井抢修，接到任务后两名修理工立刻赶到现场，对故障车辆进行检修，可一个多小时的时间过去了,故障原因仍然没有查出,大家都很着急,马上向队里救援,保养站又派了一名修理技师来到现场,仅仅用了 20 分钟,他就查出了问题并解除了故障。这名修理技师就是第二采油厂作业大队保养站的员工,大家称他为"特修大拿"的王强。近几年,作业大队五十铃卡车的离合器故障频发,不但影响了设备的出勤率,也增加了保养站的修保任务。针对这一现象,王强将此类问题设立了一个课题,从司机的操作习惯到日常的例行检查,从车辆的工作原理到进厂的维修保养,逐项去调研、排查,通过几个月的努力,他终于发现了造成这一问题的根本原因。针对修井机离合器、配气机构等一些常见的修理问题,设备管理部门组织全大队的大班司机和修理工进行了一次系统学习,使参加学习的人受益匪浅,从那以后,此类设备问题的故障率比以前下降了 50%。2012 年,在厂举办的"青工亮绝活"大赛中,王强夺得修理项目第一名,这些年他搞的技术创新、小改小革项目在第二采油厂三次荣获大奖。

第四节　习惯培养的思维创新实践

奥维德说:"没有什么比习惯的力量更强大。"习惯是一个思想与行为的真正领导者。习惯让我们减少思考的时间,简化了行动的步骤,让我们更有效率;也会让我们封闭,保守,自以为是,墨守成规。在我们的身上,好习惯与坏习惯并存,而获得成功的可能性就取决于好习惯的多少。人生仿佛就是一场好习惯与坏习惯的拉锯战,把高效能的习惯坚持下来就意味着踏上了成功的快车。如果你希望出类拔萃,也希望生活方式与众不同,那么,你必须明白一点:是你的习惯决定着你的未来。

一、打破惯性思维

美国康奈尔大学的威克教授曾做过一个实验:他首先把一只玻璃瓶平放在桌子上,瓶底朝向窗户有亮光的一方,然后把瓶口敞开,放进几只蜜蜂。只见蜜蜂在瓶内朝着亮光飞去,不停地在那里寻找着出口。蜜蜂很坚持地朝向亮光处,可每次都只能撞在瓶壁上。经过太多次的尝试,蜜蜂发现自己永远也无法飞出去,终于绝望,最后只好认命,奄奄一息地停在有亮光的瓶底。

接着,威克教授将瓶子像原来一样摆好,不过这次放进去的是几只苍蝇。没头没脑的苍蝇十分慌乱,在瓶底、瓶壁到处乱闯,可没过多久,它们竟一只不剩地从瓶口飞了出去。

为什么苍蝇能找到出路,而蜜蜂却只会认命?蜜蜂和苍蝇截然不同的命运告诉了我们什么?在蜜蜂的思维里,玻璃瓶的出口必然会在光线明亮的地方。可怜的蜜蜂一味坚持着自己的习惯,不停重复着这种"合乎逻辑"的行动,即使面对无法逾越的瓶底也不回头,最后只能陷于困境,以失败告终。

而苍蝇对事物的逻辑毫不在意,也没有固定的习惯,热衷于多方尝试,一旦发现此路不通便立即改变方向,这种误打误撞的方式反而增加了出去的概率。

苍蝇的头脑肯定是简单的，可是那些头脑简单的却往往会在智者消亡的地方获得成功。苍蝇在非常规思维中和无目标的飞行下得以撞上那个正中下怀的出口，幸运地获得自由和新生。

威克教授总结这个实验说："坚持不懈、冒险、即兴发挥、最佳途径、迂回前进、混乱、刻板和随机应变，所有这些都有助于应付瞬息万变的形势。"这就是威克效应的来历。

当我们在一个固定的环境中工作和生活久了，便会形成一种固定思维模式，其称为思维定式。思维定式是一种习惯，习惯用固定的角度来观察和思考事物，正如蜜蜂的思维导致它们死亡一样，每个人也都在不同程度地被自己的习惯和惯性思维所左右。

《空战在朝鲜》一书中有这样一个故事：某空军大队召开誓师大会，队长冲着队员大声问："有没有决心？"回答之声气如洪钟："有！"队长又问："有没有信心？"回答之声依然洪亮："有！"接着又问："有孬种没有？"回答之声更加洪亮："有！"队长停下喊话，过了好大一会儿，人们才醒悟过来，继而哄堂大笑，这就是最形象的习惯性思维定式。

在职场中，很多人觉得到了一个新岗位之后总是难以适应，原因就在于他们总是喜欢将以前的专业特点和处事方式硬套到新岗位上。事实上不是现在的岗位不好，而是这些人没能突破和改变已有的思维习惯和行事方式。

有个年轻人听说在遥远的海边有一块不老石，于是不远万里来到海边寻找传说中的石头。历经险阻，他终于看到了大海，但同时，他也看到了无数的碎石块不规则地散布在沙滩上。为了找到不老石，年轻人开始将普通的石头一块块扔到海里。年复一年，过去的年轻人已经变成了现在的老人，每天他都重复地做着一件事情，那就是捡起石块，看一眼扔掉。皇天不负苦心人，终于有一天，他发现了传说中的不老石，但是习惯让他身不由己，手也不听使唤，只听"扑通"一声，他将不老石仍进了海里。

我们总是习惯把一些不习惯过渡到习惯。每个人的成长经历都是一样，从年少轻狂到愤世嫉俗，从少年老成到深于世故，习惯陪我们一路走来，如果不去适应，就会被这个社会淘汰。好习惯当然是一笔财富，但不好的习惯却常常会变成前进中的障碍。

西方现代管理专家认为，成功总是跟经验、应变联系在一起。职场中的生存环境很可能会突然从正常状态变得不可预期、不可想象、不可理解，职场中的蜜蜂也可能会随时撞上无法理喻的玻璃墙。所以要时常合理性的变化，要像苍蝇，而不要做个不撞南墙不回头的蜜蜂。在一个经常变化的世界里，混乱的行动，也许比有序的停滞更好。

无论是做大事，还是做小事，都要有清晰的思路，千万不要让习惯蒙蔽了我们的双眼。英国科学家艾蒙斯说过："习惯要不是最好的仆人，便是最坏的主人。"很多看似不起眼的小习惯，有时可能会带来大麻烦。

比如在润滑管理现场，有些人都会很习惯地把加油工具、润滑油往地上堆，把现场弄得一团糟，基本谈不上井然有序。这种习惯既降低了工作效率，也造成了现场的污染。

二、杜绝差不多主义

胡适先生创作的一篇传记题材寓言《差不多先生传》有这样的记载：

所谓差之毫厘，谬以千里，但是就有人不这么认为。

你知道中国最有名的人是谁？

提起此人，人人皆晓，处处闻名。他姓差，名不多，是各省各县各村人氏。你一定见过他，一定听过别人谈起他。差不多先生的名字天天挂在大家的口头，因为他是中国全国人的代表。

差不多先生的相貌和你和我都差不多。他有一双眼睛，但看的不很清楚；有两只耳朵，但听得不很分明；有鼻子和嘴，但他对于气味和口味都不很讲究。他的脑子也不小，但他的记性却不很精明，他的思想也不很细密。

他常说："凡事只要差不多，就好了。何必太精明呢？"

他小的时候，他妈叫他去买红糖，他买了白糖回来。他妈骂他，他摇摇头说："红糖白糖不是差不多吗？"

他在学堂的时候，先生问他："直隶省的西边是哪一省？"他说是陕西。先生说："错了。是山西，不是陕西。"他说："陕西同山西，不是差不多吗？"

后来他在一个钱铺里做伙计；他也会写，也会算，只是总不会精细。十字常常写成千字，千字常常写成十字。掌柜的生气了，常常骂他。他只是笑嘻嘻地赔礼道："千字比十字只多一小撇，不是差不多吗？"

有一天，他为了一件要紧的事，要搭火车到上海去。他从从容容地走到火车站，迟了两分钟，火车已开走了。他白瞪着眼，望着远远的火车上的煤烟，摇摇头道："只好明天再走了，今天走同明天走，也还差不多。可是火车公司未免太认真了。八点三十分开，同八点三十二分开，不是差不多吗？"他一面说，一面慢慢地走回家，心里总不明白为什么火车不肯等他两分钟。

有一天，他忽然得了急病，赶快叫家人去请东街的汪医生。那家人急急忙忙地跑去，一时寻不着东街的汪大夫，却把西街牛医王大夫请来了。差不多先生病在床上，知道寻错了人；但病急了，身上痛苦，心里焦急，等不得了，心里想道："好在王大夫同汪大夫也差不多，让他试试看吧。"于是这位牛医王大夫走近床前，用医牛的法子给差不多先生治病。不上一点钟，差不多先生就一命呜呼了。差不多先生差不多要死的时候，一口气断断续续地说道："活人同死人也差……差……差不多，……凡事只要……差……差……不多……就……好了，……何……何……必……太……太认真呢？"他说完了这句话，方才绝气了。

他死后，大家都称赞差不多先生样样事情看得破，想得通；大家都说他一生不肯认真，不肯算账，不肯计较，真是一位有德行的人。于是大家给他取个死后的法号，叫圆通大师。

有些人在生活和工作中，常常缺乏准则和固定的标准，遇事只要差不多就行，别人托付他做的事，他从不认真完成，觉得只要最终的结果差不多就行；别人都严格按照规定办事，他觉得只要方法差不多就行了，没必要完全一样；明明有好的方法去改进，他觉得其他方法也差不多，没必要非得改进。在这些人看来，多一点、少一点都是差不多的，好一点和坏一点也无所谓，没有必要斤斤计较。

很多企业中都存在"差不多"先生，这些员工在工作时，往往不能严格执行各项工作程序、工艺标准,也缺乏明确的流程和目标,凡事都以为只要做到"差不多"就行了。当领导要求员工将手中的工作做好、做到位时,员工可能会自以为是地告诉自己差不多就行了,何必那么认真呢?当员工在工作中出现一点偏差后,会自我安慰说"差不多就行了,应该不会有事",结果很容易把工作搞砸。

"差不多"听起来和正常的标准相差不远,但实际上由于缺乏明确的目标和规范化、标准化的指导,很容易造成工作中的误差,导致对工作程序进行不合理的简化和不科学的缩减,导致小毛病、小违章不断,并容易造成众多事故隐患,甚至对安全生产构成严重威胁。

"差不多"的想法是企业发展和生产中的毒瘤,一个人拥有"差不多"的想法往往会造成很大的影响,如果企业中的每个人都觉得差不多,那么这个错误只会不断放大。比如,当一项命令下达之后,第一个接受命令的人觉得差不多就行了,这样就导致出现了1%的错误;当他接着往下传达命令,第二个接受命令的人也因为抱有差不多的心理而出现了1%的偏差;随着任务的不断传达,误差就会越来越大,等到最后执行结果出来后,可能与领导制定的目标和提出要求截然不同。

正因为如此,工作一定要规范,要有标准,要尽量做到数据化,这样才能明确自己的工作量、工作效果、工作的方式以及所要达到的结果。

对于润滑管理来说,就要执行严格的管理流程和管理模式,坚决杜绝"差不多"现象,确保一切都能够符合规定,并且以准确的数据来衡量目标和业绩,员工的执行力容不得半点折扣,只要员工没有按照流程和规定办事,就要受到处罚和考核。

【引用案例:岗位责任心】

会战时期,油田规定了操作工人的"五大职权":一是岗位上的工人,如无胜任的人代替,有权拒绝执行离开岗位的命令。二是岗位工人必须搞好设备维护保养工作,并严格执行定期检修制,如果上级命令设备越期(超期)运转,岗位工人有权拒绝接受。三是岗位工人有权阻止非本岗位人员动用本岗位各种物品,并拒绝没有操作合格证或实习证的人操作自己所管的设备。四是岗位工人发现生产上有隐患时,要立即报告所属上级,请求紧急处理,如果上级既不指示,又不处理,发展到危险的程度时,可以自行停止操作。五是岗位工人在没有操作规程,没有质量标准,没有安全技术措施的情况下,可以拒绝生产或施工。此外,油田还将一口油井划为182个检查点,交接班之前要全面检查一次,接班的时候还要检查一次,班长每天检查一次。其中有50个重要点,岗位工人每小时要检查一次。这样就等于全油田对主要设备一天检查了几万人次,这依靠少数干部是办不到的。这些好的做法,对于延长设备使用寿命、及时发现和排除隐患,堵塞管理漏洞,都起到了至关重要的作用。同时,把油田千万台设备的运行情况和各个岗位职工的职责结合起来,使工人在生产岗位上真正成为主人,真正负起责任来,是体现工人参加设备管理的很重要的方面,同时也加强了自下而上的群众监督,对于我们今天所倡导的全员、全过程设备管理,也有着积极的借鉴作用。

三、习惯养成定律

美国著名教育家曼恩的名言,即"习惯仿佛像一根缆绳,我们每天给它缠上一股新索,要不了多久,它就会变得牢不可破。"

在润滑管理现场,有些习惯难以纠正,这就是由于没有培养好习惯造成的。好习惯培养不容易,坏习惯改成好习惯更难。这里介绍一个很有名的习惯养成定律。

据研究,养成一个习惯需要 21 天,就是说,一个习惯的形成,一定是一种行为能够持续一段时间,他们测算是 21 天。当然,21 天是一个大致的概念。根据我们的研究发现,不同的行为习惯形成的时间也不相同,一般需要 30~40 天,总之是时间越长习惯越牢。而 90 天以上的重复,会形成稳定的习惯。

要改变你的坏习惯,最有效的方法之一就是实行 21 天法则。在这 21 天当中,每天每时每刻,你心中所想、口中所言、行为所至,都要专心扮演你想成为的人。你的每种态度,都要符合你心目中理想人物的要求。

习惯的形成大致分为三个阶段:

第一阶段:1~7 天,这个阶段你必须不时提醒自己注意改变,并刻意要求自己。因为你一不留意,你的坏情绪、坏毛病就会浮出水面,让你又回到从前。你在提醒自己、要求自己的同时,也许会感到很不自然、很不舒服,然而,这种不自然、不舒服是正常的。

第二阶段:7~21 天,经过一周的刻意要求,你已经觉得比较自然、比较舒服了,但你不可大意,一不留神,你的坏情绪、坏毛病还会再来破坏你,让你回到从前。所以,你还要刻意提醒自己,要求自己。

第三阶段:21~90 天,这一阶段是习惯的稳定期,它会使新习惯成为你生命的一部分。在这个阶段,你已经不必刻意要求自己,它已经像你抬手看表一样的自然了。

要成功,就马上准备有所付出吧!这就是每天你应该养成的好习惯:

(1) 不说"不可能"。
(2) 凡事第一反应:找方法,不找借口。
(3) 遇到挫折对自己说声:"太好了,机会来了!"
(4) 不说消极的话,不落入消极的情绪,一旦发生立即正面处理。
(5) 凡事先订立目标。
(6) 行动前,预先做计划。
(7) 工作时间,每一分、每一秒做有利于生产的事情。
(8) 随时用零碎的时间做零碎的事情。
(9) 守时。
(10) 写点日记,不要太依靠记忆。
(11) 随时记录想到的灵感。
(12) 把重要的感想、方法写下来,随时提示自己。
(13) 走路比平时快 30%,肢体语言健康有力,不懒散、萎靡。
(14) 每天出门照镜子,给自己一个自信的微笑。

(15) 每天自我反省一次。
(16) 每天坚持一次运动。
(17) 开会坐前排。
(18) 用心倾听，不打断对方的话。
(19) 说话有力，感觉自己的声音能产生感染力的磁场。
(20) 说话之前，先考虑一下对方的感觉。
(21) 控制住不要让自己做出为自己辩护的第一反应。
(22) 每天提前15分钟上班，推迟30分钟下班。
(23) 每天下班前5分钟做一下今天的整理工作。
(24) 节俭。
(25) 时常运用"头脑风暴"，利用脑力激荡提升自己创新能力。
(26) 恪守诚信。
(27) 学会原谅。

在润滑现场可以这样培养良好习惯：

(1) 加油工具定置摆放。
(2) 润滑点清扫。
(3) 给润滑油嘴戴帽。
(4) 敞露油嘴密封。
(5) 隐蔽润滑点接出。
……

只要坚持做下去，慢慢就会在现场培养成良好习惯。

【引用案例：设备管理好习惯】

一粒砂中看世界，一滴水中见人生。大庆油田第九采油厂作业大队一队谢德庆，担任司机长20多年，时刻紧绷安全这根弦，常常根据自己多年的行车经验，按道路、季节、车况、任务等情况，对危险点进行预先分析，使自己在行车过程中做到心中有数。尽管自身技术过硬，但为了确保行车安全，工作之余，他努力钻研车技，认真学习并熟练掌握交通法规。自觉做到遵章守纪、文明驾驶。多年的职业磨炼，谢德庆练就了一身过硬的技术本领，练就了一手"闻（气味）、听（声音）、看（零件）、摸（温度）"的检车绝活，真正做到"行家一出手，就知有没有"。车辆有没有问题，甚至问题在哪，他不到几分钟的"闻、听、看、摸"，基本就能判断得"八九不离十"。无论每次出车早晚，他都坚持运用这"四字法"认真检查车况，决不图一时之快，简化作业，正是因为他在技术上的精益求精，多年如一日养成的好习惯，20多年来，谢德庆驾驶汽车从未发生责任事故或车辆责任故障。每次施工完一口井，搬家到下一口井，他都认真检查车辆。车子有了哪怕一点点小毛病，他都搁在心上，非得修好才踏实。因此，他从不带"病车"上路，让交通安全可控在控。

四、一万小时定律

在人生的旅途上，或许我们需要在黑暗中摸索很长时间才能见到点点光亮，或许我们前行的步履总是沉重蹒跚，或许我们虔诚的信仰会被世俗的迷雾缠绕，那么，我们为什么不能以勇敢者的气魄，坚定地对自己说一声"坚持"呢？坚持是赢得最后成功的唯一法宝。

一名专业围棋选手与业余棋手对弈，据说前二十步棋没有太大的区别。差距是在不断地推进过程中表现出来的，在坚持与相持的过程中，慢慢地展现出棋手的功力。高手之间对弈更是在打劫、收官等细微之处产生一目、半目的差距，决定最终的胜负。

世间最容易做的事是一锤子买卖，最难做的事是一辈子的坚持。"不积跬步，无以至千里；不积小流，无以成江海。"大家都在讴歌大海的浩瀚的时候，却往往忽视了其源头的山间清泉和涓涓细流。有人在通往成功的途中选择了放弃，是他们把坚持的过程等同了寂寞与枯燥，体会不到坚持给生活带来的充实与快乐。

古希腊大哲学家苏格拉底曾经让学生做一个简单的健身动作，把胳膊尽量向上举，然后再尽量往后甩，每人每天做300次。这种动作被认为是操作简单、效果明显的健身运动，同学们纷纷表示一定要坚持做这项运动。过了一个月，苏格拉底询问学生："每天坚持甩手运动的同学请举手"。90%的同学都自豪地举起了手。又过了一个月，苏格拉底又问了同样的问题，80%的学生仍然坚持着。苏格拉底自此再也没有提起这件事了，大家也渐渐淡忘了。一年之后的某一天，苏格拉底第三次问大家这个问题："到现在为止，仍然坚持甩手运动的同学请举手"。这时，整个教室鸦雀无声，老师环顾四周，只有一位同学高高地举起了手，这位学生就是后来继承苏格拉底衣钵的弟子柏拉图。"举手之劳"原来是如此之难！

"古之立大事者，不惟有超世之才，亦必有坚忍不拔之志！"在坚持的道路上，不一定会有鲜花与美酒，但一定伴有寂寞与荆棘，关键是在比拼谁的耐力能够等到峰回路转的那一刻。当别人奉劝我们放弃的时候，当别人质疑我们能力的时候，当别人看见我们挣扎得遍体鳞伤却还要冷嘲热讽的时候，懦弱的人永远淹没在困境里；坚持的人眼中有一盏希望的明灯。

如果我们需要从此地到彼地，在信息足够的情况下，我们总是可以找到最佳路线，选择最快的交通工具。不过，捷径不是在任何地方都存在的，有些事情也确实没有什么窍门，尤其在学习方面更是如此。学习是个漫长的过程，这个漫长的过程可以划分为若干个阶段来实现，这些阶段都是无法省略的。这好像人类生育一样，从怀胎到分娩，大抵都是十个月，没有什么捷径，没有什么窍门来"催生"。

美国作家马尔科姆·葛拉威尔写了一本书《超凡者》，其核心是"一万小时定律"，就是不管你做什么事情，只要坚持一万小时，基本上都可以成为该领域的专家。证明这个定律的方法也很简单，就是统计学中的归纳法。例如，比尔·盖茨在开办公司之前，就已经接触计算机编程一万个小时以上了。当你想在某个领域取得成就的时候，首先请你在心底刻下几个字："坚持一万个小时，奇迹一定会出现！"

一万小时是一段很长的时间,如果每天练习3小时,每周练习7天,那么你需要十年的时间才能达到一万小时的练习量。所以,到底将这宝贵的一万小时花在哪里就是一个非常重要的问题了。一旦决定要付出这么多时间,你就必须选择最适合的方向。

要想找到最适合自己的方向,就必须明确以下三个问题:

首先,你要知道自己过去将时间都花在了哪里。这个问题很简单,就是回头看看自己在哪个领域花了比较多的时间,你可能每天都会花一两个小时来画画、写作、演奏乐器或者从事某项体育锻炼。这些都能说明你应该在哪些方面来利用这一万小时的时间,如果你已经花费了部分时间在某件事上,那么你只需要补足一万小时剩余的时间就可以了。

其次,你要知道自己的兴趣是什么。兴趣是最好的老师,也是能够坚持一万小时的原动力。因为大部分人都在一万小时之前便选择放弃,只有少部分人坚持到底了,于是他们就成了世界级的高手。为了能够持续一万小时从事某项事业,做自己感兴趣的事是非常重要的。它可以帮你挨过漫长的无聊时光,否则你很可能在到达终点之前就已经放弃了。

最后,你要知道自己所处的时代能给你带来哪些机会。想要做到这一点很难,因为每个人都不是预言家,都不能准确地预测出未来会发生什么。但是你要对自己选择的方向有信心,并相信你的努力一定会成就一番事业。

从现在开始,确定自己未来一万小时的努力方向并坚持下去,那么在下一个十年之后,你也将成为"行业""国内",甚至"国际"大师。

对于润滑来说,所涉及知识面广,涉及润滑、摩擦、磨损、接触力学、物理化学、材料学、工程学等方面知识。研究的基本内容是摩擦、磨损(包括材料转移)和润滑(包括固体润滑)的原理及其应用,大体可以概括为以下几方面:

(1) 摩擦学的机理。主要包括摩擦产生、磨屑形成的机理和润滑机理等方面的研究,揭示摩擦磨损的本质。

(2) 各种典型机械摩擦副在不同工况、不同介质作用下的摩擦学特性和失效机理。通过该研究将摩擦学和机械设计、生产实践和设备维修等联系起来,使机械产品的使用性能、可靠性、寿命提高等建立在科学的基础上。

(3) 各种材料和表面处理工艺的摩擦学特性。为机械零件和设备合理地选择摩擦副材料和表面耐磨处理工艺,以提高机械零件的寿命和带来可观的经济效果。

(4) 润滑剂、工艺润滑冷却剂和固体润滑材料。满足各行业设备高速化、高精度、重载荷的要求。

(5) 摩擦学数据中心和数据库的建立。为提高机械产品设计水平和工艺水平、提高机械产品的性能和可靠性、节约能源与材料、降低成本提供科学依据。

(6) 摩擦学测试设备和测试技术的研究与应用。使摩擦学研究工作上升到微观、定量、综合、动态研究的新水平。

(7) 机械设备摩擦学失效状态的在线检测与监控以及早期预报与诊断,尤其油液监测方面的内容、标准和知识。

润滑工程师只有熟悉上述理论,并与现场、现实、现物相结合,才能制定出科学合理的润滑管理方案和措施。

希望通过"一万小时训练",你也能够成为润滑行业的专家。

【引用案例：好工人朴凤元】

大庆油田物资集团让胡路仓储公司修理工朴凤元,以"就要当个好工人"的执着信念,几十年如一日,扎根一线艰苦岗位,从事推土机等大型设备的维修保养工作,累计义务献工13800小时。他坚持"干是千斤顶,学是螺丝钉",通过不断发明革新、旧件再利用等方式,节约修理费300多万元；编写的《维修工作速学法》,成为青工争相学习的培训教材；创作的《行为箴言》成为班组员工日常行为规范,创作的歌曲《就要当个好工人》成为修理班的班歌,为维修班组的文化建设和技能水平的提高起到了积极作用。2009年3月,油田党委、油田公司在《关于命名表彰"新时期好工人"朴凤元及"刘备战班组"的决定》中,对物资集团让胡路仓储公司修理工朴凤元和刘备战班组成员身上所体现的精神品质高度概括为"好工人"精神：一是感恩企业、忠于职守的优秀品质。即心系岗位、爱企如家,以"油田给了我岗位给了我本事,我就要为油田发展作贡献"的感恩情怀和"当工人就把工人当好"的信念追求,几十年如一日,矢志不渝,埋头苦干,项项工作质量全优,处处厉行勤俭节约,表现出强烈的主人翁责任感,为推进企业发展做出了积极贡献。二是坦然淡定、内心和谐的思想境界。即找准定位,不抱怨、不攀比、不浮躁、不盲从,既积极进取,又不好高骛远；既安心本职,又不自甘平庸,把信念化为行动,对工作充满激情,用奉献书写忠诚,体现出积极向上的精神风貌和价值追求。三是勤奋学习、技术精湛的进取精神。即钻研业务,追求卓越,以"当工人不丢人,不胜任本职工作才丢人"的朴素思想,奋发向上,超越自我,练就一身过硬的技术本领,树立了有信念、有责任、有技术、有文化的新时期知识型员工的良好形象。四是发扬传统、传承精神的优良作风。即把传承大庆精神、铁人精神作为一种责任、一种追求,以"不仅自己要当'好工人',还要带出更多的'好工人'"的责任感和使命感,自觉弘扬"传帮带"优良传统,传思想、带作风、教技术,甘当铺路石,使大庆精神、铁人精神代代相传。

五、让不浪费成为习惯

施伟德著的《让创造利润成为习惯》中有这样的论述：

著名商人包玉刚说："在经营中,每节约一分钱,就会使利润增加一分,节约与利润是成正比的。"换言之,成本降低10%,就等于利润增加了20%。

如今,经济全球化的进程越来越快,市场竞争越来越激烈,利润也越来越薄,已经进入"微利时代"。无论是传统产业,还是高科技产业,生意都越来越难做,这是绝大多数企业的共同感受。身处微利时代,除了赚钱的思路和观念需要及时进行调整、转变和更新外,更重要的是用节约的方法来降低成本,增加利润。当今社会,节约才是赢利的关键。世界船王、著名商人包玉刚曾经有一句名言,他说："在经营中,每节约一分钱,就会使利润增加一分，节约与利润是成正比的。"换言之，成本降低10%，就等于利润增加了20%。

节约本身就是一宗财产，对于企业来说，节约就意味着创造利润，而节约是从一点一滴开始的。有人举过这样一个例子：如果全国每人每年节约一分钱，以13亿人计，那将是1300万元！同理，对一个企业来讲，如果每人每天节约一毛钱，一年下来，节约的数目也会相当可观。

节约下来的每一分钱是一个什么样的概念呢？根据"利润等于收入减去成本"的等式，那就是公司的利润。由此可知，企业想增加赢利，成功发展，除了争取更高的产品销售额之外，对营销、研发、管理等各项费用开支的控制和节约也是关键。平时我们每节约一分钱，我们的利润就会增加一分。"聚沙成塔，集腋成裘"，如果每个人每天都能做到节约不必要的费用支出，长期下来，就会有相当大的利润收益。

相反，对各种资源无缘由的、不必要的浪费，对一个处在良性发展的公司来说，是极为不利的。试想，十分的毛利，就有六分的费用支出，实在让人可惜和不安。节约与每个人的切身利益密切相关。一个企业如果想有所发展，就绝不能铺张浪费。尤其是在微利时代，在全球经济不景气的今天，节约是必然的选择！从大处讲，节约是公司的一项政策；从小处说，它与我们每个人的切身利益密切相关。每个人都应有成本意识。在工作和生活中我们要及时发现存在浪费的地方，然后找出改进的方法，只有善于观察、思考、多动手，遇到问题多想办法去改善，才能找到更好的解决方案。凡事都要从小事做起，不要看似一个很小的改进，节约不了多少钱就不去做，其实只有将小事做好才能积少成多。只有每个人都树立节省每一分钱、每一度电、每一滴水、每一张纸的思想，企业才能走得更远。

虽然降低成本有许多途径，但节约却是必不可少的途径，也是最有效的途径之一。通过动脑筋、想办法，来达到降低成本的目的，难道不是一种很好的方法吗？

让企业树立节俭之风是必需的。如果每个人都养成了节俭的习惯，那么我们节约出来的就是利润，企业的整体效益将非常可观！因此，我们呼唤一种全员参与、持续改进的节俭的企业文化！

积羽会沉舟。试想一下，今天很多企业已到了内外交困、举步维艰的地步，如何让企业走出困境？唯有降低成本，提高效率。如果每个人都不注意节约，不用我们掏钱的纸巾可以任意扯，不用自己埋单的饮用水可以随便打……那么，公司将有多少钱白白流失了呢？

滴水亦成河。如果每个人都把勤俭节约作为自己的道德准则，都有勤俭节约的习惯，时刻注意降低成本，那么企业一定能够拥有光明的未来！

用节约来增利，立竿见影。做企业的目的就是利润的最大化，没有利润的经营不是企业家的初衷和目标，没有利润的所有工作都将是无用功。然而，面对有限的市场和资源，除了节约成本、控制费用和发明创新外，又能到哪里去找别的通向高赢利的道路呢？

发明创新的效应是需要一定时间和周期的，唯一能立竿见影的增利手段就是节约成本、控制费用。因为当你能把成本降低10%，就等于把利润提升了20%。事实上，只要我们能比竞争对手更好地控制成本和费用，我们就能减少或弥补自己与对手在各方面的差距，从而提高利润率，增强我们的综合竞争能力。与开拓市场以扩大收入达到增加利润的方法相比，进行自身的成本费用控制和节约要容易得多。既然我们在追求收入方面不遗余力，为何不下大力气进行成本费用的节约呢？

当然，对于公司而言，有些费用是一定要花的。无论是研发投入，还是市场营销，以及日常管理，适当的花费都是取得成绩的关键。但是，适当的花费并不意味着可以大手大脚和随心所欲地支出。现时资金的有求必应是为了更好地开展工作。所以员工应多从公司的大局出发，做到有限的资金要用在刀刃上，该花的一分都不省，不必要的开销能省则省！

对于广大员工来说，节约成本、控制费用首先要从一点一滴做起；对于管理层来说，节约成本、控制费用要合理控制整体花费。

节约成本，由于各工作性质和具体情形的不同，在公司没有采取有力措施进行监督、监控的情况下，很大程度上须依靠个人的自律和自觉，依靠全体员工的主人翁意识和事业心。同时，也需要公司进行制度创新和体制创新，通过制度上的有效安排和技术性的操作进行控制。因此，这就要求各位领导开动脑筋，积极思考，在保证工作顺利开展的前提下，尽量控制甚至减少费用的预算，从而为公司的扩大再生产增砖添瓦。

当然，节约成本、控制费用应是适度的。如果因为节约成本、控制费用而影响了整个公司的发展，那会得不偿失的。就算在节约成本、控制费用方面获得成效，也只有在成功开拓市场和有效技术创新的前提下才会有意义。一味地追求销售额增长和毛利的上升，而忽视日益庞大的费用支出，使二者相抵消，更会令人惋惜。

所以，无论怎样，我们都不应小看节约，因为那往往是企业利润的源泉，是发展的关键。开源节流、控制成本极其重要，创业要这样，守业要这样，企业永远都应该要这样，只有这样的企业才是健康的，才是长远的。

润滑管理现场，由于润滑不良或不合理，往往存在以下浪费行为：

（1）惯性换油，比如10年前甚至20年前就是5000千米，现在还是5000千米换油。
（2）未控制污染，如换油时未清洗，导致润滑油更换频繁。
（3）设备精度或效率下降，如挖掘机效率可以下降20%，相当于5台中有1台没有工作。
（4）开工率或出勤率降低，类似于人总是生病，总去请假，开工率下降可以达到50%以上。
（5）维修频次高，费用高。相当于人总是生病，看病成本高，手术一大堆，越治越糟糕。
（6）一条生产线上影响了其他协同资产的效率发挥。
……

第五节 工匠精神培养的思维创新实践

"工匠"一词在《辞海》里的释义本是"手艺工人"。后来到"工匠精神",这个词的内涵和外延已有大幅扩展与进化,指的是一种认真专一、精益求精的状态和追求。

全球寿命超过200年的企业,日本有3146家,全球第一!德国有837家,荷兰有222家,法国有196家。为什么长寿企业扎堆这些国家,是一种偶然吗?它们长寿的秘诀是什么呢?答案就是:工匠精神!

前几年,日本做寿司的小野二郎成了工匠精神的代言人,中国的不少企业尊之以为神。听说河南的传奇企业胖东来,便长期在公司的大屏上滚动播放着《寿司之神》的纪录片。中国商界最新的工匠图腾则是美国纪录电影《徒手攀岩》。光溜溜的酋长岩平滑如镜,让无数想染指的人与猴子"望峰息心"。攀登过程,但凡有任何的畏惧与分神,后果都难以设想。但片中主角亚历克斯·霍诺德最终攀爬到顶,实现了人类难以预想的成就。

中华全国总工会在2017年庆祝"五一"国际劳动节暨全国五一劳动奖和全国工人先锋号表彰大会上的讲话,"弘扬劳模精神、劳动精神、工匠精神","要恪尽职业操守,执着专注、精益求精,以工匠精神打磨'中国品牌'、助推产业转型升级"。

近年来,经济高速发展也使商业伦理问题突显,部分企业为了获取短期利益缺少商业道德,假冒伪劣、粗制滥造时有发生。有的企业一味高呼拥抱创新,有时候却忘记了"创旧"的必要前提,旧东西做不好做不精,何言创新?股市涨跌,人心浮动,其中不乏"工业4.0""互联网+"等概念股。必须指出,振兴中国经济,没有工匠精神,所谓创新只是空中楼阁、无本之木。迎接工业自动化、互联网革命、产业升级换代,不能忘本,本立而道生。

当前,互联网时代追求速成和兑现,不少企业热衷于"上市圈钱",不少新兴行业忙着赚快钱,抄袭模仿山寨盛行。这样如何能做到基业长青呢?"有匪君子,如切如磋,如琢如磨。"《诗经》论述的君子之道,也适合工匠之道,适合企业之道,对当下有启示意义。

在规模化的工业制造冲击下,中国的传统文化与手艺传承更加艰难。未来的中国,无论是工业强国战略下的精工制造,还是对传统匠艺的保护,都更加需要全面传承、发扬中国的工匠精神。

2015年央视播放了《大国工匠》的系列专题片。系列片里,没有领导,只有在生产一线的工人或"当代匠人"。没有他们,就没有火箭上天;没有他们,就没有高铁面世。在他们眼中,财富和地位并不重要,能够在自己的岗位上精益求精,做好本职工作,才是他们的追求。

走向世界的民族品牌华为,其掌舵人任正非时时提醒员工,华为能走到今天就是凭着一种坚守精神,一种厚积薄发的精神,"当我们像乌龟一样在爬的时候,中国可是四处都是鲜花,我们全当作没有看到,至今还在艰苦奋斗"。

我们有理由坚信,在互联网时代,重提"工匠精神"并不落伍。它是一种态度,是一种传承，更是一种坚持，它能让中华文明走得更久远。

时代需要一种"工匠精神"，以一种做人做事敬天畏人的态度，对抗日渐炽热的浮躁之风。我们相信，中国传统文化中的沉沉静气，与现代科学管理系统相结合，能结出先进工业文明之果。

一、中国古代的工匠之道

一直以来，谈及工匠与工匠精神，很多人总以为是西方尤其是日本与德国的专利。但翻看中国的古籍，工匠精神在这个国家里，却是足够"源远"，中国先秦时期就已经大匠如云了。从中国文化中溯源，工匠不仅是与时俱进的文化符号，内涵随着时代变迁而不断地更新和丰富，而且工匠作为各种职业中的能工巧匠，随着社会分工的精细化，工匠的角色标志也呈多样化。在传统习惯中，职业人往往称之"匠"，即工匠，故有木匠、石匠、铁匠、鞋匠等之称。但在当代，工匠的称谓已经泛化，如设计师、技术能手、专业带头人等都可称之为能工巧匠。

尽管工匠的符号有了很大变化，但传统"匠"的因子仍在。在社会的认同和人们的认知里，工匠是最朴实的劳动者画像、是活生生的职业者、是行家里手、是技术应用型拔尖人才。

1. 古时候的手艺人

古时候，用"百工"指代工匠。

《周礼》的《考工记》是最早的手工业文献，里面开宗明义："国有六职，百工与居一焉"，系统介绍了轮人、舆人、辀人，及筑氏、冶氏、桃氏等众多工职与匠人。《论语·子张》中有"百工居肆，以成其事"的说法。《墨子》中除了"百工"，多有提及"巧工"与"匠人"。墨子本人就是一个技艺过人的超级工匠。据记载，他能造车辖，还能造出能在天上飞一天的木鸢。在这一点上，木匠的祖师爷鲁班自然更厉害，他"削竹木以为鹊，成而飞之，三日不下"。鲁班得意扬扬，自以为至巧。墨子却不以为然，说你这玩意儿只是奇巧淫技，雕虫小技而已，还不如我造车辖，三寸之木就能承受千斤之重，主要是车辖实用，能拉货啊，"利于人谓之巧，不利于人谓之拙。"后来鲁班造出云梯，助楚攻宋时，墨子认为不义，竭力劝阻。他们在楚王朝堂之上操械演练，九个回合下来，鲁班竟然技穷败北。

《庄子》中应该是最早出现"工匠"一词，也记录了不少工匠的故事。《庄子》的《马蹄》篇里，"夫残朴以为器，工匠之罪也；毁道德以为仁义，圣人之过也。"以现代的视角来看，"庄生"可谓工匠精神的首倡者，而《庄子》则堪称一曲中华工匠的赞歌。

孟子与庄子生逢同期，却观点迥异，世人有传孟子看不起庄子。但在工匠问题上，两人却有同好。孟子用的词汇是"大匠"。《孟子·尽心上》中便有"大匠不为拙工改废绳墨，羿不为拙射变其彀率"的话，这里的"大匠"指的便是高明的工匠。《孟子·章句上》中还有"羿之教人射，必志于彀…大匠诲人必以规矩"的说法，意思是大羿教人射箭必要把弓拉满，大匠教学徒手艺必会遵照一定的规矩。

羿是神射手，古书说他曾射九日，相传弓箭就是他制造的。除了羿，先秦"匠人天团"

里还有发明车的奚仲、发明铠甲的季杼等人。商朝时的贤臣傅说本是手艺不错的泥瓦匠，而商汤的名相伊尹则是技艺精湛的好厨师，被后世喻为"中华厨祖"。

羿的子孙不绝如缕。后来宋朝的欧阳修写卖油翁，配角也是一个善射之人——康肃公陈尧咨。此人搭弓射箭，一出手"十中八九"，水平也相当可以。但卖油翁在旁边看着，却只是微微一笑，点点头，因为内行看门道，这手艺在他看来，"无他，但手熟尔"。

2. 象人、木鸡与槁木

庄子是战国时候的思想家。他生活中破衣烂衫，还经常挨饿，却不失性于物，丧己于俗，精神上洒脱浪漫，自由不羁。学者陈鼓应称庄子是"整个世界思想史上最深刻的抗议分子，也是中国古代最具有自由性和民主性的哲学家"。眼高才大的木心，评价"中国出庄子，是中国的大幸"。鲁迅称赞《庄子》"其文汪洋辟阖，仪态万方，晚周诸子之作，莫能先也"。《庄子》一书是庄子及其后学的作品。按照司马迁的说法，原书本有"十余万言"，如今我们看到的版本源于晋代郭象的选编修订版，有三十三篇，共六万五千多字。这本书主题恢宏，言近旨远，讲了很多以小寓大的寓言故事，其中工匠的故事尤多。

《庄子·列御寇》篇里讲了一个很厉害的人，就是"列子"，列御寇。列御寇射箭时候，胳膊肘上放杯水，前箭刚发后箭又搭弓续上。水，平如镜。人，也像个木偶，纹丝不动。("列御寇为伯昏无人射，引之盈贯，措杯水其肘上，发之，镝矢复沓，方矢复寓。当是时也，犹象人也。")

有一个善于训练斗鸡的人，叫纪渻子，跟列御寇挺像。别的人能修炼到形如槁木，心似死灰；这个人养的鸡也能全神贯注，呆若木鸡。

哈萨克人驯化猎鹰称为"熬鹰"，不让睡觉，反复煎熬。纪渻子训练斗鸡也是一个"熬"的过程。日复一日，反复煎熬，四十天之后，斗鸡性情大变，"鸡虽有鸣者，已无变矣，望之似木鸡矣，其德全矣，异鸡无敢应者，反走矣。"常言说，爱叫的狗不咬人，这种不声不响的鸡也是真正可怕的狠角色。熬到这个阶段，它的同类根本不敢跟它斗，看到这种怪物就吓跑了。

这种浑然忘我、完全沉浸的状态，曾让孔子也佩服不已。《庄子·达生》篇里讲，有一次孔子带学生去楚国，在路上遇到一个驼背老人在林中捕蝉，捉蝉就像在地上捡拾一样，唾手可得，轻而易举。孔子惊得下巴都要掉了，请教人家，您手艺这么好，有什么技巧呢？("子巧乎，有道邪？")捕蝉人说，我的方法无他，唯专注尔。捕蝉的时候，我的身体就像槁木枯枝，眼里除了两片薄薄的蝉翼啥都没有，这个时候你就是给我全世界来换这两片蝉翼，我都不换。("吾处身也，若厥株拘；吾执臂也，若槁木之枝；虽天地之大，万物之多，而唯蜩翼之知。吾不反不侧，不以万物易蜩之翼，何为而不得！")

孔子深有感触，指着这个活案例对学生们说，你们看，"用志不分，乃凝于神"，说的就是这老汉啊。

3. 裁缝和木匠

《庄子·知北游》篇里有一个手艺人也很让人惊叹，这是大司马家里一个做衣服的工匠

(锤钩者)。此人年过八十，还能运指如飞，衣服做得平整合身，连个多余线头都没有。大司马惊了，也问了跟孔子一样的话，"子巧与？有道与？"。老裁缝的回答跟捕蝉者很相似。"臣之年二十而好捶钩，于物无视也，非钩无察也。"我二十来岁就喜欢干这行，我做衣服的时候，眼睛里只有衣服，世界上只有衣服。

实际上，专注的人运气不会太差，全世界对这类人都是发奖状的。印度史诗里讲过一个相似的故事。皇室教师特罗那教公子射箭。到了林中，问一学生：看见鸟没有？答：看到了。又问：看见树林和我没有？答：都看见了。特洛那又问另一个学生：看见鸟、林树、众人否？学生答：我只看见鸟。特洛那大喜，夸第二个是好学生。

古话说，一叶障目，不见泰山，显示人要有格局。可对于专注于物的匠人来说，一鸟在手，便胜于十鸟在林。一叶在前，便就是不见泰山。

《庄子·徐无鬼》里讲了一个故事。一个湖北人在鼻尖儿上抹了点石膏，让一个叫石的工匠削他。石师傅一斧子劈下去，石膏掉了，鼻子分毫无伤，人质面不改色。(郢人垩漫其鼻端，若蝇翼，使匠石斫之。匠石运斤成风，听而斫之，尽垩而鼻不伤，郢人立而不失容。)

后世文人请高手修改文章，喜欢用"斧正"一词，就是出自这里。如今的一些影视剧里，经常有人头上放个苹果，让人用飞刀来掷，或者用子弹来爆，这些所谓的惊险花样儿跟《庄子》里相比，是小巫见大巫。《世说新语》里讲"昔匠石废斤于郢人"，就是说后来"郢人"去世，没了搭档，匠石就把斧子扔了，不再表现这门绝技。

《庄子·达生》篇里有一个叫梓庆的匠人。梓庆做鐻这种乐器，做出来后，鐻上的猛虎雕得栩栩如生，"见者惊犹鬼神"。梓庆说，我主要是不耗神，能静心。我做木匠活儿的时候，先斋戒静心，第三天，把功名利禄就忘掉了；第五天，把毁誉得失就忘掉了；第七天，我都忘了自己还有五官四肢，心里只有鐻，忘了我是谁。这个时候进山选材，就有如神助，成鐻在胸了。

巧匠工倕也是这样。工倕是尧时候的巧匠，传说船就是他发明的。这个人做木匠活儿根本不用圆规和矩尺，用手指头就行了，效果还更好。要练到这种"指与物化"的程度也不容易，要先依次修炼"忘足""忘腰""忘是非"的境界。(见《庄子·达生》篇)

4. 解牛斫轮者

《庄子·天道》篇里还讲了一个很猛的木匠，敢跟国君叫板。就是前面欧阳修说的"斫轮者"，做车轮子的，名字叫扁。

有一天，扁在堂下砍木头做轮子，齐桓公在朝堂上读书。扁忽然把工具一丢，走上去问齐桓公，你看什么书？齐桓公说，看圣人书。他又问，圣人还活着么？齐桓公说，死了啊。扁便说，那你看的不过是古人的糟粕而已。齐桓公怒了，说，你小子活够了吧，你讲讲看，讲不好就人头落地。

轮扁一番话却讲得有板有眼，有模有样。他说，别看我做轮子这点手艺，也讲究不疾不徐，节奏、力道得恰到好处。这其中的火候拿捏，只可意会，不能言传。这东西，我给我儿子都传授不了，所以一大把年纪了，还在干这差事。这么说来，圣人真正的精华也难以流传，那你现在看的不是糟粕是什么？(臣也以臣之事观之。斫轮徐则甘而不固，疾则苦而不入。不徐不疾，得之于手，而应于心，口不能言，有数存焉于其间，臣不能以喻臣之子,臣之子亦不能受之於臣。是以行年七十而老斲轮。)

墨子说,"百工为方以矩,为圆以规,直以绳,正以悬,平以水,无巧工不巧工,皆以此五者为法。"孟子说,"梓匠轮舆能与人规矩,不能使人巧",都意在其中。《文心雕龙》里也说,"伊尹不能言鼎,轮扁不能语斤,其微矣乎"。运用之妙,存乎一心,现乎两手,却是很难表达出来的。

实际上,至高水准的匠人,已然是艺术家。艺术创作灵感迸发更有"神明"附体一说,即便是艺术家本人也难以分析、言传其过程。贝多芬说,"当神明跟我说话,我写下它告诉我的一切时,我心里想的是一把神圣的提琴。"米开朗琪罗则说,"好的绘画靠近上帝,并与上帝结合在一起。它只是上帝之完美的一个复制品,是它笔的影子。"

就像"庖丁解牛"一样,虽然在《庄子》里,它是讲养生主题的一个寓言。但在我们看来,庖丁无疑是一个巧夺天工的匠人传奇,一个匠心独具的大艺术家。庖丁在解牛之时,看都懒得看,"以神遇,而不以目视,"人刀合一,手起刀落,完全跟着感觉走。当此之时,他的呼吸声、脚步肉、割肉声,汇合成一曲美妙的交响乐(合于《桑林》之舞,乃中《经首》之会)。而眼前的牛已不是横飞的血肉,而是衬托他勃发英姿的舞伴。一曲终了,庖丁立在舞台中央,顾盼自雄,从容谢幕。

5. 古代工匠之道的启示

虽然《庄子》里的记述虚实结合,在不同篇章里的工匠故事也往往别有别指,但我们把这些匠人的珠玉串联起来看,往往有几个特点:

一是全情投入。一旦开始做手艺,造东西,便专一不二,心无旁骛。捕蝉者眼里便只有蝉,雕木者眼里便只有木。心外原本无物,聚精才能会神,这样的状态才能出好活儿,出精品。

二是长期的反复练习。刀法如神的庖丁,起初也是菜鸟一个。从无从下手到目无全牛,他练习了3年;再进阶到条分缕析、游刃有余,他已经解了数千头牛,操刀了19年之久。而前面的"锤钩者"从"年二十"干这一行,一直干到"年八十矣",才能做到炉火纯青,"不失豪芒"。

还有一点,《庄子》里并未刻意着墨天赋与天分,但无法忽视的是,一个大匠的养成,除了刻意训练,也要有出众的灵性与悟性,才能出乎其类,拔乎其萃,神乎其技。

上文提到的射箭时能在肘上放水杯的列御寇,在平地上射箭确是一把好手,后来有人带他攀爬到山顶上射箭,他便"汗流至踵",不能自已。而《徒手攀岩》里的亚历克斯·霍诺德之所以能克服恐惧,如履平地,除了持续练习,把攀爬动作融入血液,恐怕还有天赋异禀的因素。

《文心雕龙》很诚实,评判天下文章锦绣,俊采风流,除了"学"与"习",也强调天资、天分。有两句话,"才自内发,学以外成","才由天资,学慎始习"。

能工巧匠们的"巧"到底从何而来?短期的高度专注与长期的熟能生巧是一方面。另一方面,也需要灵感与天赋。所以,爱迪生说,天才是百分之一的灵感加百分之九十九的汗水。

【引用案例：油田工匠刘可夫】

工匠的技艺需要强化训练才能得到，他的技艺展示给人一种美感。同时，这个人有影响力，能够感染辐射周围人群想学习技艺，朝着他这个方向走可以看到美好的希望——大庆油田第三采油厂电力大队电工二队变电检修班班长刘可夫。

有的人明明可以靠"颜值"，却偏偏要拼"才华"。

这是一句网络流行语，也是一种现实生活中的描写，刘可夫就是这样的人。

刘可夫是大庆油田采油三厂电力维修大队的一名变电检修班班长，这个岗位在某种程度上就"先天"决定了刘可夫很难有太大的名声。

为什么？

因为大庆油田有专门的电力集团，整个单位的人都是研究电的，刘可夫所在的采油三厂与电力集团同属油田二级单位，但作为下属的电力大队只是采油厂的生产保障单位。

就是来自这个采油厂生产保障单位的刘可夫在2013年10月大庆油田工会举办的"稳油增气，我当先锋"职工技能比武电视争霸赛维修电工赛事上，突破层层包围获得了第一名。

"'土八路'打败了'正规军'"，一时间，关于刘可夫的比赛结果大家有了这样一句评论。

实际上，并非是电力集团的选手实力弱，而是因为刘可夫确实有着过人之处。

关于他，有着不少"神一般"的传说。

——曾经在技校毕业后到"北京索尼公司"工作，经常被公司派到其他省份去解决难题，后来又回到大庆油田工作。确定留在油田的时候，"索尼"方面还在表态，只要你想回来，我们的大门永远为你敞开。

——直流屏和保护柜里发生故障，但是有上千个端子需要测量，始终有一个故障无法排除，设备厂家人员一筹莫展的时候，刘可夫见状，用手"一划拉"就能发觉出有几个头发丝粗细的端子出现异常。

——某次一变电所出现故障，去了3个人1个星期都没查出问题，刘可夫去了闻出了"二极管烧坏了"的味道。

正像所有成功人士的成长规律一样，刘可夫有这样的"神功"也不是天赐的，但也不是别人迫使他练出来的，而完全都是他自我加压的结果。

"为什么？不为什么。"刘可夫解释说，从结果来看，每个人出生后都在被时间推着走向死亡。"人生可以没有任何意义，但人生也可以让每件事情都赋予意义。"

"我愿意让我的人生是彩色的，而不是黑白的。"刘可夫说。

为了让自己的人生着色，他确实是做了让很多人看起来不可思议的事情。

刚到采油三厂电力大队的时候，刘可夫是电工一队的"外线电工"。中午时分，当别人都在午休的时候，他却偏偏要顶着大太阳练习爬杆。

许多同事可能都没看到的是，他回家的时候一边看电视一边单腿站立，用手模拟外线电工架设导线的动作。

结果，他在这个项目的技能大赛中不仅获得了第一名，还将与第二名的完成时间差拉大到 5 分钟以上。

凭借优异表现进入电工二队在变检岗工作之后，他把变电站里所有的端子——甭管有毛病没毛病的，都要用手扭一遍，以至于手上都扭出茧子。

"等到有故障再去发现问题就不赶趟了。"虽然自己所在的电力大队是很多人眼中的"二线"单位，但在刘可夫自己看来，当电力出现故障、油井停机的时候，不管是"几线"单位，让油井最短的时间恢复生产才是硬道理。

刘可夫的父亲也是一位电工技师。

小时候，内向的刘可夫总是不太招大孩子们"待见"，独自在有限的空间里摆弄父亲的电工工具和零件。所以，父亲的工具盒子就是他最好的玩具。

"那里面有很多电器元件，我就在那儿蹲着用螺丝刀不厌其烦地组装拼接。"刘可夫回忆，有时候蹲的时间太长了，站起来后一脑袋扎到地上了。

或许就是从那个时候开始，螺丝刀成了他最好的朋友。

现在，刘可夫的兜里随时都能掏出一把螺丝刀、一个万用表来，他甚至将这个习惯带到了美国。

2016 年 12 月，刘可夫作为中国石油天然气集团公司的代表到美国进行技术交流学习。在一个钻井平台的生产厂家，美国方面的电气工程师给来自中国的客人们出了一道难题——如何用一台变频器控制 4 台电机。

一般来说，变频器的品牌有几十种，每种变频器又有若干型号。正是由于平时接触多、动手多、"没事找事"多，刘可夫当场就为外方企业设计出了一个操作方案。

由于他说的对路，美方的工作人员不仅频频点头，还允许他直接在正在运行系统的备用回路上进行操作。刘可夫也没客气，顺手掏出平时就带在身上的螺丝刀拆开设备的外部保护壳讲解了起来。

现在，作为中国石油天然气集团公司技能专家的刘可夫经常要给新进厂员工做培训，他的"男神"称号也在学员们中间流传。

爬电杆，是每一位新学员最难过的一关——既不敢，有时候也不愿意。

不敢是因为太高，不愿意是因为不甘心——很多人，尤其是大学生。

刘可夫却有各种办法逼迫他们爬上去，就像当年逼着有恐高症的自己爬上 10 多米高的电杆。

"你不努力一下，永远不会知道还有另外一片景象等着你。"

"下午 5 点多，金色的夕阳洒在芦苇荡的芦絮上，抽油机在芦苇荡里带着霞光一上一下地摆动。"刘可夫说，看到那种情景，自己就看到了希望，看到了力量。

这种希望，这种力量，属于那些奋力朝着杆塔顶端精进爬行的人。

二、工匠精神的培养

"工匠精神"，即是指对工作、事业的精益求精的态度，是把工作或一件事情、一门手艺当作信仰的追求。它并不局限于制造领域或手艺行当，而关键在"精神"二字。《匠人精神》的作者秋山利辉对此做了很好的概括："一流的匠人，人品比技术更重要，有一流的心性，必有一流的技术。"

工匠精神是职业人格和态度、职业能力和技术的内化和提升。外显的"匠"到内隐的"精神"，是匠人到匠心的文化凝练，更是人与术的神形贯通。工匠精神的内核有以下层面：

一是精益求精的创新精神。温州冶金厂早期研造的大型压路机曾获国家科技进步奖特等奖，当年参与研发攻关的团队工人总是感慨地说，从设计到制造，从安装到调试，要求工人一丝不苟全神贯注，数万螺丝部件都要精挑细选。这就是最朴实、现实生活中原生态的工匠精神之诠释。按中国通俗的话说，就是精益求精，就是追求"没有最好，只有更好"。

二是实事求是的科学精神。工匠精神的本质体现的是崇尚事实、尊重科学、尊重技术。从古代的土木工匠祖师鲁班造锯，到当代的神舟飞船遨游太空，技术的发明、制造的精良，无不是理论与实践、科学与技术结合的典范。工匠精神外显性最典型的特征是梦想成真，究其内里其实是"梦"本身符合客观发展规律，让梦成真的过程和实践必须遵循科学，否则也将一事无成。可见，工匠精神是一种天人合一的境界，是主观世界与客观世界的融通，是科学与现实的有机结合。

三是忘我工作的敬业精神。银行点钞员能"叫板"电子点钞机，但很少有人知道为了练就这种技术，他们的手指磨去了多少层皮，"泡"去了他们多少业余时间。这类案例很多很多，归结一点，成就工匠，非一日之功。他们敬畏自己的职业，远远超越了为了生计的谋业，职业岗位的责任担当已经成为自觉，职业与人生真正融入了一起。

总之，工匠精神是人与职、业和技的"合金"，是做人与为业、人品与技术双馨。

现代工匠如何培养？现代工匠的教育与培养，人教、业习、技练三者要同抓并举。

人教，即做人、成人之教。要成为优秀职业人，先要学如何做人。就个人而言，人品正，谋业为事的价值观、人生观才有养成的基础，人生职业化发展才会有用之不竭的动力，职业人生才会发光出彩。就社会而言，职德与职业相脉承，职业人的职业道德、情操、素养等始终影响着他们的从业态度、价值取向和职业行为，只有良好的职德，才会大有作为。

业习，泛指业务学习，这里特指专业学习。工匠及工匠精神的支柱之一就是在特定职业和岗位上，既懂知识理论又能干得好做得优，是名副其实的内行专家。现代社会，业态改良、技术更新、跨学科、综合化等特征十分突出，对现代工匠素质也提出高要求。单纯的工种不可能造航母，仅靠信息技术不可能做大物流，现代工匠要有看家的专业，还要有广博的学识。工匠教育的"业习"如何做？其关键词就是：立足专业、夯实理论。职业教育实施人才分类培养，"母机"是专业，专业是职业人职业启航和职业化发展的主轴，工匠教育要从专业教育做起，专业设置要贴近企业人才需求，课程要匹配专业核心能力。夯实理论基础，是现代工匠素质的另一要求。理论是实践指导的依据和准则，更是工匠职业化持续发展的动力所在。重视理论与实践的结合，是长期以来职业教育的基本思想和理念，但目前在职业院校中"轻理重实""理实分化"现象较为突出，应当加以纠正。

技练，是专业技术能力应用的范畴，特指技术训练。工匠教育，必须是"应知"与"应会"有机统一的教育。工匠培养，不可能只是教室里说教、作业本上训练，"应会"必须到实践中学、到实训中练，应用能力的培养别无他路。职业院校的工匠教育，是以职业化为中心、职业素养和职业技术为内容的体验式教育，在真实的生产环境中理实相兼，专业知识与专业文化相融，专业能力与生产技术相长。任何专业都具有自己的特殊能力诉求，应用性的实操能力必不可少。技练教育一定要立足专业，以课程为载体有序化培养。技练教育需要平台支持，只有通过产教融合协同育人，技练教育才会落到实处。

日本木工业传奇秋山利辉，创立了独特的匠人精神培养制度，"秋山木工"制定了独特的"匠人研修制度"。见习一年，学徒四年，工匠三年。如此八年，学员们不断磨砺心性，在"德艺双修"的路上走得踏实从容，掌握了一名合格工匠应具备的全部素质，这样他就可以出师，将秋山技艺和精神发扬光大。

想要进入秋山学校的人，首先要接受十天的各项训练，并且通过考试才能入学。

(1) 不能正确、完整地进行自我介绍者不予录取。
(2) 被秋山学校录取的学徒，无论男女一律留光头。
(3) 禁止使用手机，只许书信联系。
(4) 只有在八月盂兰盆节和正月假期才能见到家人。
(5) 禁止接受父母汇寄的生活费和零用钱。
(6) 研修期间，绝对禁止谈恋爱。
(7) 早晨从跑步开始。
(8) 大家一起做饭，禁止挑食。
(9) 工作之前先扫除。
(10) 朝会上，齐声高喊"匠人须知30条"。

这一系列严格的训练，都是为将来成长为一流匠人打基础。特别是齐声高喊"匠人须知30条"，一段文字如果只读一遍，或许很快就会忘掉，但如果反复背诵，文字就会进入意识深处，变成我们的血肉。一旦达到这个境界，当我们遇到困难和突发事件的时候，就能不自觉地参照"匠人须知30条"去应对，让自己处变不惊。

"匠人须知30条"浓缩了礼仪、感谢、尊敬、关怀、谦虚……这些都是做人最重要的事和教育的基本，与中国传统文化的"仁义礼智信，温良恭俭让"一脉相承，影响深远。具体内容如下：

(1) 进入作业场所前，必须先学会打招呼。
(2) 进入作业场所前，必须先学会联络、报告、协商。
(3) 进入作业场所前，必须是一个开朗的人。
(4) 进入作业场所前，必须成为不会让周围的人变焦躁的人。
(5) 进入作业场所前，必须要能够正确听懂别人的话。
(6) 进入作业场所前，必须先是和蔼可亲、好相处的人。

(7) 进入作业场所前，必须成为有责任心的人。
(8) 进入作业场所前，必须成为能够好回应的人。
(9) 进入作业场所前，必须成为能为他人着想的人。
(10) 进入作业场所前，必须成为"爱管闲事"的人。
(11) 进入作业场所前，必须成为执着的人。
(12) 进入作业场所前，必须成为有时间观念的人。
(13) 进入作业场所前，必须成为随时准备好工具的人。
(14) 进入作业场所前，必须成为很会打扫整理的人。
(15) 进入作业场所前，必须成为明白自身立场的人。
(16) 进入作业场所前，必须成为能够积极思考的人。
(17) 进入作业场所前，必须成为懂得感恩的人。
(18) 进入作业场所前，必须成为注重仪容的人。
(19) 进入作业场所前，必须成为乐于助人的人。
(20) 进入作业场所前，必须成为能够熟练使用工具的人。
(21) 进入作业场所前，必须成为能够做好自我介绍的人。
(22) 进入作业场所前，必须成为能够拥有"自豪"的人。
(23) 进入作业场所前，必须成为能够好好发表意见的人。
(24) 进入作业场所前，必须成为勤写书信的人。
(25) 进入作业场所前，必须成为乐意打扫厕所的人。
(26) 进入作业场所前，必须成为善于打电话的人。
(27) 进入作业场所前，必须成为吃饭速度快的人。
(28) 进入作业场所前，必须成为花钱谨慎的人。
(29) 进入作业场所前，必须成为"会打算盘"的人。
(30) 进入作业场所前，必须成为能够撰写简要工作报告的人。

大庆油田在60年的开发建设过程中，涌现出了无数的工匠，凝结成攻坚克难、无私奉献的工匠精神。这里介绍全国2020年劳动模范刘丽的工匠人生。

2011年，刘丽37岁，在采油二厂第六作业区采油48队采油岗位工作18年，风华正茂。两年前，她已是全油田最年轻的集团公司技能专家。

23岁登上全国技能竞赛的领奖台，成为首届集团公司技术能手；28岁被破格聘为采油技师；32岁被聘为采油高级技师、大庆油田技能专家；35岁成为集团公司技能专家……从小对大庆精神、铁人精神耳濡目染的她，实现了"长大后成为一名优秀石油工人"的理想。

这一年，刘丽创新工作室成立了。从此，刘丽的一身"绝学"有了更大的施展平台，这里，也成了企业培养更多技能型、创新型、专家型人才的摇篮。

能让刘丽沉醉的舞台始终是井场，能让她倾注全部智慧与热情的始终是生产一线。为企业破解生产中的各类难题，用研制的革新成果为企业创新创效，刘丽无怨无悔地坚守在油田生产一线。

2018 年，刘丽的创新成果"上下可调式盘根盒"已经经过了第五次改进。从 2001 年开始接触聚驱井，刘丽为了解决抽油机井井口总是"脏兮兮"的问题，已经跟盘根盒"杠"了 17 年，挫折和失败是家常便饭。当初，为了寻找制作密封圈的材料，刘丽在一年多的时间里，利用业余时间几乎跑遍了大庆市所有的五金商店、材料市场，才找到一种尼龙棒，经她切割、抠形之后制作出了合适的密封圈，解决了漏油问题。

这一年，这项创新成果获得油田首次授予的技术革新成果特等奖。"第五代"盘根盒不仅让更换盘根的操作时间由 40 多分钟缩短为 10 分钟，盘根使用寿命也从 1 个月延长到 6 个月，还使每口井日节电达 11 千瓦时。

心无旁骛，矢志笃行。刘丽以始终如一的"匠心"，在 27 年的采油一线工作中，研制的创新成果共获奖项 200 余项，其中，国家专利 30 项、省部级以上奖项 27 项。

技术要经得起考验，精神要经得起传承。

徒弟赵海涛刚到刘丽身边时，看书不细、基本功不扎实。刘丽从理论上指导他关注细节、深究原理，在操作上为他规范动作，传授技术技巧；赛前鼓励他放下包袱、沉着应战。2010 年、2011 年，赵海涛蝉联了两届油田公司技术大赛冠军，摘取了黑龙江省青年职工岗位技能大赛桂冠，成了名副其实的"状元郎"，刘丽的另两名徒弟胡隽伟、史忠帅也相继获得省技能大赛冠军。

2019 年，赵海涛被授予全国五一劳动奖章。他说，师傅刘丽始终是他的榜样。多年来，刘丽累计培训学员 1.5 万人次，其中 67 人被聘为高级技师、技师，135 人被评为厂级以上技术能手。

"用我的技术和经验让更多的人受益，是我最大的成就和快乐。"刘丽说，而在身边人眼中，追求极致、精益求精的工匠精神是她更大的魅力。

刘丽创新工作室成立后，吸引了来自采油二厂基层各单位 2000 余名技术骨干的广泛参与，他们在这里热烈讨论、携手革新、成长成才。

如今，工作室吸纳了包含采油、集输、注入、作业等 35 个工种的 531 名技术人才成为"会员"，将这里打造成了集人才培养、难题攻关、技术革新、成果转化等功能于一体的创新创效联盟。

专业焊房、3D 打印实验室、群众性创新创效成果转化示范区……"研、产、用"一体化的创新管理模式，使这里成为"革新梦工厂"，示范区整合 292 件革新成果应用试验，有效提高机采井系统效率 1.6 个百分点。

近年来，工作室全体成员集智创新，共取得国家发明专利 9 项、国家实用新型专利 165 项、群众性技术革新成果 1048 项，加工推广技术革新成果 2344 件，累计创效 1.2 亿元。

2017 年，刘丽创新工作室被中华全国总工会命名为全国示范性劳模和工匠人才创新工作室，2019 年荣获"全国三八红旗集体"，2019 年入选"新中国 70 年最具影响力班组"。刘丽作为领衔人，先后获得黑龙江省"龙江大工匠"、中央企业"百名杰出工匠"、集团公司"石油名匠"、全国能源化学地质系统大国工匠、中国"质量工匠"、全国五一劳动奖章等荣誉。

光荣属于劳动者。"当工人就要管好每一口井，当工匠就要做好每一项革新，当劳模就要团结好每一位创新人才。"2020年，刘丽成为全国劳动模范，受到表彰，初心、信念更加坚定。

27年的采油人生，刘丽从一名普通女工成长为大国工匠，她的身上散发着大庆精神、铁人精神的光芒，她以工匠精神激励着新一代大庆人拼搏奋斗，她是当之无愧的时代楷模，绘就出新时期采油女工的最美人生。

对于润滑工程师而言，想把润滑管理水平提高，就要把自己培养成润滑工匠，诚心一意，心无旁骛，集中精神，依于自然之理，游刃有余，对于现场管理水平的提升、对于改善现场环境意义重大。

三、传承与创新

"泰山不让土壤，故能成其大；河海不择细流，故能就其深。"在兼收并蓄中博采众长，善于吸收一切人类文明成果，是中华文明的鲜明品格。习近平指出："只有不断发掘和利用人类创造的一切优秀思想文化和丰富知识，我们才能更好认识世界、认识社会、认识自己，才能更好开创人类社会的未来。"世界发展到今天，学科分工越来越细，不汲取古今中外的已有资源，不能产生新成果。习近平指出："要善于融通马克思主义的资源、中华优秀传统文化的资源、国外哲学社会科学的资源，坚持不忘本来、吸收外来、面向未来。"

"继承不守旧、创新不丢根"是大庆油田的优良传统。在设备管理以及润滑管理工作实践中，想要打破原有惯例，想要有创新，就要做好继承和创新的关系，不能丢了本来的好的思想和方法，去盲目追求外部的思想，只有做好兼收并蓄，不忘本来，吸收外来，面向未来，才能取得更大的成就。

1. 不忘本来

大庆油田历经多年发展，积累了宝贵的文化资源财富和优良传统，下面摘取了其中一部分。

(1) 大庆油田企业理念。
核心经营管理理念：诚信 创新 业绩 和谐 安全
诚信：立诚守信，言真行实
创新：与时俱进，开拓创新
业绩：业绩至上，创造卓越
和谐：团结协作，营造和谐
安全：以人为本，安全第一

(2) 大庆精神：爱国、创业、求实、奉献。核心内涵是：为国争光、为民族争气的爱国主义精神；独立自主、自力更生的艰苦创业精神；讲究科学、"三老四严"的求实精神；胸怀全局、为国分忧的奉献精神。在新的时代条件下，应赋予大庆精神新的内涵，始终做到把"爱国"情怀体现到立足本职、胸怀全局，自觉维护国家石油战略安全上；把"创业"

激情体现到解放思想、奋发有为，一心一意推进企业可持续发展上；把"求实"态度体现到严细认真、精益求精，在各项具体工作中争创一流业绩上；把"奉献"精神体现到时刻以国家和企业利益为重，自觉维护改革发展稳定大局上。

（3）铁人精神：是对铁人王进喜崇高思想、优秀品德的高度概括，是大庆精神的具体化、人格化。主要体现为："为国分忧、为民族争气"的爱国主义精神；"宁可少活20年，拼命也要拿下大油田"的忘我拼搏精神；"有条件要上，没有条件创造条件也要上"的艰苦奋斗精神；"干工作要经得起子孙万代检查""为革命练一身硬功夫、真本事"的科学求实精神；"甘愿为党和人民当一辈子老黄牛"，埋头苦干的奉献精神。

（4）"两论"起家、"两分法"是大庆油田的基本功。就是通过学习《实践论》和《矛盾论》，用辩证唯物主义的立场、观点、方法，去分析、研究、解决油田开发建设中的一系列问题。在任何时候、任何情况下都要坚持两点论，反对一点论，坚持辩证法，反对形而上学，形势好的时候要看到不足，保持清醒的头脑，增强忧患意识，形势严峻的时候更要一分为二，看到希望，增强发展的信心。

（5）"三老四严""四个一样"是大庆石油职工过硬作风的集中体现。包括：对待革命事业要当老实人、说老实话、做老实事，对待工作要有严格的要求、严密的组织、严肃的态度、严明的纪律；做到黑夜和白天一个样、坏天气和好天气一个样、领导不在现场和领导在现场一个样、没有人检查和有人检查一个样。

（6）"五条要求"是大庆石油职工的行为规范。指人人出手过得硬，事事做到规格化，项项工程质量全优，台台在用设备完好，处处注意勤俭节约。

（7）"三个面向、五到现场"是大庆领导机关工作的基本指导思想。包括：面向生产、面向基层、面向群众，做到生产指挥到现场、政治思想工作到现场、材料供应到现场、科研设计到现场、生活服务到现场。

（8）"三基"工作是大庆油田加强基层建设的基本经验。新时期"三基"工作就是加强基层建设、夯实基础工作、提升基本素质。

（9）岗位责任制是大庆油田最基本的生产管理制度。包括：把全部生产任务和管理工作，具体落实到每个岗位和每个人，做到事事有人管、人人有专责，办事有标准、工作有检查。包括：岗位专责制、巡回检查制、交接班制、设备维修保养制、质量负责制、班组经济核算制、岗位练兵制和安全生产制八大制度。

（10）艰苦奋斗的"五个传家宝"是大庆艰苦奋斗传统的重要内容。包括：人拉肩扛精神、干打垒精神、五把铁锹闹革命精神、缝补厂精神、回收队精神。

……

2. 吸收外来

国内其他优秀企业和国外知名企业都积淀了厚重的文化和优良传统，值得我们学习和借鉴。

（1）中国石化。

企业精神：爱我中华，振兴石化

企业使命：为美好生活加油
企业愿景：建设世界一流能源化工公司
企业价值观：人本，责任，诚信，精细，创新，共赢
企业作风：严、细、实
（2）海尔集团。
核心价值观：创新
质量理念：有缺陷的产品就是废品
人才观：人人是人才，赛马不相马
科研开发理念：用户的困难就是我们开发的课题，要干就干最好的
营销理念：先卖信誉，后卖产品
市场理念：创造市场；只有淡季思想，没有淡季市场；只有疲软的思想，没有疲软的市场
服务理念：用户永远是对的
（3）青岛啤酒。
市场观：永不放弃
品牌观：有情有义
服务观：你的需要就是我的工作
质量观：畅饮快乐
人才观：合适的人干合适的事
道德观：言行一致
发展观：有多大的本事做多大的事
管理观：相互学习，天天进步
环境观：好人有好报
（4）华为公司。
核心理念：
成就客户：为客户服务是华为存在的唯一理由，客户需求是华为发展的原动力
艰苦奋斗：华为没有任何稀缺的资源可依赖，唯有艰苦奋斗才能赢得客户的尊重和信赖。坚持奋斗者为本，使奋斗者获得合理的回报
自我批判：只有坚持自我批判，才能倾听、扬弃和持续超越，才能更容易尊重他人和与他人合作，实现客户、公司、团队和个人的共同发展
开放进取：积极进取，勇于开拓，坚持开放与创新
至诚守信：诚信是华为最重要的无形资产，华为坚持以诚信赢得客户
团队合作：胜则举杯相庆，败则拼死相救
愿景使命：
愿景：丰富人们的沟通和生活
使命：聚焦客户关注的挑战和压力，提供有竞争力的通信解决方案和服务，持续为客户创造最大价值
战略：以客户为中心

(5) 斯伦贝谢公司。

价值观、道德观和行为准则：我们充分发挥公司独特的资产优势，为客户提供优质服务，帮助其改善作业绩效。

公司以人才、技术和利润为中心的三大价值观是我们所有工作的基础。

我们的员工勇于接受各种环境中的挑战，并致力于安全作业，为世界各地的客户提供优质服务，这是我们最大的优势。

我们对技术和质量的承诺是我们竞争优势的基础。

创造出更高收益的决心是实现未来独立创新与发展的基石。

对客户的承诺：

斯伦贝谢致力于在所有作业中尽善尽美，追求卓越。我们与所有客户的合作方式始终如一、公开透明，并且我们并不在客户资产中持有股份。因此，客户高度信任我们，在处理敏感和机密信息时尤其如此。我们正直诚实和公平交易的声誉对于赢得和维系客户的信任至关重要。

斯伦贝谢力争更好地维系客户、股东和受到作业影响的其他方的信任与信心。当我们以诚信、道德的方式开展业务时，我们正直诚实的声誉也得以提高，而这种声誉能帮我们吸引并留住客户和员工。

(6) 哈里伯顿公司。

安全文化："在零的左面(Left of Zero)"。其含意为以时间为坐标轴将事故的发生时刻界定为零点，则零的左侧即事故发生之前，零的右侧为事故发生之后，零的左侧为避免事故发生所作出的努力，可以视为未雨绸缪，而零的右侧则是对事故调查改进所作的努力，可视为亡羊补牢。"在零的左面"就是倡导大家要积极认真地对待生活和生产中的每个安全隐患，避免事故的发生。

市场战略：哈里伯顿将自己定位为能源行业服务的提供者，它并不拥有勘探矿区、不拥有开发矿权、不拥有油气，但却能在能源链的每一环节，尤其是油气链的各环节提供服务。它不仅由油田技术服务和工程建设公司转变为综合的能源服务公司，而且借助于强大的技术实力、信息技术和网络，实现综合、实时的服务，大大提高服务效率和市场竞争力。

(7) 壳牌石油。

企业愿景：

油气行业的领导者

社会责任的承担者

能源需求的满足者

股东投资的回报者

企业核心价值观：诚实正直，尊重他人

企业管理观：学习，创新，变革

企业经营观：可持续发展

……

3. 面向未来

"苟日新，日日新，又日新。"不断发展、不断创造新事物、产生新思想，是中华民族的突出禀赋；革故鼎新、守成创新，是中华思想理论发展的内在动力。习近平说："中国古代大量鸿篇巨制中包含着丰富的哲学社会科学内容、治国理政智慧，为古人认识世界、改造世界提供了重要依据，也为中华文明提供了重要内容，为人类文明作出了重大贡献。"今天，我们更要自觉遵奉与践行日新又日新的改革创新精神，不断创造新思想新理论，解释世界，指导实践。

第二章　油田设备润滑管理方法创新

管理方法是指用来实现管理目的而运用的手段、方式、途径和程序等的总称。管理方法从经济学角度进行分类，可以分为人本管理、科学管理、目标管理和系统管理。

传统的润滑管理模式是分散管理，对设备操作人员的基本要求是"四懂三会"（懂原理、懂性能、懂结构、懂用途、会操作、会保养、会排除故障）。这就要求设备操作人员对设备进行日常维护保养，包括润滑工作。由于设备润滑管理涉及润滑油选用、储存、加注、废油回收等润滑油全生命周期管理和现场管理、油液监测等管理要求，设备操作人员只能依据经验进行操作，远远达不到精细管理要求，容易造成设备润滑质量差，设备故障率高。

本章从润滑管理方法创新入手，介绍坚持问题导向的思维，结合现场管理中出现的问题，在润滑管理标准化、专业化润滑、集中润滑自动加脂、润滑油在线监测等方面的方法与技术进行创新实践。同时介绍在大庆油田设备润滑管理中的应用。

第一节　润滑管理标准化创新及实践

笔者曾经对企业设备管理做了一些深入的调查，发现很多设备管理人员对管理标准和管理制度之间的关系认识不清晰，很多人往往问这样的问题：管理制度和管理标准有什么区别，两者之间有什么共同点和差异性？是不是所有的管理制度都可以转换为管理标准，还有就是管理制度转换为管理标准是不是只套用标准的格式，内容可以保持不变呢？下面从它们各自的特点简述它们二者之间的关系，从而加深对这二者的认识，进而把标准化管理纳入油田企业设备润滑管理，树立标准化管理的新理念，全面加强润滑管理的标准化建设。

一、管理标准与管理制度的定义

参照 GB/T 15498—2017《企业标准体系　基础保障》，标准化基本术语中管理标准的定义是："对企业标准化领域中需要协调统一的管理事项所制定的标准"。"管理事项"主要指在企业管理活动中，所涉及的经营管理、设计开发与创新管理、设备与基础设施管理、人力资源管理、安全管理、职业健康管理、环境管理、信息管理等与技术标准相关联的重复性事物和概念。具体而言，管理标准是在生产经营活动中，对企业管理的与技术标准有关的重复性事物和概念所做的规定。

管理制度没有统一的定义，一般的定义是："国家机关、社会团体、企事业单位等颁发的有关行政管理、生产操作、学习和生活等方面的各种规则、章程与制度的统称。"一般表现为法律规范、道德规范、社会习俗、公共生活准则等社会规范及操作规程、技术规程等规范。

二、管理标准与管理制度的关系

从定义上看，企业管理标准与管理制度有很多共同点，但很难看出二者之间本质的差异性。按照 GB/T 15498—2017《企业标准体系　基础保障》标准中对管理标准体系的要求，管理标准体系是指企业标准体系中的管理标准按其内在联系形成的科学的有机整体，我们可以看出管理标准体系是不包含企业里面的管理制度的，这说明管理标准与管理制度存在很多差异性。

1. 二者共同点

（1）目的相同。

管理标准和管理制度都是针对企业内部所做的统一规定，并作为企业内部上下机关和员工共同遵守的准则和依据。它们的目的都是维护企业生产有序化、正常化，以促进企业在生产活动中获得最佳经济利益。

（2）作用相同。

无论管理标准还是管理制度，都是企业内部所有员工都必须遵守的具体规定，是调整人和人之间、人和物之间、人和环境之间的关系，对管理部门和员工均起着约束和制约作用。企业管理过程中，无论何种管理模式，管理标准和管理制度在一定程度上是并存的，管理标准与管理制度存在相互包容、互为补充的关系。管理制度是制定管理标准的基础和依据，反过来企业基层的管理制度又是企业执行管理标准的实施细则。

2. 二者差异性

（1）构成的差异性。

① 管理标准的构成。

管理标准的构成主要是与实施技术标准有关的重复性的事务和概念，有企业制定的管理标准，也包括国家、行业、地方制定的管理标准。从管理标准的定义我们知道，管理标准的领域是人类生活和生产活动的一切领域，是广义的定义。对于我们企业而言，管理标准的领域往往是指经济技术活动范围。这是因为工业企业是生产活动的主体，是物质资料的直接生产者和技术组织者。标准化的领域主要是指与经济活动有关的企业标准化领域，管理标准是纳入管理标准体系中，是企业标准体系中的一个重要组成部分。

② 管理制度的构成。

管理制度是企业进行各项管理活动的规范和准则，是对企业所有活动的管理，既包括与技术标准有关的事项，也包括与技术标准无关的事项，这是广义定义。实际上按照 GB/T 15498—2017《企业标准体系　基础保障》来理解，管理制度是与技术标准无关的重复性事务和概念。管理制度也是企业进行企业制度建立的必需，但管理制度是不纳入企业标准体系中的，它是与执行技术标准无关的重复性事务和概念而制定的管理制度。

（2）发展阶段的差异性。

在企业的发展过程中，我们发现管理制度的出现是早于管理标准的，而且在整个企业的经营管理过程中管理标准和管理制度是并存的，互为补充，特别是企业成立初期主要是靠大量的管理制度来管理企业的经营。但随着企业朝着规范化、精益化、标准化的方向发展，一般会呈现出管理制度逐步减少、管理标准逐渐增加的发展趋势，因为只有将制度上升到标准才具备更高的法律效力，才能形成更有效的管理体系，才能适应现代化企业管理的要求。目前对企业而言迫切需要制定大量的管理标准，或将原有的规章制度转化为管理标准，逐步构建健全的企业管理标准体系。

（3）形成理论基础的差异性。

标准形成的基础是科学技术成果、生产实践经验和现代化先进的管理方法，管理标准制定有标准化的理论做基础，企业标准化明确规定，要充分吸收和创造性地运用国内外先进的管理、工作经验和科学方法，并结合企业的实际情况，把行之有效的管理方法和工作方法纳入标准，是科学管理的结晶。对需要管理的事项运用"简化、统一、协调、优化"四项基本原则，进行协调统一、结构优化和系统化处理后制定的标准，要体现"计划、组织、配备资源、指导与协调、控制"管理的五大要素并形成体系，内容全面而丰富，每个标准都是系统的一个环节。

管理制度形成的基础是传统管理经验。它们多半是企业实际的管理方式的原始记录和经验的简单汇集，体现了管理者的需要和意志，一般不重视、不吸收现代化先进的、科学的管理方法，是传统经验管理的产物；而且管理制度无一定的原理或原则遵循，即使部分部门的规章制度达到了管理标准那样的整体优势，也只是这些部门管理经验的结果，没有理论指导，不是所有部门所有规章制度的共同取向，很难构建成一个统一的管理制度体系。

（4）形成过程的差异性。

① 编制格式。

管理标准有统一的编写格式、编写要求、程序和批准、发布手续，需要统一编号。参照 GB/T 15498—2017《企业标准体系 基础保障》标准要求，应严格按照 GB/T 1.1—2020《标准化工作导则》的要求，内容和编排要按照标准统一规定的格式进行编写，条文层次清楚，结构严谨，充分体现"简化、统一、协调和优化"的标准化原则；而管理制度是企业自己制定的，没有什么固定格式和要求，大多根据制定部门的习惯来确定，可以是"办法""规定""细则"等各种形式。

② 审批、发布、修订程序。

管理标准编制完成后有统一的审批、发布程序。管理标准在履行严格的审查程序后，由企业标准化管理委员会或其他公认机构统一批准发布，且在其规定的管理事项领域中具有强制性；而管理制度的审批发布一般由制定部门的上级主管部门或主管领导批准即可生效执行，部分非常重要的制度需要履行法定程序，由员工代表大会或公司董事会审议通过。

管理标准是经常性的工作，对象具有重复性的特征、闭环管理、持续改进的要求，因此管理标准根据客观形势的变化进行修订时必须严格按照标准的有关程序进行，所修订的内容需要协商一致，严密谨慎，标准一旦发布，在一定时期内相对稳定，有较强的严肃性；而管理制度的修订主要由有关职能部门根据工作需要，直接对其归口的管理制度进行制定并履行有关审批后作为新的规章制度执行或试行，旧的管理制度废止，严肃性相对较弱。

（5）侧重点的差异性。

管理标准侧重的是客观规律的反映，具有典型性、科学性和可度量性；规章制度侧重的是管理者管理思想的体现和贯彻，不具备反映同类事物的典型特征，不能反映同类事物的基本特征和事物的内在联系及事物本身特性。因此管理标准必须有具体明确的规定，是可度量的，不能度量的不是标准；而规章制度可以是建设性、方向性或目标性的经营方针、奋斗目标类规章。管理制度定性多、定量少，缺少明确的目标值和具体工作要求，不便操作和考核。通俗地讲，管理制度仅仅是在告知执行者"我应该做这件事情"，还不能解决"我该怎么做"，以及"我做得够不够"的问题；而管理标准必须有定量要求，有明确的目标值和具体要求，要容易操作和考核，也就是说必须有通常所说的"5W1H"条款，"为什么要管（做）""谁来管（做）""何时管（做）""管（做）什么""在哪儿管（做）""怎样管（做）"。

(6) 适用范围的差异。

管理标准具有统一、系统的特点，公司制定的管理标准适用于系统内各单位，可以对管理事项进行强制性规定，公司系统内各部门或下属单位均应遵照执行或引用，能有效消除由于不必要的多样化而造成的管理混乱，这也是标准化的一大优势；规章制度在编写制定之初，仅是单位内部或者个别部门的工作需要，这就容易造成部门之间制定的管理制度缺乏统一协调，适用范围有局限性。

三、国家层面润滑管理标准

中国设备管理协会标准 T/CAPE 10001—2017《设备管理体系 要求》中，对润滑管理做了明确要求。企业可以参考其相关规定，结合企业实际制订管理制度和标准。

1. 润滑管理规划

适用时，组织可参照合理润滑技术通则，围绕设备制造商、润滑剂供应商、终端用户三方面制订设备润滑管理规划。重点包括：

(1) 润滑方式的规划；
(2) 润滑剂的优化和替代、升级、再生、再利用及废油处置原则；
(3) 润滑管理评价；
(4) 推动润滑剂的优化使用及品种优化；
(5) 提高润滑管理效果。

2. 管理机制和业务流程

(1) 管理机制。

组织应：

① 制定管理模式来指导润滑工作开展（应涵盖设备润滑管理全过程）；
② 明确规定润滑管理的组织架构和职责分工（视需要，增设专兼职润滑技术人员）；
③ 提供必要的资源支持润滑管理工作高效运行；
④ 制定润滑剂的安全管理要求并确保执行；
⑤ 适用时，建立监测机制，确保在供应、使用、储存等过程中对润滑剂品质无影响。

(2) 业务流程。

适用时，组织应建立润滑剂的选择、采购、验收、入库、发放、使用、泄漏治理、检测分析、污染控制、回收及处置流程。

(3) 作业要点

组织应：

① 适用时，基于业务流程，确定润滑管理等环节的作业要点；

② 适用时，针对内部化验润滑剂的情形，按照润滑剂化验国家或行业标准，编制作业技术要求(包括润滑状态监测技术规程、设备清洗换油技术规程、新油入库检验规程、再用油按质化验规程等)；

③ 视需要，制定具体的实施细则或办法，确保润滑管理作业要点得到严格执行。

3. 润滑作业指导书和润滑剂储存

(1) 润滑作业指导书。

组织应：

① 根据设备类别，编制润滑作业指导书；

② 定期优化润滑作业指导书(重点结合设备故障分析、润滑效果、润滑剂选用、加注方式、润滑剂维护、润滑剂质量分析等情况)，确保润滑作业的有效性；

③ 视需要，聘请有资历的润滑专家或有资质的润滑剂检测机构，对润滑剂优化、润滑方式、润滑剂维护管理进行指导和鉴定，避免润滑失误。

(2) 润滑剂储存。

组织在储存润滑剂时，应做到：

① 分类存放、防晒防水、干净整洁、标识清楚、时效分明、安全可靠；

② 配备必要的转运、过滤设施，确保无污染保管；

③ 在储存场所(润滑站)配备必要的防尘、防静电、防爆、防火等器材，保持干燥通风。

4. 润滑实施和过程控制

组织应：

(1) 适用时，执行润滑过程"六定""三级过滤""二洁""一密封"管理；

注：润滑六定：定点、定质、定量、定时、定法、定人；三级过滤：转桶过滤、领用过滤、加注过滤；二洁：润滑容器具与加注工具清洁、润滑点的油路油道清洁；一密封：做好润滑系统密封。

(2) 加强润滑用具的管理，做到专剂专具，标识清晰；

(3) 避免润滑剂用具混用，保持其清洁；

(4) 适用时，定期开展润滑剂重要理化指标的检测分析；

(5) 适用时，制定设备动、静密封及泄漏评定标准并对密封泄漏率进行控制；

(6) 适用时，导入自动润滑系统；

(7) 重视可视化管理工具在润滑管理实践中的应用。

5. 防污染与废弃处置

(1) 油液污染度要求。

适用时，组织应针对重要设备设定油液污染度要求，选择适宜的过滤系统，并监测、控制和改善其油液污染状况。

(2) 润滑剂防污染与资源节约。

适用时，组织应：
① 集中收集润滑剂及污染物，依照法规要求统一处理；
② 将废弃的润滑剂、固体污染物、液体污染物分开存放；
③ 做好润滑剂废弃记录；
④ 关注科技发展，开展润滑剂品种优化和再生利用，进行康复处理，减少资源浪费。

四、企业润滑管理标准

大庆油田在润滑管理创新实践中，加强润滑管理标准化建设，在润滑油加注更换、润滑站配套建设、润滑油监测等三个方面建立了15个企业标准，有力推动润滑管理向标准化、精细化迈进。

1. 润滑油加注更换标准

大庆油田先后建立了起重设备润滑油更换操作规程、工程机械润滑油更换操作规程、液压油更换操作规程、钻井设备润滑油更换操作规程、修井机润滑油更换操作规程、通用车辆润滑油更换操作规程、游梁式抽油机减速器润滑油更换补注操作规程、柱塞泵润滑油更换操作规程等10个企业标准。

2. 润滑站配套建设规范

大庆油田以往没有润滑站配套建设标准，以地沟深度为例，有的润滑站是130cm，有的润滑站是80cm，很明显，80cm的地沟不能满足换油要求，也不符合以人为本的理念。在这种情况下，大庆油田组织编制了《润滑站配套技术规范》，对润滑站建设起到了指导作用，具体规范如下：

1 总体要求

1.1 润滑站选址应根据服务设备数量及类型、润滑油消耗量等因素选择设备集中、交通便利的地区，并考虑区域共享服务功能。

1.2 厂房应宽敞明亮，布局合理，安全、环保、消防、给排水、电气等设施配备符合相关规范要求。

1.3 换油工作区地面应防油、防水，并满足所服务设备的承载要求(有履带式设备的应铺设钢板)。换油工位地沟防水、安全防护等符合相关规范要求。

1.4 整体配套须符合专罐专储、专泵专用、专线专输、密闭输送、专枪专用、过滤加注等要求。

2 分类及功能要求

2.1 大型润滑站

2.1.1 有专业作业厂房，具备存储、加注、化验、废旧油回收、不解体清洗等主要功能，并具有良好的工艺衔接性，工作区域按工艺顺序的连续性和不干扰性进行润滑设备设施的布局。

2.1.2 配备4个以上的加注工位，可满足800台以上设备的润滑工作需要。地沟长度满足服务对象尺寸要求，宽度0.6~1.0m，深度1.0~1.3m；举升设备应满足承载要求。

2.1.3 配置专业化验室，能够对油液和设备运行情况进行定性定量分析，为按质换油提供润滑技术支持。

2.1.4 有实现自动化管理的润滑站管理信息系统、实现加注全过程监控的监控系统等。

2.2 中型润滑站

2.2.1 有专业作业厂房，具备存储、加注、化验、废旧油回收等主要功能。

2.2.2 配备2~4个加注工位，可满足300~800台设备的润滑工作需要。地沟长度满足服务对象尺寸要求，宽度0.6~1.0m，深度1.0~1.3m；举升设备应满足承载要求。

2.2.3 配置润滑油理化性能分析仪器，能够对油液进行定性定量分析。

2.2.4 有润滑操控系统，能够对加注量进行精确控制。

2.3 小型润滑站

2.3.1 可根据实际需要配备作业厂房，具备润滑油存储、加注、化验、废油回收等功能。

2.3.2 配备1~2个加注工位，可满足300台以内设备的润滑工作需要。地沟长度满足服务对象尺寸要求，宽度0.6~1.0m，深度1.0~1.3m；举升设备应满足承载要求。

2.3.3 配置便携式分析仪器，能够对油液进行定性分析。

3 平面布局

3.1 油品储存区域主要包括储罐区、库房等。

3.2 操作区域主要包括加注车间、总控室等。

3.3 动力区域主要包括空气动力站等。

3.4 化验区域主要包括化验室、油样储存室等。

3.5 综合区域主要包括接待室、办公室、更衣室、卫生间等。

3.6 润滑站平面布局可参考图1、图2执行，现场满足TnPM管理要求。

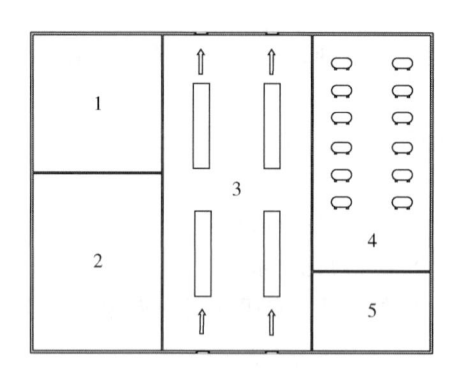

图1 润滑站平面规划示意图Ⅰ
1—化验区；2—综合区；3—操作区；
4—油品储存区；5—动力区

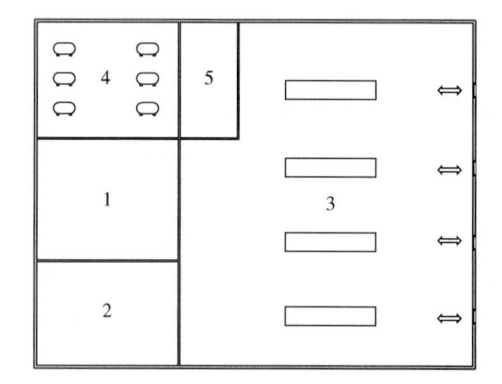

图2 润滑站平面规划示意图Ⅱ
1—化验区；2—综合区；3—操作区；
4—油品储存区；5—动力区

4 设备设施配套

4.1 大型润滑站的配套

4.1.1 储油设施配备及要求：

a)储罐：内外层处理应与所储存油液不产生反应。数量及尺寸根据润滑油年消耗量进行设计。

b)计量系统：容积式计量系统，能够满足实时计量，误差精度不大于3‰。

c)液位检测器：可选用浮球、超声波等形式的油罐液位检测器。

d)稀油泵：根据油品的黏度等级选择合适泵压比的稀油泵。

e)过滤器：入罐泵出入口过滤精度分别为15~25μm和50~90μm；出罐泵出入口过滤精度分别为5~10μm和10~20μm。

f)差压传感器：利用差压传感器的模拟量信号，能准确判断油品过滤器堵塞状况。

g)管路：主体采用焊接连接，终端采用卡套连接。

4.1.2 动力设施配备及要求：

配备空气压缩机、储气罐、空气干燥器及降温装置等。

4.1.3 加注设施配备及要求：

a)润滑油加注系统：加注枪数量根据油液种类进行设定，分组专用。加注枪上有计量仪表可实现定量加注，最小计量数值为0.01L。按需配备操作软件、数据信号收发器、气泵进气控制阀、油罐液面监测器等软硬件设施。

b)润滑脂加注系统：配备润滑脂加注枪、油脂桶、移动式润滑脂加注装置等。

4.1.4 废旧油回收配备及要求：

a)废旧油收集槽：每个工位根据回收废旧油类型进行配置，能将不同品种的旧油集中收集到不同的旧油罐中，进行再生利用或集中处置。

b)移动式接油机：每个小型车辆工位配置1台移动式接油机。

c)排油泵：每个工位根据废旧油回收类型，配置一定数量的回收泵，通过手动阀门切换，完成入罐回收。

d)小车式吸油机：包括手推车、废旧油容器、废油抽吸泵、过滤器、废旧油吸管一套。可满足内燃机油、齿轮油、冷却液等油液的抽吸需求。

4.1.5 化验室配备及要求：

a)配备润滑油检测仪器：运动黏度测定仪、酸碱值测定仪、水分测定仪、倾点测定仪、闭口闪点测定仪、颗粒计数器、红外光谱分析仪、发射光谱元素分析仪等。

b)配备冷却液检测仪器：冰点测定仪、沸点测定仪、腐蚀性测定仪、泡沫特性测定仪等。

c)配备空调、通风设施、干燥机等。

4.1.6 辅助设施配备及要求：

a)不解体清洗设施：配套发动机、变速箱不解体清洗设备设施，可实现自循环清洗。

b)油桶搬运车：根据日常需求，选择合适吨位的油桶搬运车。

c)配备灯毂、气毂、电子显示屏、监控系统等。

d)根据实际需要配备举升、消防、排水等设备设施。

4.2 中型润滑站的配套

4.2.1 储油设施配备及要求：

a)根据实际选择储罐或油桶、吨箱油的储存方式。

b)选择储罐进行储存,具体配备及要求按本规范 4.1.1 规定执行。

4.2.2 动力设施配备及要求:

具体配备及要求按本规范 4.1.2 规定执行。

4.2.3 加注设施配备及要求:

润滑油加注系统:加注枪数量根据油液种类进行设定,分组专用。加注枪上有计量仪表可实现定量加注,最小计量数值为 0.01L。

4.2.4 废旧油回收配备及要求:

a)废旧油收集槽:按工位配置废旧油收集槽,能将旧油集中收集到旧油罐中。

b)小车式吸油机:包括手推车、废旧油容器、废油抽吸泵、过滤器、废旧油吸管一套。可满足内燃机油、齿轮油、冷却液等油液的抽吸需求。

4.2.5 化验仪器配备及要求:

a)配备润滑油检测仪器:运动黏度测定仪、酸碱值测定仪、水分测定仪、倾点测定仪、闭口闪点测定仪等。

b)配备冷却液检测仪器:冷却液冰点测定仪、冷却液沸点测定仪、腐蚀性测定仪等。

4.2.6 辅助设施配备及要求:

a)配备发动机不解体清洗设备,可实现自循环清洗。

b)配备移动式过滤设备,可实现油品过滤加注。

c)油桶搬运车:根据日常需求,选择合适吨位的油桶搬运车。

d)根据实际需要配备举升、消防、排水等设备设施。

4.3 小型润滑站的配套

4.3.1 储油设施配备及要求:

可采用油桶或吨箱油的存储方式。

4.3.2 动力设施配备及要求:

配备小型电动泵或气动泵,为加注提供动力。

4.3.3 加注设施配备及要求:

润滑油加注系统:加注枪数量根据油液种类进行设定,分组专用。加注枪上有计量仪表可实现定量加注,最小计量数值为 0.01L。

4.3.4 废旧油回收配备及要求:

a)移动式接油机:按工位数量配置移动式接油机。

b)小车式吸油机:包括手推车、废旧油容器、废油抽吸泵、过滤器、废旧油吸管一套。

4.3.5 化验仪器配备及要求:

a)配备润滑油检测仪器:润滑油综合测定仪等。

b)配备冷却液检测仪器:冷却液冰点测定仪等。

4.3.6 辅助设施配备及要求:

a)配备移动式过滤设备,可实现油品过滤加注。

b)油桶搬运车:根据日常需求,选择合适吨位的油桶搬运车。

c)根据实际需要配备举升、消防、排水等设备设施。

第二节　活动设备专业化润滑创新与实践

专业化管理，指通过专业化人才使企业形成一体化发展。以标准化、规范化、科学化较少差异性，以模式管理加速对事物的反应速度和完善程度，以不断改进提高工作效率。

闻道有先后，术业有专攻。专业的事交给专业的人来干，才能取得事半功倍的实质性效果。现场润滑涉及选油、润滑油存储、清洗、加注、废旧油回收、抽样监测等一系列事项，而要解决传统润滑管理存在的润滑知识欠缺、现场管理不到位、润滑油混用、现场换油不规范等问题，就必须实施专业化润滑，即由专业的队伍和专业人去完成现场润滑工作。

近年来随着家用轿车数量的迅速增加，汽车润滑养护越来越受到人们的重视，快速换油服务得到了迅速发展。发展快速换油服务，建立快速换油中心，为车辆提供专业化的换油服务，已成为润滑油生产商、经销商以及车主的共同愿望，也已成为润滑油销售的极好平台。

大庆油田运输车辆、钻采特车、工程机械等活动设备数量多，润滑油种类多，用油量大，针对这种情况，大庆油田近年来不断加强润滑站建设，打造了油田设备专有的"快速换油服务中心"和"专业化润滑平台"，为提升活动设备的润滑质量、降低设备维护成本、探索按质换油等起到了积极的促进作用。

润滑站是设备润滑尤其活动设备润滑的重要载体，是落实"六定"润滑要求的集中体现，具有新油接收、存储、过滤、加注、化验、废油回收等功能。润滑站管理是设备管理与设备维护保养的重要组成部分，通过润滑站开展活动设备专业化润滑，在提高设备润滑水平、降低设备故障率、延长设备使用寿命等方面发挥了重要作用。

油田润滑站有别于社会上的快速换油中心、汽车4S店和汽车修理厂，尤其要满足钻采特车和工程机械(包括履带式设备)的润滑需要，因此油田润滑站有自己的特色，专业性强，下面对油田润滑站建设与管理及创新进行介绍。

一、润滑站建设标准与要求

润滑站是活动设备润滑的重要载体，是落实"六定"润滑要求的集中体现，具有新油接收、存储、过滤、加注、化验、废油回收等功能。建设标准参见本章第一节内容。

二、润滑站管理规范与要求

包括润滑站的现场管理、主要工艺流程、信息化及预约服务、岗位职责、管理制度等内容，可以根据实际需要自行制定。油气田企业润滑站检查验收标准参见表2-1。

1. 标准化可视化管理

站内设备需建立设备管理卡片，包含设备名称、规格型号、责任人等信息。

（1）油水储存区。

① 油品标识牌安装在油罐补油泵一侧的中间处。

② 主要阀门有开、关标识，各管线有走向箭头。

③ 进入储存区门口悬挂有 HSE 区域提示牌。
④ 有制度牌，包含《工具使用管理》《物资库房管理》《消防安全管理》等内容。
（2）操作区。
① 油品标识牌安装在对应加注枪一侧上方。
② 进入加注区，门口悬挂有 HSE 区域提示牌、减速慢行提示牌、入站须知牌等标识。
③ 为方便引导进出站车辆行驶，加油站场地应喷涂必要的道路划线、警示划线、方向标识、作业位置和停车位等地面指示标识，应采用热喷工艺。

表 2-1 润滑站验收标准

内容	标准	要求
润滑站功能	主要生产单位润滑站应具有油品集中存储、过滤净化、密闭加注、废油回收、信息化管理等功能；油品不局限于发动机油，拓展到车辆齿轮油、液压油、润滑脂等	（1）主要生产单位润滑站功能健全。 （2）润滑站加注的润滑油应涵盖车辆主要用油
设施设备	（1）储油罐、输油泵、加油枪配置实现专用专输。 （2）桶装油的润滑站应配备专用搬运设备、油品计量器具。 （3）设备及仪器应保持完好，设备运行平稳，检测仪器定期校验。 （4）配备滤油机过滤加注，加油枪应配备滤网，淘汰加油桶、加油壶加油方式。 （5）站内设备、仪器利用率符合要求，没有闲置状态。 （6）有设备和仪器的操作规程	（1）站内设备及仪器配备科学合理，有效使用，无闲置现象。 （2）设备及仪器保持完好，符合安全要求和精度要求。 （3）操作规程落实到具体岗位
站容站貌	（1）有站名、安全警示标牌、可视化看板、导引线。 （2）接待室、换油间、库房布局合理，便于工作开展。 （3）现场设备、地面、地沟无油污和杂物，墙壁清洁、门窗完好密封、玻璃清洁。 （4）站内储油罐、桶、加油器具、滤油机以及管线布局合理、摆放规范。 （5）库房内油品摆放规范、卫生清洁。 （6）储罐、输油泵、加油机等设备标有明显、规范的编号及标识。 （7）地面管汇流程标有规范、明显的流向箭头。 （8）员工工服整洁、规范	润滑站有接待室、库房、换油间。场地规范整洁，各类标识清楚、明显、整齐、规范
现场管理	（1）润滑油质量级别与黏度级别符合要求，推广多级油。 （2）落实"六定"，根据实际摸索对应油品的换油周期。 （3）油品入罐前，要过滤去除杂质，抽样化验。 （4）储油罐每月排污不少于 1 次，每年清洗 1 次。 （5）油品发放应遵循先进先出、后进后出的原则，存放一年以上的油品应取样化验，确认合格后才能发放。 （6）润滑脂保管、储存做到密封存放，桶装脂用后抹平，以免析油。 （7）储油罐（桶）外表无油污、锈迹，进出口滤网、盖完好有效，内外部无泥污、油污。 （8）加油枪、滤油机定期清理，并有记录。 （9）实现滤清器等物资代储代销，降低成本	（1）油品选用、化验、储存、发放、保管符合要求。 （2）储油设施和加注工具、管线洁净无污染。 （3）对于消耗物资润滑站推广代储代销方式。 （4）换油周期与油品级别匹配，科学合理

续表

内容	标准	要求
安全环保	(1)站内有废油回收装置或设备,有废油回收记录。 (2)站内有必要的通风口,站内灯具和电源开关应采用防爆,站内按要求配备灭火器材并按期检查	(1)废油应收集起来统一处理,不得随意丢弃或处理,避免环境污染。 (2)润滑站的设计、管理要符合相关安全要求,要对操作工进行用油安全监督,杜绝安全事故
人员素质	(1)管理、技术、操作人员齐全,并保持其工作的相对稳定。 (2)持证上岗,能够按岗位做到应知应会。 (3)有润滑站各岗位责任制。 (4)有润滑站工作流程	(1)人员岗位稳定,技能熟练,能够胜任工作要求。 (2)熟悉所用油品品种、规格及主要质量指标、换油指标和一般油品常识,会判断油品质量,会正确使用消防器材。 (3)工作流程清晰,职责明确
基础资料	(1)有油品管理、安全防火、防盗、防爆、环保等制度。 (2)有油品入库验收记录、发放记录、月度用油计划、加油记录、储罐排污记录等。 (3)开展油液监测的有化验记录。 (4)有主要油品的质量指标、换油指标、润滑油标准油样	(1)制度内容全面,报表填写规范、格式统一、摆放整齐。 (2)理解油品质量指标、换油指标

④ 回收泵组上方设有回收类型标识(包含回收油品类型及去向等内容),各管线有走向箭头。

⑤ 有润滑站主要流程标牌,主要包含换油计划、油品更换、旧油排放流程、油水检测等内容。

⑥ 有润滑站主要制度标牌,包含安全生产、油水使用、油品储存、健康环保、消防等内容。

(3)动力区。

① 进入动力区,门口悬挂有 HSE 区域提示牌。

② 有压力容器许可证副本,粘贴至储气罐表面。

(4)化验区。

① 待检、在检、留样等区域有明显标识。

② 有 HSE 区域提示牌、管理制度牌等标识。

(5)综合区。

① 有门牌标识、岗位职责、企业文化标识等。

② 进入综合区门口悬挂有 HSE 区域提示牌、站简介牌等标识。

2. 基础资料管理

(1)建立设备润滑手册,油品出、入库记录,油品月度盘点,设备加注档案等基础资料。

(2)开展油液监测工作的,需有化验记录,按要求分类存档,定期分析摸索换油周期、油品劣化规律、设备磨损规律。

3. 润滑站加注管理要求

（1）进站前准备。

① 系统操作员核实票据油水名称、规格型号、数量是否准确，并进行登记。

② 地面加注员面向车辆进入方向，引导车辆驶入。

③ 车辆停稳后，地面加注员提示驾驶员发动机熄火，并告知站内安全注意事项。

（2）油水加注。

① 打开需加注部位的加油盖。

② 将废旧油收集槽移动到排油螺塞下方。

③ 松开排油螺塞，排出旧油。

④ 观察排出的旧油，如存在过多的金属颗粒或异物等异常情况，需留样化验。

⑤ 视情对换油部位进行不解体清洗。

⑥ 安装排油螺塞。

⑦ 用滤清器扳手，卸下滤清器滤筒。

⑧ 清洁滤清器座，在新的滤清器滤筒加入新油，然后在密封圈和滤清器滤筒的螺纹上涂上新油。

⑨ 用滤清器扳手，安装滤清器滤筒。

⑩ 安装滤清器滤筒后，通过注油口加油，加注至标准油位。

（3）收尾工作。

① 加油完毕，加注班班长、设备操作手共同进行试车验收作业，合格后，双方签字确认。

② 加注人员清理废旧油收集槽，清点工具。

4. 润滑油检测要求

（1）取送油样。

① 车辆抵达润滑站后，取样人员进行油品取样工作，将填好的取样标签粘贴至相应的取样瓶外表，并对样品进行编号。

② 取样结束后，取样人员带领驾驶员前往样品登记处进行登记，双方复核信息无误后在登记本上签字确认。

（2）油水检测。

① 根据油品类型、送样原因，选定需检测的项目。

② 化验员按照操作规程，对所需检测的项目进行检验，登记原始数据。

③ 资料员对原始数据汇总，生成检测报告。

④ 技术负责人对检测报告进行审核、签发。

（3）报告查询。

① 及时按照标准进行指标检测，出具油品检测报告单。

② 汇总化验结果并进行综合分析，及时反馈至使用单位设备管理人员。

③ 设备管理人员根据反馈结果，组织相关人员，结合设备实际使用情况，进行设备润滑状态分析。

5. 信息化管理

(1) 加注系统。

① 流体管理软件主要具备流体处理过程中各种参数的动态监视、关键节点(泵、管路、储油罐、补油系统等)的全闭环控制、流体处理过程中各种数据自动处理功能。

② 按需配备操作软件、数据信号收发器、气泵进气控制阀、油罐液面监测器等软硬件设施。

(2) 管理系统。

采用一套全面、完善的设备润滑管理系统,包含计划管理、库存管理、加注管理、油水检测、报表查询、数据分析等模块,可实现计划填报与审批、换油预约、检测报告查询等功能。

(3) 监控系统。

① 图像监控系统:采用数字高清监控系统,加注工位及各关键点图像均能在计算机屏幕中清晰显示。

② 室外选用一体化摄像机或枪式摄像机,室内可选用半球摄像机。

③ 摄像机应具备低照度监视功能。硬盘录像机录像存储时间不少于 15 天。

(4) 通信设施。

润滑站通信设施建设符合 GB 50373—2019《通信管道与通道工程设计标准》的相关要求及国家与地方的相关规定。

三、润滑油更换操作规程

润滑油更换操作规程,是润滑油更换操作时必须遵循的程序和步骤,能够有效保证润滑油的更换质量,目前汽车 4S 店、汽车修理厂均缺少润滑油更换操作标准。大庆油田在润滑站管理中,推行专业化管理、标准化操作,极大地提升了润滑站的管理水平和运行效率。下面介绍车辆润滑油更换操作规程,其他类型活动设备润滑油更换可参照执行。

1 准备工作

1.1 熟悉运输车辆的操作规程、维修及使用要求。

1.2 准备好满足使用要求的新油。

1.3 准备拆卸专用工具,清洗设备、滤清器、密封胶等。

1.4 准备接废油的油桶及抽油设备。

1.5 对加油部位及周围进行清洁。

2 发动机油更换

2.1 预热发动机:车辆应保持怠速运转 3~5min。观察水温表指示值达到 60~70℃时,停止发动机运转。

2.2 检查泄漏:检查车辆发动机应无渗漏。

2.3 排放发动机油:将发动机油回收桶置于发动机油底壳排油塞的正下方。用套筒、扭力扳手拧松排油塞后,缓缓旋出排油塞,使发动机油流入回收桶内。更换新垫片,擦净排油塞上吸附的金属屑。当油底壳的排油孔不再滴油时,旋入排油塞。用套筒、扭力扳手将排油塞拧紧至规定扭矩,擦净排油塞和油底壳上的油迹。

2.4 发动机清洗:

2.4.1 简单清洗:向排净机油后的发动机注入标准容量60%~70%的发动机油,怠速运转10~15min,按条款3.3的步骤放净清洗油。

2.4.2 专业清洗:使用发动机润滑系统清洗机清洗发动机润滑系统内的油泥、积炭,清洗12min左右,用清洗机真空抽净清洗液。

2.5 更换机油滤清器:使用专用套筒、接杆、扭力扳手旋松机油滤清器。用手旋下滤清器放入专用废件回收桶中,清洁滤清器座。在新的滤清器内加注其容量3/4的合格发动机油后,在密封圈上均匀涂抹机油,将滤清器旋入拧紧,使用专用工具转动滤清器3/4圈将其紧固,擦净滤清器及其座上的发动机油。

2.6 加注发动机油

2.6.1 使用油桶加注:使用专用漏斗将发动机油缓慢倒入发动机内,当加注量接近规定容量的3/4时,停止加注。过2~3min后,拔出发动机油尺并擦净,将其插入机油尺套管内,再次拔出检查机油标尺油面的高度,应位于上、下刻度线中间偏上位置。若油量不足,继续添加,液面不应高于上刻度线。

2.6.2 使用加油枪加注:设置发动机油加注量,缓慢操作油枪将发动机油加注至发动机内,当油枪自动停止,过2~3min后,按照3.6.1规定检查油面高度。

2.7 检查:发动机油加注完毕,旋紧加油口盖。启动发动机并保持运转3~5min之后,将发动机熄火。发动机停止运转3~5min之后,拔出发动机油尺再次检查机油液面高度,应位于标尺的上、下刻度线的中间偏上位置。检查发动机各部位应无渗漏,检查完毕后对发动机油加注口及油底壳进行清洁。

3 变速器油更换

3.1 手动变速器齿轮油更换。

3.1.1 启动发动机挂挡使变速器油温提高至70~80℃。

3.1.2 旋下齿轮油加注塞。

3.1.3 拆除变速器齿轮油排油塞,放净齿轮油后,擦净排油塞上杂质,涂抹密封胶等待2~3min后,按规定力矩旋紧排油塞。

3.1.4 用齿轮油加注器或专用漏斗从油位检查孔处向变速器内加注符合规定的齿轮油。

3.1.5 齿轮油从加注塞溢出时停止加注,擦净加注塞上杂质,涂抹密封胶等待2~3min后按规定力矩旋紧加注塞。

3.1.6 启动发动机3~5min后熄火,检查变速器是否有渗漏现象,检查完毕后对变速器进行清洁。

3.2 自动变速器(ATF)油更换。

3.2.1 启动发动机挂挡使变速器油温提高至70~80℃。

3.2.2 使车辆处于水平位置。

3.2.3 变速器挂入N档位置后,拆下变速器排油塞,排净ATF油后熄火。

3.2.4 拆卸油底壳并清洗杂质后,更换ATF油滤清器。

3.2.5 安装新垫片后,按照规定力矩拧紧油底壳螺丝,擦净排油塞上杂质,涂抹密封胶等待 2~3min 后，按规定力矩旋紧排油塞。

3.2.6 向变速器内加注 ATF 油至规定位置。

3.2.7 启动发动机，短时间内将发动机转速提高到 2500r/min，踩下制动器后依次挂入所有档位，怠速下每个档位保持约 2s，此过程重复 3 次，观察 ATF 油温。

3.2.8 检查变速器是否有渗漏现象，检查完毕后对变速器进行清洁。

4 驱动桥齿轮油更换

4.1 排放驱动桥齿轮油：启动发动机带负荷使驱动桥齿轮油油温提高至 40~50℃。旋下差速器加注塞，注意加注塞处有油温传感器的应先断开传感器。旋下差速器排油塞，放净差速器中齿轮油。

4.2 加注驱动桥齿轮油：擦净排油塞上杂质，涂抹密封胶等待 2~3min 后，按规定力矩旋紧排油塞。使用专用漏斗从加注口处加入符合规定齿轮油，直至从加注口溢出为止。

4.3 擦净加注塞上杂质，涂抹密封胶等待 2~3min 后按规定力矩旋紧加注塞。

4.4 启动发动机 3~5min 后熄火，重复步骤 5.1、5.2、5.3 操作一次，达到清洗润滑部位作用。

4.5 发动机运转 3~5min 之后熄火，检查差速器应无渗漏，检查完毕后对润滑部位进行清洁。

5 制动液更换

5.1 准备工作：准备一根长度为 50 cm 的透明软塑料管，扳手一个。

5.2 将车置于地沟上后用举升机举起。

5.3 放出旧制动液：一人在车下，摘掉放油口上的橡胶防尘套，在分泵放放油口套上塑料软管，将管的另一端放入旧油回收桶内。拧松放油塞，车上另一人反复踩制动踏板，注意制动液储液罐内的液面，要随液面下降添加新制动液，排除的油清亮后拧紧放油塞。

5.4 排放管路中空气：排气时，应按由远至近的原则对各轮进行排气。车上人反复踩制动踏板至最高点并踩住制动踏板不动。车下人拧松放油塞，待制动液喷净后拧紧并通知车上人松开。重复操作多次直到放出的制动液中无气泡排，拧紧放油塞并装好防尘套。按上述方法依次对其他轮进行排气。在排气时应一边排除空气，一边检查和补充制动液，避免空气进入制动管路，直到空气完全排放干净为止，将储液罐的制动液补充到规定位置。

5.5 使用专用换油机更换制动液：将换油机连到制动液储液罐上，将踏板压具压紧制动踏板。依次按制动主缸、右后轮、左后轮、右前轮、左前轮的顺序打开放气阀，使制动液从每个分泵中流出，然后扭紧各放气螺塞。制动液更换完毕后，将换油机从制动液储液罐上取下，拆下踏板压具，反复踩几次制动踏板，检查制动状况应符合规定。

5.6 当排气作业结束后，将储液罐制动液补充到上限位置，装好储液罐盖并擦净油污。检验制动性能，同时检查各部位应无漏油现象。

5.7 在进行排气作业或检查补充制动液后，应立即拧紧储液罐盖，避免制动液接触空气，吸收空气中的水分，降低制动液性能。补充制动液时，液量不得超过上限(Max)刻线。

5.8 四个轮更换完成后路试，如发现刹车软、不灵敏，重复步骤 6.4 进行排气操作，注意制动液储液罐内的液面，应随液面下降添加新制动液。

6 转向助力油更换

6.1 排放助力油：车辆处于启动状态，用抽油器将旧油吸干净。

6.2 加注：将新的助力油注入，来回转动方向盘，让新油渗透。

6.3 检查：检查液面和油管应无渗漏。

7 冷却液更换

7.1 排放冷却液：更换时冷却液温度应低于30℃，确定泄压后方可打开加注口。在水箱下方放置冷却液收集器，有放水堵的车型直接打开此堵，无放水堵的车辆拆卸下水管最低一端，排净发动机内的冷却液。

7.2 清洗：用压缩空气吹枪和厚毛巾在膨胀水箱加水口处加压排净发动机体内的冷却液，拧紧放水丝堵或装复下水管，卡子应压住原来的压痕，避免渗漏，清理旧冷却液，确认放水堵、卡子装配正常。

7.3 加液：在水箱处加入冷却液，添加时应缓慢倒入，避免系统内存在过量空气，使冷却液充满水箱。拧开储液罐盖，加人冷却液，液面接近"Max"刻度线为止。盖上水箱盖和储液罐盖，并拧紧。

7.4 排气补液：启动发动机，怠速运转2~3min，间歇踩下油门踏板，使冷却液充分循环，排除系统内部空气。发动机熄火冷却后，拧开水箱盖，补充冷却液，使液面接近"Max"刻度线为止。

7.5 检查：应在水箱冷却状态下，观察冷却液中是否有杂质，如有，重复8.1、8.2、8.3操作直至冷却液中没有杂质，最终液面应保持在"Min"与"Max"之间，检查结束后拧紧水箱盖。

7.6 启动发动机，使发动机运转至散热器风扇的启停循环至少2次以上，检查发动机舱内拆卸水管处应无渗漏。

7.7 冷却液泄漏后应及时补充同种品牌、颜色的冷却液，不同型号的冷却液不能混用。

8 HSE要求

8.1 更换完毕应清理现场，更换下的废润滑油及滤清器在回收、处置过程中应按相关环保法规执行，避免造成环境污染。

8.2 更换转向助力油含有致癌物质，沾到皮肤应及时清洗干净；转向助力油有腐蚀性，致使橡胶配件老化，如有沾染应及时清洗。

8.3 更换冷却液后，用清水冲洗冷却液飞溅到的部位，在清洗水箱和更换冷却液过程中要注意安全，做好必要的防护措施，避免被高温烫伤。如果皮肤溅到冷却液后应立刻用大量清水冲洗干净。

四、大庆油田专业化润滑创新与实践

1. 传统润滑管理模式存在的主要问题

（1）工作效率低。

由于换油日工作量无法提前预知，造成生产组织被动，经常出现设备"扎堆"换油，抑或连续多日"空闲"情况，工作量不均衡，效率低。同时，传统的纸质表单审批、人工报送等传统方式浪费大量时间，严重影响工作效率。

（2）易造成二次污染。

传统模式下，基层小队领用油品多采取"桶倒泵抽"的领用方式，无法准确计量；盛装容器清洁度没有保障；油品与外界环境直接接触，杂质无法过滤。诸多因素易造成油品的二次污染，严重影响润滑效果。

（3）检测仪器单一。

多数单位仅通过油液质量综合分析仪对油品进行定性分析，无法掌握在用油液的理化指标等相关数据；检测数据未能统筹分析，管理人员无法掌握在用油的劣化趋势及设备的磨损情况，设备润滑状态未有效监管。

（4）设备润滑全过程不能有效监管。

基层队库存润滑油牌号杂乱，存在不同牌号油品混用现象，极易对设备造成损害；设备润滑存在超期使用或提前更换，未实现合理润滑，存在浪费现象；由于油品的零散使用，废旧油液未实现统一回收，易产生管理及环保风险。

2. 专业化润滑的主要工作

1）技术方面

（1）构建润滑管理信息平台。根据分公司"突出信息引领"的战略要求，全力构建数字化润滑，积极探索润滑管理新模式。通过实地调研、数据收集、方案设计等工作，利用信息化传输的速度优势，自主研发"设备润滑管理信息平台"。将生产组织变被动为主动，各级管理人员可以实时、快速地通过"平台"进行查询、预约、审批等操作。实现了无纸化办公、信息化传输，提升工作效率。

（2）规范加注模式。在设备配套上，通过规范油品储存、加注、回收设备的布置，实现润滑油"无尘、密闭、精确"加注，加注数量准确，油品与空气零接触，减少了润滑油的损耗与污染；在工艺流程上，制定了润滑油品更换、旧油排放等施工流程，明确了工作规范与工序衔接，保证了换油过程标准、规范施工。

（3）增加分析仪器。配备行业先进的红外光谱分析仪、铁谱等10余套先进化验仪器。通过对油品各项指标的定量分析，准确掌握油品性能及设备磨损情况。一方面对设备用油状态做出判断，及时发现在用油的劣化趋势及污染原因，从而实现按质换油；另一方面对设备磨损状态做出诊断，动态掌握设备的健康状况，提早发现隐患苗头，进而实现预知维修，提高了设备维修的针对性和及时性。

（4）全过程润滑监管。从选型、采购、现场加注、状态监测、废液回收上，实现润滑全过程、全方位有效监管，推进管理升级。油品选型上，统一牌号、自主采购、强化新油监测，保障设备用油安全；加注施工上，加强监管杜绝浪费、避免油品发生混用，确保设备合理润滑；在废液回收上，利用移动接油槽实现废液的分类、安全回收。同时，对所有设备建立润滑档案，设备润滑相关信息都记录在数据库内，可随时查询设备润滑情况。

2）管理方面

为进一步保障设备润滑专业化工作的顺利开展，重点从创新人才培养模式、构建科学管理机制等方面着手，不断提升员工能力素质，夯实规范管理基础，促进专业化润滑各项工作提档升级。

（1）制定了"换油工时、劳动纪律、6S管理、服务质量、学习培训"5大考核要素，通过细化考核制度，有效激发了全员工作热情。大力推行可视化管理，将岗位职责、工作流程及"七事七做"等内容制作成通俗易懂、鲜明生动的可视化宣传牌，打造处处看得见、人人看得懂的实时教程，促进员工养成良好工作习惯。

（2）编制《润滑站工作规范》，明确润滑站工作任务、流程，规范员工行为，实现施工工艺的标准化和管理制度的规范化。按照简洁高效、合理规范原则，摸索形成了以网上预约、进站加注、完工验收、废液回收为核心的4·17润滑工艺，其中，网上预约过程包括"业务发起、业务审批、任务接收"3个关键项；进站加注过程包括"进站引导、风险识别、液面检查、废液排放、滤芯更换、新油加注、清洁整顿"7个关键项；完工验收过程包括"试车验质、签字确认、信息反馈、总结提高"4个关键项；废液回收过程包括"废液分类、专线对接、登记入账"3个关键项。实现设备润滑"质量与时效"双提升。

（3）强化创新驱动，鼓励全员参与到全过程、全方位的创新实践中，用创新的方法破解难题、激发活力。在加注器具上，设计制作四方螺丝拆卸装置、变速箱专用加注枪头等专用器具，员工完成一道工序时间减少一半，施工效率提升50%。

（4）推行定置化和可视化管理，设计制作便携式工具收集箱、分类分层工具存放箱、废旧物品分类回收箱等专用装置，提升润滑站的标准化水平。以建设"油田公司一流站队"为目标，实施"走出去、请进来"人才培养模式，分层级、分工种对岗位人员进行梯次业务技能培训，为实现设备专业润滑提供技术、管理双支撑。同时，利用互联网、数字化等现代化信息手段，营造"互联网+"学习模式，通过"井下润滑"微信平台，实时推送润滑小知识，切实提高员工润滑理论水平。

3. 专业化润滑取得的效果

随着专业化润滑的深入实施和提档升级，在提高润滑质量、减少设备故障率、降低润滑成本、防止二次污染风险等方面，均取得了良好成效。

（1）效率大幅提升。

"网约换油"模式，将以往被动工作转变为主动服务，消除设备排队等停时间，实现了各种业务的网上办理，确保了设备润滑质量，节约了纸质表单填报审批的时间，综合效率提高1倍以上。

（2）设备维护成本下降明显。

通过自动化设备设施的投产使用，实现油品全过程精确计量、密闭加注，加注环境与质量得到有效保障。2017年重点设备监测覆盖率100%，通过对613份设备油样进行监测，设备维修费用率控制在7.9%，综合完好率达98.5%。通过现场试验，大幅延长国产油品的换油周期，钻采特车的换油周期从5000km延长至8000km，运输车辆的换油周期延长至10000km以上。

（3）实现润滑监管全覆盖。

设备换油里程、加注油品型号、润滑加注质量全过程监控，废液经站内分类密闭回收，再由具备资质的专业公司进行统一回收、分类存放、集中处理，彻底解决了以往分散处理易产生的环境污染等问题。

（4）成效显著。

通过合理延长换油周期、油品国产化替代、统一品牌型号、桶装油品替代小包装油品等方法，大力推行专业化润滑，避免润滑油浪费，润滑油消耗费用共减少540万元，设备修保费用降低超1000万元。

第三节 抽油机专业化润滑创新与实践

抽油机是油田开发的主要设备，润滑好坏直接影响原油开采，也影响抽油机的能耗与运行成本。大庆油田近年来推动企业高质量发展，加强润滑管理，实现抽油机等野外设备分散润滑管理向专业化集中润滑转变，实现设备高质量润滑。

一、抽油机专业化润滑的实施背景

抽油机是油田主要生产设备，长期在野外恶劣环境下运行，有时候处于超负荷运转的工作状态，润滑油更换不及时或润滑油质量差将会加剧减速器渗漏磨损，易造成停机故障，齿轮严重磨损的情况时有发生。传统的分散润滑模式存在以下弊端：

（1）润滑质量差。

分散润滑管理模式下，抽油机润滑油存储、新油加注、旧油回收等工作都由基层队负责，存在存储点多、管理混乱、油品二次污染等问题，由此加速了油品老化、变质，易造成设备润滑失效，设备故障率增加。

（2）换油流程复杂周期长。

基层小队发现抽油机需要加注或补油时，上报矿生产办主管人员调查核实后，上报厂油田管理部主管人员协调换油施工队伍，在矿材料管理部门领取润滑油，最后进行换油施工，从需要换油到结束需要2~3d，影响正常生产运行。

（3）润滑油品牌种类多样。

分散润滑管理模式下，润滑油有美孚、加德士、杜索、昆仑、中北等多个品牌，抽油机齿轮油有L-CKC100、L-CKC120、L-CKD150、半流体脂等多种型号，品种混杂，补油时不同品牌、不同级别的油互相混，有时甚至搞不清楚哪台抽油机用的是哪个品牌的润滑油，各种油混合使用，影响了润滑效果。

（4）清洗不彻底。

分散润滑模式下，换油时直接将放油丝堵打开，旧油排净后直接加注新油，不清洗。如果箱体或油底污染物较多，则采用柴油清洗。这种方式造成箱体或油底部积存较多油泥、铁屑，特别是清洗后还有部分柴油存留，降低油品的润滑性能，易造成润滑油过早失效。

（5）加注方式不科学。

以往加注新油和回收旧油都用同一台泵，甚至加油桶新旧油不分，很多加油桶没有盖，风沙雨雪易进入油桶带入设备中，造成新油二次污染，加速了油品老化、变质。

（6）未开展检测化验。

以往油品不检测化验，凭经验换油或按季换油，常常出现油质较好而被换掉或油质早已恶化而未能及时更换的现象。

（7）油品存储混乱。

以往油品领用、存放由基层管理，存储地点简陋，长期暴露在风吹日晒、冰雪寒风的恶劣环境里，极大影响了润滑油性能。

二、抽油机专业化润滑的实施方法

针对抽油机润滑管理存在的问题，结合专家意见、集体智慧和基层经验，创新提出来抽油机专业化润滑管理新模式。

（1）研发选用适合现场需要的油品，选用适合大庆地区的 100# 专用油。

（2）研发配套润滑油加注专用车，实现油品运输、箱体清洗、旧油回收、新油加注、油品检测一体化管理。

（3）使用专用清洗油清洗箱体，清洗更科学，避免了清洗液对油品质量和性能的影响。

（4）油品加注、箱体清洗和旧油回收系统相互独立，施工效率提高 50% 以上，员工劳动强度大幅降低，有效杜绝了安全隐患。

（5）制订润滑油更换操作标准，保证操作的标准化和规范化。

（6）定期抽样化验分析，跟踪润滑油使用状况，建立单台设备润滑档案，掌握润滑油劣变周期，实现按质换油，彻底改变了野外运行分散润滑、经验润滑的传统润滑模式。

与传统换油方式相比，专业化润滑体现出了明显的优势，实现了抽油机润滑管理质的飞跃，主要表现在以下四个方面：

（1）润滑油品牌基本统一。目前大庆油田抽油机润滑油基本全部采购昆仑品牌，有效避免了过去润滑油品牌多、型号杂、质量参差不齐的问题，消除了油品混用、润滑质量差的弊端。

（2）润滑质量效率双提升。由专业人员使用专门研发的润滑工程车实施润滑油加注或更换，通过专业清洗、精准计量和独立存放互不污染，不仅大幅提高了施工作业效率，而且实现了精细润滑，延长了装备与润滑油使用寿命。

（3）安全风险大幅降低。专业化润滑实现了旧油回收、箱体清洗、新油加注等换油流程的机械化操作，大大降低了岗位工人高空作业的安全风险。

（4）综合经济效益显著。专业化润滑最大限度地挖掘了润滑油在价格、包装、运输、存储、税费、用量等各个管理环节上的节约潜力及创效空间，在减少装备故障、节省维修费用、延长装备使用寿命方面的间接效益也更为显著。

专业化润滑前后效果对比见表 2-2。

表 2-2 专业化润滑前后效果对比

项目内容	专业化前	专业化后	效果
油品型号	品牌多、型号杂	抽油机实现昆仑油的品牌统一	避免油品混用，保证油品质量
包装方式	小包装和桶装	采用可重复利用的吨箱包装	以抽油机油为例，每吨节省包装费 650 元

续表

项目内容	专业化前	专业化后	效果
油品存储	分散存储，分散发放	直供油品，零库存	节省油品房、库房配套及搬迁费用
加注方式	手摇泵抽，随意补加，人工拎桶作业	使用专业加注设备密闭加注	避免油品二次污染
箱体清洗	不清洗或简单用柴油清洗，影响润滑油品质	用基础油进行专业清洗	清洗更彻底，避免对新油品质影响
换油效率	抽油机减速器换油每天 4 台	抽油机减速器换油每天 8 台	效率提高 1 倍以上
计量方式	按标尺大致估算	数字加油枪精准计量	计量更精确，避免浪费
油品检测	抽样检测	跟踪循环化验油品质量	确定合理换油周期，推进按质换油
安全环保	员工登高作业安全风险大，废油自行回收、自行处置，易污染	专业加注安全可靠，废油统一回收、集中处置	消除安全风险，避免环境污染

三、润滑工程车技术要求

工欲善其事，必先利其器。抽油机作为油田采油主要设备，常年连续运转，减速箱和曲柄轴承是抽油机最重要的润滑部件，安装位置高，用油量大，原来现场采用人工换油方式，劳动强度大，安全风险高，野外现场加油容易被污染。

润滑工程车是为满足野外作业设备的润滑、保养需要而设计的专用工程车。该车由底盘、操作间、组合油罐和换油设备舱四部分组成，油品净化机组和化验仪器安装在操作间内，换油设备安装在尾部设备舱内。车台部分装载在载重汽车底盘上，具有良好的机动性。通过润滑工程车可实现油品专罐专储、专泵专管专输、密闭输送、现场化验、现场过滤净化等功能。润滑工程车示意图如图 2-1 所示。

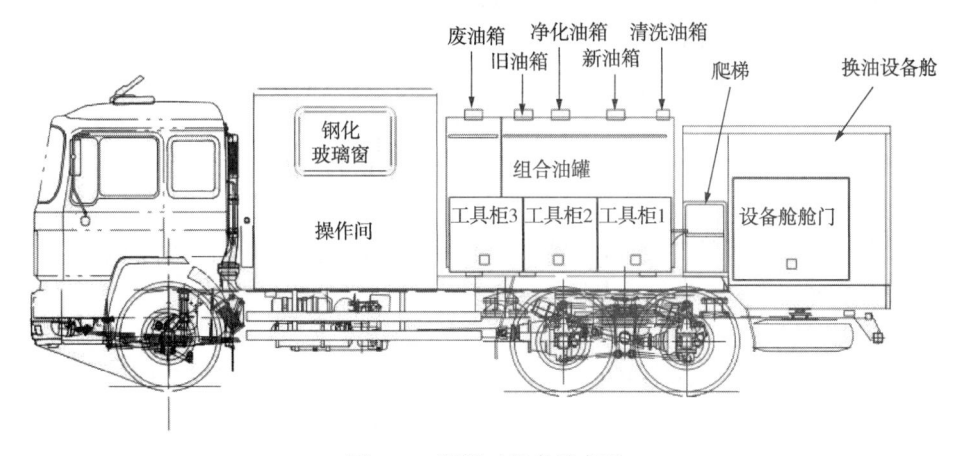

图 2-1 润滑工程车示意图

注：(1) 净化操作间内部安装有油品净化系统；(2) 换油设备舱内安装有换油系统，清洗系统；(3) 工具柜内部安装有换油单元的手动控制系统、远程控制系统、油罐电子液位显示系统、车载综合润滑油数字化信息系统、自动加热系统、外接电源接入系统

下面以西安勤业生产的 SZZ5190TRH 润滑工程车为例,介绍润滑工程车的技术要求,为用户提供借鉴。

1. 主要技术要求

(1) 设备为车装式,适合于大庆油田地区路面上长期行驶。

(2) 润滑车由操作间、组合油罐和尾部设备舱等设备组成,能够在现场为抽油机更换润滑油、加注润滑脂,具备润滑油清洗、过滤和回收等功能。

(3) 台上设备用螺栓和安装座牢固地组装在底盘车上。

(4) 操作平台宽≤2.5m,整体高≤4.5m。

(5) 整车操作应安全、方便、可靠,所配电器与安全配置要求符合油田现场安全作业标准要求。

(6) 所有金属框架、外表面要求经过除锈、喷涂防锈底漆,再喷表漆,整体色彩搭配协调、美观、外观整洁。

(7) 所有生产的设备及部件和外购设备、部件,要求设计、制造、焊接均符合国家标准。

2. 主要配置

(1) 底盘选型及参数。

底盘采用陕汽德龙 SX2256JN4352 型汽车底盘,驾驶室颜色为白色。

底盘型号:SX2256JN4352。

发动机型号:WP10.300E40。

功率:221kW。

排放标准:国Ⅵ。

整备质量:18520kg。

整车外形尺寸:9600mm×2490mm×3860mm。

轮胎规格:11.00-20 18PR。

轴距:4375mm+1400mm。

轮距:前轮距:1983mm;后轮距:1860mm。

驱动形式:三轴六轮驱动(6×6)或三轴四轮驱动(6×4)。

(2) 动力形式。

车载设备动力采用外接井场 380V 电源,同时配备额定功率为 10kW 的柴油三相发电机一台,以备井场是 660V 电源时满足换油需要。

(3) 润滑脂加注装置。

配备一台气动润滑脂加注机,气管长 30m,输油管长 4m,管径 1/4in。润滑脂容量 10L。

(4) 润滑油更换与清洗装置。

包含新油加注系统(含自吸功能,计量采用电子椭齿流量计),废旧油吸油系统,清洗系统(含自吸功能,过滤器名义精度 20μm)和遥控电控操作系统。

① 新油加注。

由输油泵、净化油箱、新油箱、加热油箱、精滤器、流量计和管路组成，完成向设备加注新油或净化润滑油的工作，同时可加热新油，具有油品自吸功能。示意图如图2-2所示。

新油泵：型号CBJ50×25，额定压力2.5MPa，额定流量50L/min。

新油加注管：配自动卷管器，管径25mm，管长10m，最高承压0.6MPa。

新油加注过滤器名义精度：40μm。

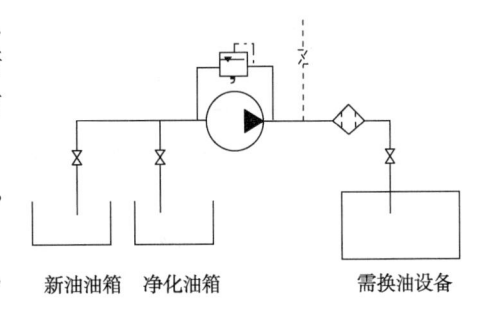

图2-2　新油加注示意图

② 废旧油抽取。

由输油泵、旧油箱、废油箱、粗滤器和管路组成，完成从设备油箱抽出旧油、废油的工作。示意图如图2-3所示。

废旧油泵：型号CBJ 100×25，额定压力2.5MPa，额定流量100L/min。

废旧油吸入管：管径38mm，管长8m。

③ 设备润滑油清洗。

由输油泵、清洗油箱、精滤器、粗滤器和管路组成。示意图如图2-4所示。

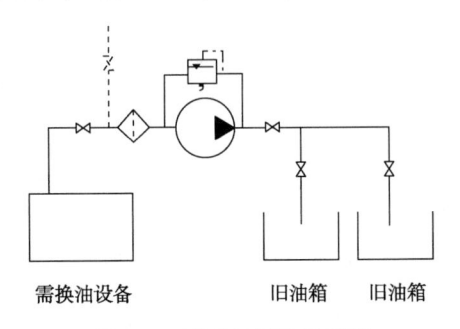

图2-3　废旧油回收示意图　　图2-4　润滑清洗示意图

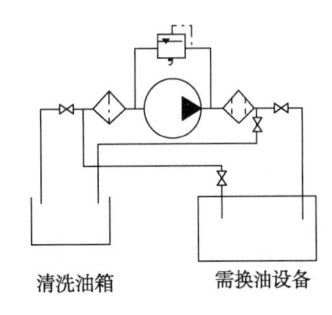

清洗油泵：型号CBJ25×25，额定流量25L/min。

清洗加注管：配自动卷管器，管径16mm，管长10m。

清洗吸入管：配自动卷管器，管径25mm，管长10m。

清洗过滤器名义精度：10μm。

（5）净化装置。

净化机组由油路系统、加热系统、Ⅰ级油—气—水分离塔、Ⅱ级油—气—水分离塔、真空系统和电器控制系统组成。示意图如图2-5所示。

（6）控制部分。

整车电气控制部分由底盘电路和上装电路部分组成。上装电路部分由电源、新油加热电路和净化系统的电器控制系统组成：

① 电源由电缆、发电机、空气开关、指示灯等组成，保证外接电源的安全引进。

② 新油加热电路由加热器、温控仪、开关、指示灯等组成，完成新油加热工作。

③ 净化系统的电器控制系统由温度传感器和电器控制柜组成，对各系统的电器进行

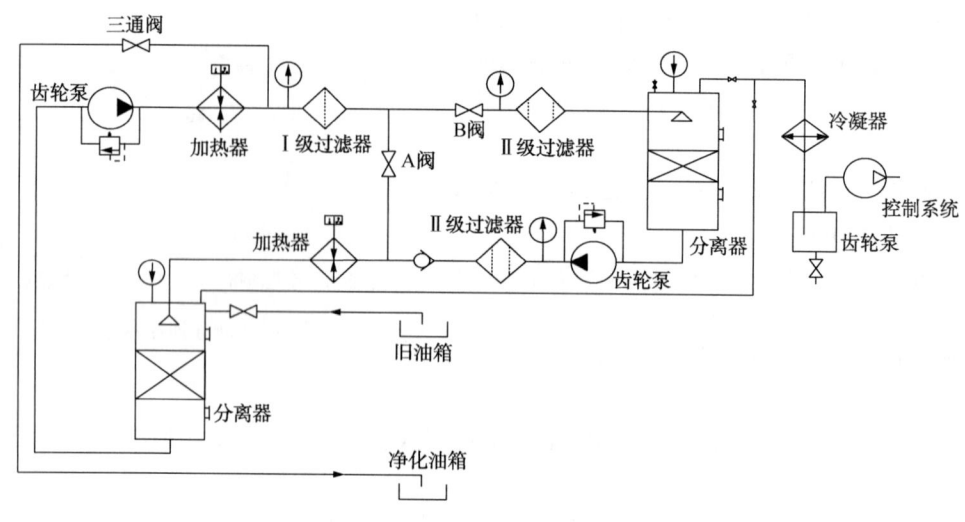

图 2-5 润滑油净化流程示意图

集中控制，保证其安全运行。

（7）操作间和尾部设备舱。

油品净化系统安装在操作间内，换油系统安装在尾部设备舱内，灭火器安装在操作间前端面的左右两侧。操作间、组合油罐、尾部设备舱和副车架与底盘的连接应牢靠稳固，在车辆行驶和制动过程中不会产生相对位移。整车做漏电、振动、颠簸、防雨密封性试验。

① 操作间采用整体结构为全金属框架结构。骨架选用 50×50mm 方形矩管焊接而成，加强筋间距≤500mm。外表面使用 1.5mm 冷轧钢板，并进行除锈防腐、防锈和装饰性处理；内装饰简洁大方，内饰板采用阻燃宝丽板，脚线全部采用包边处理；夹层做保温处理。

② 操作间左、右、前三面带窗，窗户为车辆专用钢化玻璃窗，窗口四周采用橡胶密封压条，右侧中部处设置一个外开单扇门，设置上车手动钢制抽拉梯子。

③ 操作间配暖风机，利用底盘发动机冷却水给操作间取暖。

④ 操作间顶部安装防爆直流照明灯。

⑤ 尾部设备舱与两侧工具箱整体结构为全金属框架。骨架选用 L50 角钢焊接而成，外表面使用钢板，并进行防腐、防锈和装饰性处理。舱门支撑使用优质液压撑杆。

（8）组合油罐要求。

组合油罐选用 Q235 碳素结构钢，厚度 4mm。组合油罐分为五个油箱，组合油罐外形尺寸：1800mm×2350mm×1800mm，旧油箱外形尺寸：400mm×2350mm×1800mm，其中新油箱配自动温控电加热装置，加热功率 12kW，电压 380V；旧油箱内部加装利用发动机尾气作热源的加热装置，以使旧油可以在行车过程中预热，外部加保温材料。

各油箱容积为：

① 新油箱：1600L。

② 净化油箱：600L。

③ 旧油箱：800L。
④ 废油箱：800L。
⑤ 清洗油箱：250L。

3. 其他要求

（1）配备一套换油系统遥控装置，以利于员工现场进行换油操作。

（2）整车骨架、组合油罐及副车架等部件均须除锈和防腐处理。整车外部颜色为白色，并喷蓝色条纹装饰。

（3）车辆参数符合国家标准 GB 1589—2016《汽车挂车及汽车列车外廓尺寸、轴荷及质量限值》规定，车辆质量达到 GB 7258—2017《机动车运行安全技术条件》及国家相关质量标准。

四、润滑油更换操作规程

建立设备润滑油更换操作规程，能够保证润滑油更换操作的规范化和标准化。大庆油田根据实际建立了《游梁式抽油机减速器润滑油更换补注操作规程》。

1. 润滑油的选择及检查检测

（1）抽油机减速器润滑油新油指标应满足表2-3规定。

表2-3 抽油机减速器润滑油技术要求

项目		质量指标 100	试验方法
运动黏度（40℃）（mm²/s）		90~110	GB/T 265—1988
黏度指数		≥90	GB/T 2541—1981
闪点（开口）（℃）		≥180	GB/T 267—1988
倾点（℃）		≤-30	GB/T 3535—2006
腐蚀试验（铜片，121℃，3h）（级）		≤1	GB/T 5096—2017
水分（%）（质量分数）		痕迹	GB/T 260—2016
机械杂质（%）（质量分数）		≤0.02	GB/T 511—2010
泡沫性（泡沫倾向/泡沫稳定性）（mL/mL）	24℃	≤75/10	GB/T 12579—2002
	93.5℃	≤75/10	
	后24℃	≤75/10	
抗乳化性（82℃）	油中水（%）（体积分数）	≤1.0	GB/T 8022—2019
	乳化层（mL）	≤2.0	
	总分离水（mL）	≥60	
承载能力（CL-100或FZG齿轮机法）	失效级	≥9	NB/SH/T 0306—2013《润滑油承载能力的测定 FZG目测法》

(2)抽油机减速器润滑油执行按质换油。抽油机减速器润滑油检验时间间隔每年不少于1次,当运动黏度、倾点、机械杂质、水分等任一项指标超过了规定,应更换润滑油。换油指标执行 NB/SH/T 0586—2010《工业闭式齿轮油换油指标》。

(3)质量检查人员应在抽检时检查抽油机减速器内润滑油液位情况,并从减速器箱底抽取并经过沉淀的油样。当检查发现下述情况时,应更换润滑油。

① 减速器内部各表面上有沉淀物;

② 润滑油呈乳化状;

③ 润滑油呈泥浆状;

④ 润滑油被灰尘、沙子或金属微粒等杂质污染。

⑤ 确定润滑油性能而进行检查的周期取决于工作条件。对于下列任何情况,每三个月需要进行一次检查并更换润滑油。

a. 间歇运行;

b. 环境尘埃过多。

2. 换油前准备工作

(1)将验收合格的抽油机润滑油注入换油车新油油箱内,将清洗油装入清洗油箱内,废旧油箱内润滑油排空并清理干净。

(2)检查换油设备各项性能达到完好,废旧油箱、新油油箱、清洗油箱、连接管线无渗漏,连接点应牢固,计量仪表准确可靠,润滑油新油加注系统无灰尘污染。

(3)配备角磨机、清洗刷、扳手、上盖密封胶圈、上盖螺栓等各种工具及配件。

(4)携带抽油机减速器润滑油更换加注交接单等相关表单,需化验油品质量的还要带好样桶、取样器等工具。

(5)根据采油单位提供的队别和井号到抽油机井现场。

(6)根据井场的实际情况,把换油车摆放在距离抽油机井口2m以上,有车载发电机的加油车应接好接地线。

(7)操作者熟知抽油机操作保养的有关要求,戴好安全帽、安全带、手套等防护用品,换油作业遵守公司及所属单位相关安全环保生产规定。

(8)现场管理人员或操作者将抽油机停机,拉紧手刹,操作者穿戴好防护用品沿抽油机攀爬梯登上减速器平台,系好安全带,放下减速器刹车鼓锁块。

3. 旧油回收

(1)清洁减速器上盖灰尘,用扳手或专用工具把抽油机减速器天窗盖的螺栓卸掉,取下上盖(注意:不要损坏密封胶圈),保持注油口清洁干净。如果上盖已经焊死,应用角磨机将焊点磨开。

(2)观察减速器内部情况,可根据情况拍照留存作为换油存档。

(3)启动换油车上的回收油泵,用胶管抽出减速器内的润滑油,回收到旧油箱,直到抽尽为止。

(4)回收后的旧润滑油按照安全环保相关规定统一存放和处理。

4. 清洗

(1)用抹布、清洗刷等工具将箱体内粘在齿轮或箱底上的旧油、机械杂质清除掉并回收。

（2）清洗时，采用基础油作为清洗液，启动高压清洗泵，用清洗枪反复冲洗减速器齿轮、箱壁，直至冲洗干净，再将清洗液回收清洗油箱。

（3）经现场人员和操作者共同检查减速器，确认清洗干净。

5. 注油

（1）启动新油油泵，用带计量的加油枪从注油口将新的润滑油加入减速器内，润滑油油面应在减速器二轴齿圈齿轮顶部和齿圈肩部之间或者到减速器看窗的1/2~2/3处为合格，加油量也可为减速器铭牌标注的额定用油量。

（2）经现场人员和操作者共同验收达到标准后，停止润滑油加注，收回加油枪。

（3）放置好减速器上盖密封胶圈，安装上盖，对于密封胶圈损坏达不到密封效果的应予以更换。上紧螺栓，螺栓如有丢失需补齐。擦净滴落在抽油机上面的油污，保持上盖周围清洁干净。

（4）现场管理人员或操作者确认安全后，摘除减速器刹车锁块，松开刹车后启动抽油机。观察5min，检查减速器外观，正常运转无漏油后确认换油完毕。若减速器并不立即恢复工作，应至少运转10min或更长时间，保证减速器内所有齿轮表面均覆盖一层保护性润滑油膜油膜。

6. 补油

（1）当减速器内齿轮油油位低于规定标准时进行补油作业。

（2）补加润滑油油品作业，润滑油油面应在减速器二轴齿圈齿轮顶部和齿圈肩部之间或者到减速器看窗的1/2~2/3处为合格，加油量也可为减速器铭牌标注的额定用油量。

（3）如油品质量不合格，执行旧油回收程序。

7. 其他要求

（1）换油单位应建立润滑油更换台账，根据本单位实际情况，每年可按照换油井数的5%抽取油品进行关键指标分析，定期出具数据分析报告，对抽油机减速器润滑状况开展技术跟踪。

（2）为保持润滑油的性能，抽取新油、旧油、清洗液的泵要分开，不允许相互混用。雨雪等恶劣天气时不允许更换润滑油。刹车不灵活或失灵的抽油机不得进行润滑油更换操作。

五、大庆油田抽油机专业化润滑创新与实践

1. 抽油机专业化润滑的背景

（1）原有管理模式无法满足油田生产需要。

以大庆油田某采油厂为例，该厂井数较多、机型较大、周边环境复杂，有着较高的设备保养工作难度。在机采设备润滑保养上，因管理难度较高、工作较为繁重复杂等原因，致使传统的保养工作无法满足实际需求，存在管理混乱的现象，因缺乏统筹管理规划，导致机采设备的保养周期无法形成规律且无法按照统一标准完成的现象，同时没有考虑雨季

以及炎热季节等环境因素对机采设备保养周期的影响，无法实现统筹化、集约化、专业化管理。

（2）岗位安全知识普及力度较低，存在操作风险隐患。

受机采设备保养项目特点决定，机采设备在保养过程中存在较高安全风险以及隐患，采油施工作业对操作人员的技术水平有着更高的要求，因违章操作以及技术弊端等问题会直接导致施工安全事故的出现，造成人身安全和财产的损失。机采设备保养作业施工存在风险隐患主要有以下三个方面：第一是采油设备自身问题，采油设备因保养和使用不当，导致机械部件变形、脱落以及卡死等原因发生机械故障导致安全事故的发生；第二是因设备操作不当导致操作人员安全风险，如停机操作、是否存在漏电等状况；第三是高空作业风险，由于我厂机采设备机型较大，润滑保养过程中，员工长时间暴露在高空作业风险环境中，若无专业化设备对作业人员提供保障将造成较大的安全隐患。

（3）润滑保养标准不统一，未形成有效监督体系。

该厂在 2017 年以前的机采设备保养工作是分散管理的，由于不同基层单位对润滑保养执行的程度不统一，甚至有部分岗位员工不负责，未按照标准对机采设备进行保养。同时，在施工现场也没有建立完善的三方监督机制，设备保养工作中，基层操作员工存在一定的随意性，工作中缺乏有效的制度约束以及人员管控，员工在工作中容易受到主观意识影响，容易发生违章操作行为，对机采设备润滑、保养工作带来一定风险，更严重的可能造成翻机等事故。

2. 改善机采设备保养现状，创新设备专业化润滑模式

（1）规范管理机制，保障措施完备。

① 提供集中化润滑服务。该厂共有 7000 余口机采井，根据实际情况对抽油机减速箱齿轮油进行每 4 年一个周期的更换，对"三轴一绳"进行每年一个周期的保养。根据该厂每年机采设备保养的实际情况，合理调整保养顺序，对该厂各个作业区实施集中保养服务，提高服务效率。

② 建立专业化润滑队伍。该厂成立专业化机采设备保养队伍，根据保养内容分两个班组，一类负责减速箱润滑工作，另一类负责"三轴一绳"保养工作。首先是车辆专业化，该厂为机采设备专业化队伍配备了 2 台润滑油净化工程车、4 台高空作业车、3 台客货车和 3 台抽油机检修车，车辆设备的保障为专业化队伍筑牢基础，工作效率得到大幅提高。其次是设备专业化。为做到精细化管理，专业化保养队伍内部成立技术攻关小组对润滑油净化工程车流程进行改进，将新油加注和旧油回收管路完全分开，避免二次污染，同时在流程中加入流量计可以精准记录加注回收量。为提高保养效率自行研制出机采设备钢丝绳润滑专用工具、液压驱动打气泵，改造现有高空作业车使其更好进行保养作业。如图 2-6 所示。

③ 科学化运行。该厂成立的专业化保养队伍，具有多年润滑油脂相关工作经验，配备多项化验仪器设备，能够为机采设备保养所用润滑油脂的选用和后期化验提供有效的科学依据。图 2-7 为"三轴一绳"保养项目。

图 2-6　润滑油净化工程车及内部改装结构

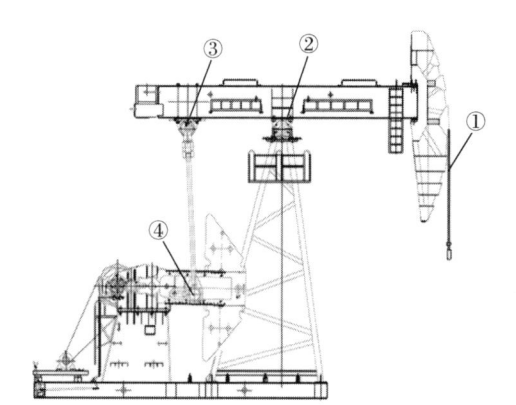

序号	润滑部分	使用环境	常用脂	选用
1	毛辫	40~60℃	普通3°润滑脂	钢丝绳表面脂
2	中央轴承			昆仑3°锂基润滑脂
3	尾部轴承			
4	曲柄轴承			

图 2-7　"三轴一绳"保养项目

（2）安全规范操作，降低隐患风险。

① 风险管控两头抓。开展机采设备润滑保养相关应急演练，提高员工安全意识，减少事故造成的伤害。

② 基层单位岗上监督。针对施工难度大、现场情况复杂、安全风险高的实际，基层单位每天派出一名队干部进行全程跟班，制定施工班组的安全操作规范，最大程度杜绝违章操作。

③ 主管部门流动监督。生产管理人员不定期对施工现场安全情况进行抽样检查，检查保养人员是否按照操作规程进行操作，同时对基层干部跟班情况进行检查，并在现场利用微信平台上传现场检查照片，形成检查闭环管理。

（3）强化三方监督，保养闭环受控。

① 现场验收。现场验收签订"机采设备高空部位保养现场监督确认单"和"机采设备减速箱润滑现场监督确认单"，监督确认单为一式三联，分别由三方保存。同时，将每天工作量录入《润滑大数据管理平台》，便于对保养过的设备进行数据的查询和管理。

② 监管确认。保养完机采设备后，由采油矿机采设备管理人员、采油队副队长及维修大班组成确认验收组，对每口机采设备的保养质量进行最终确认，并上报至该厂主管业务部室。

（4）提供优质服务，质量服务有保障。

① 跟踪取样。对已保养的机采设备进行现场跟踪，利用雨天及周末对3个月前保养的机采设备进行20%比例抽检。2018年到目前为止已累计抽检248口井，未发现异常，对各部位润滑脂数据进行采集分析，为下一步更加科学有效的开展机采设备润滑保养打下技术基础。

② 电话回访。坚持长期跟踪服务，建立相应的质量回访制度，回访对象多样化，包括采油队队长、副队长、维修班长等。目前已累计回访达172次，覆盖所有完成保养的单位，回访反馈信息整体上比较满意。

③ 夯实"三基"。采取的强"三基"、打基础的"金字塔"式管理模式，使每项工作的完成质量得到有效保障。不同模式对比如图2-8所示。

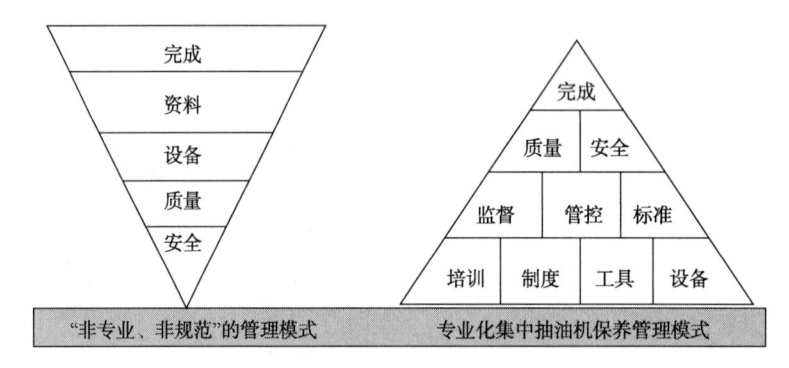

图2-8　不同管理模式对比

（5）信息优化运行，数据指导工作。

① 将每日机采设备保养工作量录入生产动态报表，便于及时掌握机采设备保养工作进度，及时根据保养进度对计划作出调整。

② 润滑大数据管理系统（图2-9）。该厂建立了机采设备保养的"大数据"数据库，每项数据都作为"大数据"管理模块内的一个点，根据实际工作各环节进行数据采集、录入和智能公式建模。

图2-9　润滑大数据管理系统

3. 专业化润滑取得成果

该厂实施了抽油机专业化润滑管理模式，创新了机采设备保养新的管理模式。从"有没有"保养到质量的"好不好"飞跃式转变，既为设备管理工作注入新鲜血液，又为采油单位提供了提质、减员、增效的服务，同时为该厂节约了大量的成本，努力实现"更低成本、更有效率、更加平稳、更高质量、更可持续"的发展目标，也为机采设备管理迈出了专业化管理新的一步。

(1) 节省了人力资源。

实施机采设备专业化润滑管理模式，减少该厂各采油单位 50% 以上的维修保养工作量，缓解了采油单位人力不足现状，降低了女工劳动强度，强化日常管理监督，使这部分力量(200 余名维修人员)向日常运行状况检查维护、平衡调整、及时进行运行参数优化的方向转化，提高生产维修保障效率，直接节约成本 1100 余万元。

(2) 提高了效率效益。

充分利用润滑油净化工程车及全自动润滑脂加注设备，解决了采油单位没有专业保养设备、保养不及时、润滑不到位的问题，利用现有设备统筹安排规划保养时间，人均保养井数达 172 口，单井保养时间缩短 30%，日保养井次提高 50%。机采设备三轴及减速箱齿轮得到充分润滑和保养，有效降低了设备磨损，节省了大量设备维修费用。提高设备运行时率，延长设备维修周期，提高了原油生产率。

(3) 保障了安全平稳生产。

操作人员进行标准化操作，解决了采油单位没有专业保养设备、人工高空操作风险大等难题，实现保养过的机采设备和保养操作人员双重安全。全年对机采设备润滑保养施工过程的风险隐患识别达到 87 处，及时纠正违章指挥违章作业 72 次，及时紧固各部位螺丝 13479 条，避免尾轴断脱、曲柄销轴脱出等机械事故的发生。

(4) 提升保养质量。

对每口保养的机采设备都设定"质保期"，对待每口机采设备都以统一的标准操作施工，加注量精准把控，通过润滑专业化将"六定"润滑落到实处，为机采设备平稳运行、高效运转提供有力保障。

第四节　自动加脂技术创新与实践

很多人都用过"傻瓜相机"，虽然成像质量一般，但几乎任何人上手即可使用，不用去管对焦准确与否，光线不足就启用闪光灯，久而久之，"傻瓜"逐渐成为操作简单、方便的代名词，代表自动化、智能化，并逐渐得到推广应用。而数码相机作为"傻瓜相机"的升级，除基本照相功能外，还能够随时"报告"自身状况、识别人脸、捕捉笑脸、自动美化肌肤、自动合成照片、自动翻转影像等等。这同样给了润滑管理工作的启示，就是利用技术手段降低管理难度，提高自动化、智能化水平。这里主要介绍自动加脂技术。

一、自动加脂技术的应用背景

油田使用的钻采特车、工程机械、钻机等设备种类很多、结构复杂、价值量大、润滑点数量多(表 2-4)，目前油田的设备润滑脂大多使用手动给脂，存在很多问题，影响了生产效率，增加了维护成本，降低了企业效益。

（1）设备分散施工作业，如修井机经常变换作业场地，维护保养的管理难度大；

（2）使用环境恶劣，风沙、雨雪、泥坑，部分油区路况极差，由于润滑脂加注嘴外露，加润滑脂时常常将上面黏附的泥沙等一同挤入，反而加速了磨损；

（3）工作时间长，经常是连续长时间作业，设备使用频繁，任务重，人员紧，没有时间加油，润滑点长时间未加油后，老油脂老化变硬将油道堵塞；

（4）工程机械、钻采特车等，润滑点多，受现场条件限制（没有地沟、润滑部位脏等），致使润滑难以保障；

（5）修井机、钻机等天车部位润滑，高达30m以上，经常爬上去打油，存在较大安全风险；

（6）一线员工的习惯大多是平时不按时打油，而打一次就打很多，油品浪费较严重，油品使用较杂，品牌型号经常更换，影响了润滑效果；

（7）设备作业负荷重，对润滑要求高，而一旦设备润滑不良极易造成设备损坏。

表2-4 钻采特车润滑点数量

序号	车型	润滑点分布 底盘	台上	天车	合计
1	斯太尔6×4底盘（水泥车、罐车、热洗车等）	21			21
2	8t东风4×2底盘（蒸汽车、热洗车等）	29			29
3	解放6×4底盘（水泥车、罐车等）	32			32
4	北奔或斯太尔8×4底盘（下灰车、罐车等）	46			46
5	加滕40t/55吊车	55/61			55/61
6	450修井机（四机厂、双滚筒、带刹车）	26	35	10	71
7	ES5700TZJ钻机车（二机厂、双滚筒、带刹车）	40	32	9~11	81~83
8	ZJ30钻机（四机厂、单滚筒、液压盘刹）	59	26	11	96
9	ZJ40钻机（四机厂、单滚筒、液压盘刹）	73	58	9	140

二、自动加脂技术的优势

自动加脂技术是从一个润滑脂供给源按照润滑脂需要量自动准确地供往多个润滑点的系统，可以定时、定点、定量、定序地加注润滑脂。与分散润滑相比较，具有以下特点：

（1）避免人工加脂遗漏润滑点，润滑周期准确；

（2）定量给脂精确，节省油脂，减少对环境的污染；

（3）集中润滑系统压力高，用脂范围宽；

（4）保证润滑点的正常有效润滑，降低设备零件维修成本，提高其使用寿命；

（5）降低了设备维护人员的劳动强度；

（6）具有故障报警功能，对润滑系统进行全程监控；

（7）结构紧凑，便于安装，易检查维修。

以轴承的润滑为例，集中润滑使轴承内始终建立有润滑油膜，而手动润滑轴承内油脂时亏时盈；集中润滑始终在轴承内保持新鲜油脂，较手动润滑提高轴承寿命 5 倍，节省油脂 70%（图 2-10）。集中润滑使轴承内始终充满高压油脂，从而最有效阻止异物进入轴承，保证轴承不会因研磨而损坏。

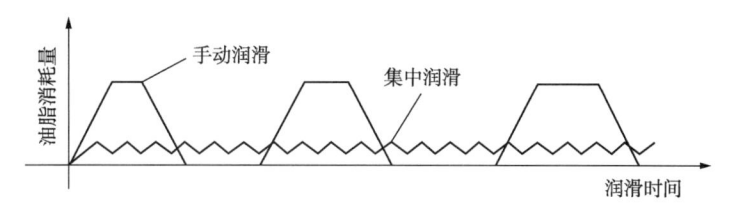

图 2-10　集中润滑与手工润滑润滑脂消耗量对比

三、自动加脂装置的工作原理

自动加脂装置是通过控制器控制一台油脂泵同时润滑几个到几十个润滑点，在工程机械中采用的集中润滑系统主要有递进式和单线式，这里主要讨论递进式系统。

递进式集中润滑系统可以做到定时、定点、定量、定序地将润滑脂加注到需要润滑的部位，润滑泵依次对各润滑点供脂。泵的压力可以作用在每一润滑点上，而不被分散，因此当系统中某个润滑点堵塞不能通过分配器得到润滑时，整个系统压力升高，直到达到预先设定的背压值，这时一个与泵单元连为一体的安全阀就会自动打开喷油泄压，从而确保系统的安全。

一个完整的递进式集中润滑系统主要由以下几个部分组成：（1）油脂泵，为系统提供润滑脂及动力源；（2）控制器，主要是对润滑周期进行控制；（3）安全阀，限定系统最高压力，保护各工作元件；（4）递进式分配器，根据各润滑点的用脂需要对润滑脂进行合理的分配；（5）电源；（6）强制注射开关、管线和接头等其他元件。

1. 油脂泵

典型的油脂泵工作原理如图 2-11 所示。直流电机 10 连续驱动偏心轮 5 和压环 6，这种偏心结构使输油柱塞 7 产生往复运动，进行抽吸和输送油脂，而集成的单向阀，可防止润滑油从主油路中被抽回。搅拌臂 2 的旋转可将润滑脂从油箱 1 中压入泵室 3 的抽吸区，油脂通过格栅板 4 将油脂内所含气泡释放，并通过排气孔排出。通过透明油箱可目测油脂位。安全阀 9 压力被预设为 28MPa。

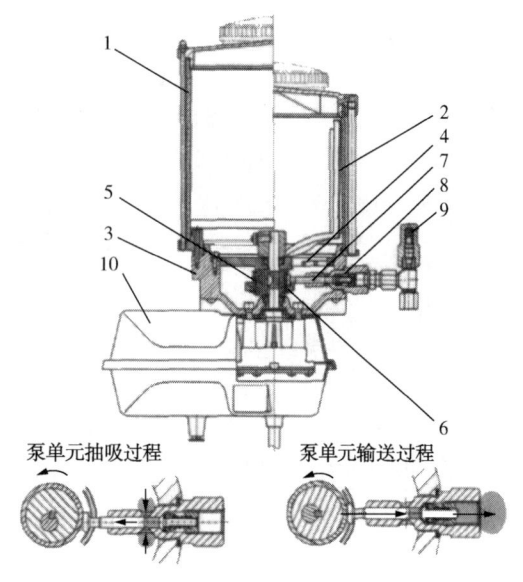

图 2-11　油脂泵工作原理
1—油箱；2—搅拌臂；3—泵室；4—格栅板；
5—偏心轮；6—压环；7—输油柱塞；
8—单向阀；9—安全阀；10—直流电机

2. 控制器

控制器主要是对集中润滑系统的润滑周期(图 2-12)进行控制,润滑时间和间隔时间可以根据具体类型的设备和工作环境进行设定。递进式集中润滑系统的控制器结构较为简单,其主要元件是一个时间继电器,通过对时间继电器的控制就可以实现润滑周期的控制。

图 2-12 润滑周期

3. 递进式分配器

递进式柱塞分配器通过液压顺序控制配脂,分配器柱塞的运动受供给的润滑脂的支配,这种支配方式最终使得润滑脂依次从各个出口排出。如果润滑脂的流动不正常,例如某一润滑线路或某一润滑点发生堵塞时,分配器也将发生堵塞,通过监控分配器可及时发现。发生堵塞时,手动泵会出现较大的背压。对于电控泵来说,在过压时安全阀就会出现润滑脂的泄漏。递进式柱塞分配器采用各种不同的块状结构制造,以便根据润滑点的数量方便地对分配器进行必要的延长或缩短。也正是因为有了这种块状结构,使得有可能采用由各个柱塞行程具有不同输出的单个配油块,来组成一个完整的递进式分配器。为确保递进式分配器的正常功能,最少需要 3 个柱塞,也就是说,至少需要 3 个配油块。

递进式分配器由独立的分配器块组成,分别为首块 IE(不带柱塞)、中间块 ME 和末块 EE,这些分配器块是通过螺栓(六角沉头螺栓)和锁紧垫圈装配起来的,各分配器块之间采用了"O"形密封圈,如图 2-13 所示。

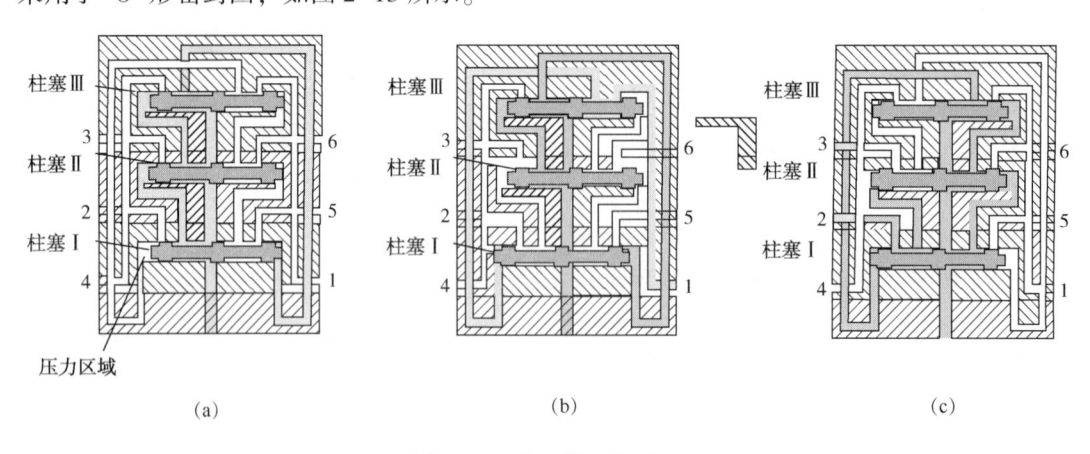

图 2-13 分配器工作原理

润滑脂通过分配器的进口流入,经过全部配油块后,到达柱塞Ⅰ[图 2-13(a)]。柱塞Ⅰ被推向左侧,润滑脂则从柱塞左侧压力区域排向出口Ⅰ[图 2-13(b)]。此后,柱塞Ⅱ和

Ⅲ依次换位，润滑脂被压向出口2和3。在柱塞Ⅲ换位后，润滑脂就直接进入柱塞Ⅰ的左侧[图2-13(c)]，推动柱塞Ⅰ右移，润滑脂则从柱塞右侧压力区域排向出口4。最后，柱塞Ⅱ和Ⅲ将换位，而润滑脂将被压向出口5和6。在输送柱塞Ⅲ换位后，润滑脂又一次进入到柱塞的右侧[图2-13(a)]，从而开始了一个新的递进式柱塞配油循环。只要向递进式分配器供应润滑脂，上述循环将不断重复进行下去。

四、自动加脂系统的设计

在实际工作中，按照润滑系统设计需要、工作环境和各种条件，收集必要的数据和资料，以确定润滑系统的具体方案。如几何参数——最高、最低和最远润滑点位置尺寸、范围以及摩擦副相关尺寸等；工况参数——机械速度、负荷及工作温度等；周边环境参数——空气湿度、沙尘及水气等；运动性质资料——变速运动、间歇运动、连续运动、摆动等。进行润滑系统的设计，主要包括以下几个步骤。

1. 润滑点数量的确定

根据具体需要润滑设备的类型，合理确定润滑点的数量。需要注意的是，某些运动幅度很大、旋转运动的部件或者对润滑脂的牌号有特殊要求的部分不适宜采用集中润滑的方式进行润滑。一般来说，工程机械、钻采特车能够采用集中润滑方式进行供油的点大约有几十个，例如挖掘机有30多个点可以采用集中润滑。

在确定了润滑点的数量以后，就可以根据轴承的公称直径以及运动性质确定分配器上每一个分配器块的排量。每个分配器块（图2-14）有两个出油口，每个出油口的排量大约为0.1~1mL/次，将润滑点所需的油脂量进行适当调整就可以选择相应的分配器块，若干个分配器块组合在一起成为一组分配器，其分配器块的数量最小为3，最大不超过10。

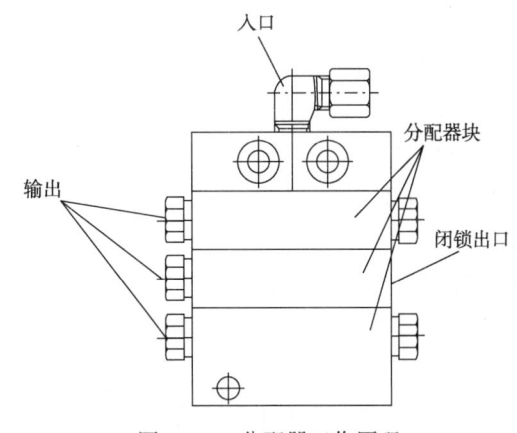

图2-14 分配器工作原理

2. 油脂泵容量的计算

油脂泵容量Q的选择主要综合考虑润滑点的数量、各润滑点的油脂消耗量、润滑周期、保养周期等因素。可以依据以下公式进行粗略计算，再依据选择的润滑元件和经验值进行修正。

$$q_m = (Q_1 + Q_2 + Q_3 + Q_4)/t$$

式中：q_m为润滑脂泵的最小流量，mL/s；Q_1为全部分配器块给脂量的总和，mL；Q_2为全部分配器块损失脂量的总和，mL；Q_3为液压换向阀或压力操纵阀的损失脂量，mL；Q_4为油脂的压缩量，mL；t为油脂泵的工作时间，指全部分配器块都工作完毕所需的时间，s。

以上计算指的是一个周期内综合考虑各因素油脂的消耗量。一个润滑周期内润滑时间和间隔时间的比例主要依据润滑点轴承的负荷、运动幅度的大小、周围环境等,以中小型挖掘机为例,润滑时间和间隔时间的比例设置为1:10。根据单位润滑周期内油脂的消耗量,就可以计算出每天的油脂消耗量,再依据保养周期就可以初步确定油脂泵的容量。

3. 系统工作压力的确定

系统的工作压力,主要用于克服主油管、给油管的压力损失和确保分配器所需的给油压力以及压力控制单元所需的压力等。考虑到油脂集中润滑系统的工作条件会随季节的更换而变化,且系统的压力损失也难以精确计算,因此,在确定系统的工作压力时,通常以不超过润滑脂泵额定工作压力的85%为宜。

五、自动加脂技术在油田抽油机的应用

1. 应用背景

抽油机是采油厂主要的机采设备。按照标准要求,每年春季、秋季进行一次轴承全面保养,工作量繁重。按照传统抽油机润滑方式,需要员工登高至抽油机顶部用手动加脂枪对中轴承和尾轴承加注润滑脂,存在高空跌落隐患、影响原油生产、员工劳动强度大、润滑效果不理想等难题。

(1)高空作业,跌落风险。

抽油机尾轴承、中轴承等润滑点都在抽油机顶部,每次操作人员都需攀爬,各型号抽油机高度见表2-5。

表2-5 不同型号抽油机高度

游梁抽油机型号	CYJ8-3-37HB	CYJY10-3-53HB	CYJY12-4.2-73HB	CYJY14-5.4-89HB
最大高度(m)	7.2	6.745	8.48	10.15

润滑保养中轴承时操作者只能背靠防护圈,站在安全梯上,空出双手进行操作,而且防护圈空间狭小(约0.25m^2),长时间(一般1h左右)高空(高于3m)作业,存在高空坠落风险。如图2-15所示。

润滑保养尾轴承时,操作者必须骑在连杆上端或站在减速箱上操作。尤其针对12型、14型抽油机,操作者需要在游梁上移动,底部缺乏有效的净空,跌落时容易产生二次伤害。尤其是受大风影响作业时,跌落隐患增加。如图2-16所示。

(2)润滑效果差,影响设备本质性能及安全环保。

在基层操作者及管理者印象中,对抽油

图2-15 抽油机中轴承保养作业

图 2-16 抽油机尾轴承保养作业

机普遍存在"傻大笨粗""皮实耐用"的认识,思想上存在较大误区,直接导致保养与生产、成本之间的辩证关系无法摆正,加之登高保养存在诸多弊端,导致很多抽油机的保养主要集中在春季、秋季换季保养进行,在设备静止状态下人工自主运行,润滑保养质量难以得到保障。如按照标准,润滑脂应满足油腔容积的 1/2~2/3 处,但是实际操作过程中,由于无计量装置,一般是全部打满,以漏为准,容易破坏轴承密封性,造成环境污染,轴承散热不理想、润滑脂浪费等问题存在。

某采油厂通过统计,每年因抽油机润滑不良造成曲柄销疲劳断裂达 150 台以上,中轴承、尾轴承损坏更换数量每年达到 200 台以上(断裂如图 2-17 所示)。由于润滑效果不理想,造成设备磨损严重,运转噪声大,给原油生产和周边居民生活带来一定影响。

图 2-17 曲柄轴承断裂

而且抽油机多数摩擦副外露,水及灰尘等易进入,造成油脂变质而失效,混入的杂质更直接加剧了零部件磨损。尤其是在雨季,润滑脂变质更加频繁。

(3) 员工劳动强度大。

传统的注润滑脂方式使用的小型加注枪,储油少、耐压强度低,经常发生局部漏油等问题,操作人员需在操作过程中维修或更换加注枪;另外,中、尾轴承润滑保养一次需手压加注枪压柄上千次(加注枪压一次约 0.8g,轴承一次加注 1kg,需要压上千次),每次加注润滑脂保养，一般需要 2 个工人配合作业 1h 才能完成(图 2-18)。

图 2-18 人工注脂作业

(4) 停机施工影响生产。

传统的抽油机润滑方式，在对抽油机中轴、尾轴、曲柄销子以及其他润滑点加注润滑脂时，需对抽油机进行停机 1h 左右，大庆油田按照保养 150000 井次/a 估算，影响时间 $15×10^4/h$，影响原油产量约 $1.3×10^4t/a$。

而对于一些出砂井和结蜡井，可能还会造成停机卡泵现象，需修井作业才能恢复生产，既影响了原油产量，又增加生产成本，造成较大经济损失。

2. 技术方案

1) 工作原理

(1) 递进式集中润滑理论分析。

众所周知，要使运动副的磨损减小，必须在运动副表面保持适当的清洁润滑油膜，即维持摩擦表面之间恒量供油以形成油膜，这通常是连续供油的最佳特性(恒流量)，很多事实表明，过量供油与供油不足是同样有害的。例如：对一些轴承在过量供油时会产生附加热量、污染和浪费(图 2-19)。

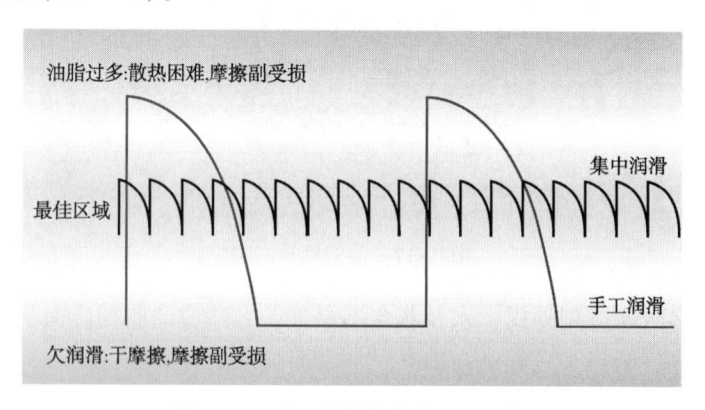

图 2-19 手工润滑与集中润滑比较

大量实验证明，周期定量供油，既可使运动副产生油膜，又不会产生污染和浪费，是一种非常好的润滑方式。因此，当连续供油不能满足工况需求时，可采用经济的周期供油系统来实现。该系统使定量的润滑油按预定的周期时间对各润滑点供油，使运动副保持适量的润滑油膜。周期润滑系统能够减少20%~35%的服务费用，节约50%的润滑油脂，延长设备25%~45%的使用时间，减少25%~75%的摩擦。

(2) 优点。

① 实现定期定时润滑。集中润滑系统供油量自动控制，可根据实际消耗量确定适合的供油数量。

② 实现定量润滑。每个润滑点的供油量根据实际需求事先设计好，由分配器精确供给，每次相同，供油量恰到好处而不浪费，通过设计可以实现最佳油量的定量润滑。

③ 实现全方位逐点润滑。全方位设计，不会遗漏任何一个润滑点，而且当系统出现故障时或某个润滑点注入润滑脂失效时，控制器会自动报警。

④ 实现运动润滑。整个润滑过程不停机、在设备运转过程中完成，比静止状态加注效果更好。

⑤ 油品质量保障。油全部密闭在管路内，和外界不接触，减少了污染。

⑥ 安全、简便。润滑自动完成，不需爬高，大大降低了设备润滑脂加注的工作量，提升了安全性。

(3) 递进式集中润滑装置结构组成及工作原理。

集中润滑系统是由气动加注器(定量加注控制器、高压注油泵、滤油器等)、单向阀、分配阀、润滑点接头，并经高压管线连接而成的全密闭式的润滑系统(图2-20和图2-21)。

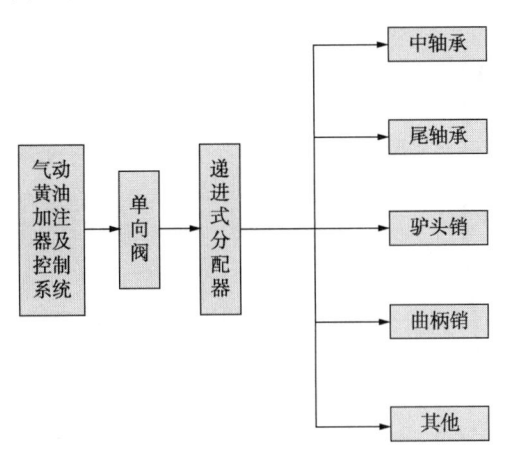

图2-20 集中润滑管理方案原理图

工作原理：高压润滑脂由高压注油泵经注脂口进入主管线后到分配阀，分配阀再将润滑脂按定量经高压软管分别注入各个润滑点，以保证在不同工作情况下，准确地对各个润滑点进行有效润滑。由于分配阀和各个润滑点之间采用高压分油管相连，构成了一个密闭式的、适应抽油机工作状况的柔性连接润滑油脂输送系统。

2) 主要参数

(1) 气动黄油加注器及控制系统。

采油厂将闲置大胶轮拖拉机改造，由拖拉机、气源、定量加注控制器、高压气动注油泵组成，通过控制时间实现"定量"润滑。设备具有管路堵塞超压报警功能。

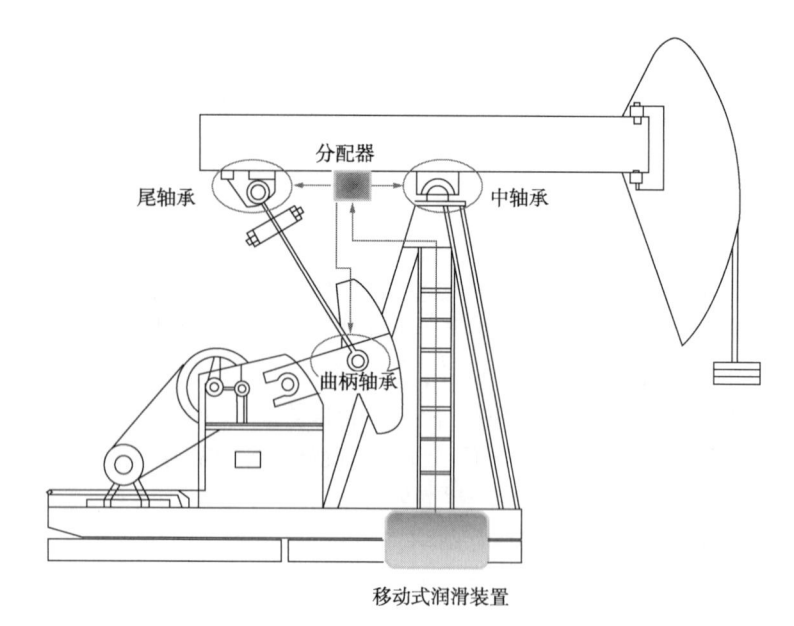

图 2-21 集中润滑装置原理图

① 气动润滑脂加注机。

高压气动注油泵是由集装润滑脂的贮油筒、空气泵、注油枪、高压橡胶软管和快速接头等部件组成。结构原理如图 2-22 所示。

上端部分为空气泵，由压缩空气进入配气室通过滑块滑阀气流换向装置，使空气进入气缸活塞上端或活塞下端，活塞往复运动。

注油泵的下端部分是柱塞泵，动力来源于空气泵，二者连接杆联接与空气泵往复运动，柱塞内有二个单向阀，一个在柱塞泵的进油口，为四脚阀门，另一个在柱塞杆端部排油口，为钢球阀门，注油泵同步往复工作。

当柱塞杆向上运动时，钢球阀门关闭，提料杆连接着提料板将油料向上提，油料推开四脚阀门进入泵内，同时钢球阀门向上开启排油。

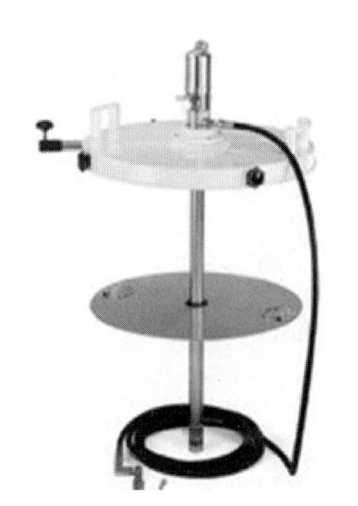

图 2-22 高压气动注油泵结构图

柱塞杆向下运动时，四脚阀门向下关闭，泵内油料受柱塞杆挤压，打开钢球阀门再次排油，注油泵只要上下往复式行动，均得到排油作用。

贮油筒内装有密封活塞环，使筒内油料在弹簧压力作用下，将活塞压向油面，能隔离污染保持油料清洁，同时能借助输送泵口油脂充分吸油。

参数：

气源压力：3~8bar。

输油比率：75∶1。

输出油量：500~900g/min。

罐体容量：13kg。

适用油品：0~3#润滑脂。

② 控制器。

简易时间继电器控制，通过设定运行时间，控制润滑脂量。

③ 滤脂器。

精度：120μm。

最大工作压力：30MPa。

流量：15mL/min。

(2) 单向阀。

连接在加注器出口，防止润滑脂回流。单向阀采用开闭式快速接头形式（图2-23）。安装省时省力，两个接头体分离开时，通路关闭，润滑脂被密封不容易凝固。

图2-23 快速式连接接头

(3) 递进式分配器。

递进式油量分配器可根据润滑脂量需求，把定量的润滑脂输送到润滑点。选择2000型片式递进式分配器（图2-24）。

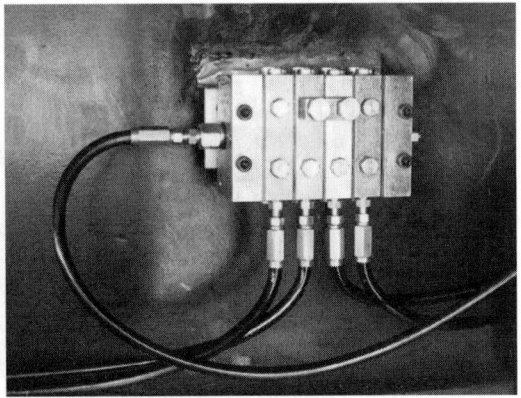

图2-24 递进式分配器

最大压力：30MPa。

标准排量：0.01~0.2mL/r（其中中轴承柱塞排量0.1L/r，尾轴承柱塞排量0.08L/r，曲柄轴承柱塞排量0.04）。

柱塞副最高循环速率：60r/min。

每组分配器工作片数：3片。

每组分配器可供润滑点数：4点。

工作原理：递进式油量分配器利用液压递进式动作。所谓递进式，是指在各个工作阀片内的柱塞副，在紧跟着前一工作阀片内柱塞副的循环动作之后，各自完成自己的柱塞行程，把定量的润滑剂输送到润滑点。只要有压力把润滑剂供给首片，分配器的工作片就会以递进式的方式连续运行，并以恒定的排量注油。一旦供给的压力润滑剂流动停止了，分配器中的柱塞也就停止运动。当流动重新开始时，分配器的工作片会在同一点再开始它的注油循环工作。

但当其中任一个润滑点被堵死或活塞被脏物卡住，则整个循环将中止。活塞上可装循环指示杆，用来观察分配器工作状况。指示杆处也可安装行程开关或接近开关向外发电信号，以此来检测循环次数或监测系统工作状况。

（4）连接管线。

主要有管线、接头及管线卡子组成。

接头：常用的接头组件（加注嘴）12种，分别有M8、M10的弯接头和直接头等（图2-25）。

管线：润滑脂输送管线是润滑脂注入抽油机中、尾轴承的输送通道，两头连接着高压注入接头和润滑点接头，该管线是耐高压管线，耐压可达30MPa。

管线卡子：管线卡子是固定润滑脂输送管线的工具，通过点焊固定在抽油机支撑钢架上。

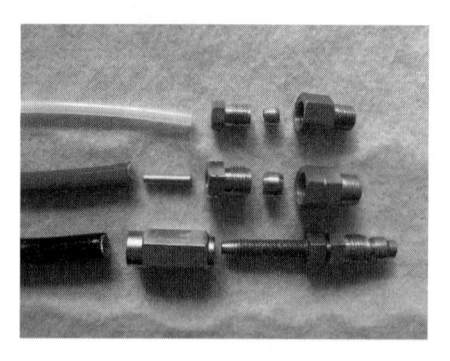

图2-25 接头实物图

3. 应用试验

采油厂自2016年开始进行抽油机集中润滑装置的试验工作，从产品试制、润滑油品的选择、润滑周期的确定、管理办法的制定等方面，确保抽油机集中润滑装置的顺利、有效运行（图2-26）。

图2-26 现场实物图

1) 油品选择

选择 0#、1#、2#、3#锂基脂进行试验，锂基润滑脂技术参数见表 2-6 和表 2-7。

表 2-6 润滑脂技术参数统计表

项目名称	0#	1#	2#	3#
工作锥入度	360	324	267	239
滴点（℃）	>300	>300	>300	>330
蒸发度（180℃，1h）	2.36	2.2	1.9	2.68
相似黏度（-20℃，10s^{-1}）（Pa·s）	430	721	1084	1438
腐蚀（45#钢片，100℃，3h）	合格	合格	合格	合格

表 2-7 不同牌号润滑脂运行压力

序号	油品类型	运行压力（MPa）
1	0#	4.3
2	1#	14~18
3	2#	17~20
4	3#	20~25

根据运行压力，为保证施工安全，选择 0#中负荷润滑脂。

2) 油品用量及周期

结合抽油机日常运行润滑脂消耗用量，确定润滑周期及润滑量见表 2-8。

表 2-8 轴承保养执行统计表

润滑部位	点数	年润滑次数	更换量（kg/次）
中轴承	1	4	0.9
尾轴承	1	4	0.7
曲柄销轴承	2	4	0.45

4. 应用效果

（1）现场效果。

通过试运行，该装置供脂精确，操作简单，安全可靠，完全体现了以人为本和 HSE 体系的管理宗旨，以下几方面取得显著效果：

① 施工安全。

不需要人在 4~5m 左右的高空中进行润滑作业，只需操作人员在地面将注脂器与集中润滑装置的注脂口连接后，直接进行润滑保养工作即可，杜绝了润滑保养时员工高空坠落事故的发生。

② 不停机保养。

该润滑装置不需要停抽油机，在地面就可以轻松进行加注润滑油脂，提高了抽油机的运转时率，保证了生产的平稳运行。

③ 润滑效果好。

由于装置润滑时，抽油机正在工作，轴承正处于滚动状态，带着压力的润滑脂从轴承盖一侧进入时，将所有运动面的旧润滑脂逐一全部替换后，从轴承的另一侧流出，因此，可以保证轴承干净彻底的润滑。

④ 工作效率大幅提高。

按传统方法进行二级保养润滑作业，二人一组停机爬高作业，一台抽油机润滑保养约需 1~2h；而安装集中润滑装置后，一人只需十分钟左右就能完成。

⑤ 施工环境不受限制。

集中润滑装置是全密闭的，新润滑脂不会受到外部环境中的灰尘、沙粒污染，因此，润滑工作不受外部环境影响，无论外部条件多恶劣均可确保润滑作业正常进行。

（2）效益评价。

① 节约维修费用。

润滑管理是设备管理与维修保养工作的重要组成部分，其经济效益明显，据测算，单台抽油机年均节约维修费用约 1000 元。

② 保证连续生产，提高生产效率。

由于无须停机保养，可确保油井连续生产。每台抽油机每年至少增加运行时间 12h，如果按大庆油田测算，预计可增加原油产量 $7.5×10^4$ t/a。

③ 社会效益显著。

降低员工劳动强度，保障施工安全。整个维护保养过程无需登高作业，无需人工加注，消除了高空跌落隐患，员工劳动强度大幅降低，幸福指数提高。

第五节 润滑油在线监测技术创新与实践

润滑油监测技术是一门新兴的综合性工程技术，作为大型机械设备状态监测和故障诊断的有效手段，其起源于 20 世纪 40 年代，美国海军将物质化学成分光谱分析技术应用到战斗机润滑油分析上。经过 70 多年的发展，润滑油监测已陆续发展到了以光谱技术、铁谱技术、颗粒计数技术、红外光谱技术和理化分析技术为基础的硬件构架，和以数据库、诊断库、知识库为基础软件平台的润滑油监测系统。

现阶段润滑油监测设备主要以大型离线式仪器为主，精度高，但价格昂贵，操作复杂，体积庞大，需要专业的检测人员操作，只能在固定地方监测，对检测环境要求高，使用极为不便，由此逐渐发展出了一系列在线监测技术和工具仪器。

一、国内外油液在线监测技术发展状况

1. 油液监测技术发展情况

国外润滑油监测技术起步早，市场占有率高，具有代表性的便携式产品有德国帕玛斯 S40 型便携式颗粒计数器；斯派超科技有限公司的 Fluid-Scan-Q1000 便携式润滑油状态分

析仪、Q3050便携式分析仪和Q5800便携式监测实验室等。国内具有代表性的润滑油监测设备有北京航峰KLD-B便携式润滑油污染度检测仪，西安天厚电子THY系列润滑油质量监测仪和宁波镇海利德FI-NI2D基本型润滑油监测仪等。

2. 润滑油在线监测传感技术发展状况

多年来采用的以离线监测为主的润滑油监测技术已远不能满足现代设备长周期连续监测的需要，润滑油在线监测技术已成为当前设备润滑磨损、失效诊断技术重要的发展热点和趋势。

在线监测可以及时动态地获取被监测对象的润滑磨损等信息，及时诊断设备故障，保障设备安全可靠运行，因此润滑油在线监测及诊断技术的研究及运用具有重要的现实意义。

（1）磨损颗粒在线监测传感技术。

磨损颗粒在线监测是用安装在设备润滑系统上的监测传感器实时采集流经摩擦副后的润滑油中所含磨损颗粒信息并提供超限报警功能的在线监测技术。针对磨损金属颗粒具有铁磁性的特点，利用润滑油流经传感器具有磁场的待检区域时金属颗粒所产生的扰动，使检测区与磨粒数量相关的磁力线或磁通量发生改变，并进行标定而检测出磨粒的数量。由于润滑油中不可避免会进入一些非铁磁性颗粒以及气泡等，正确区分磨损颗粒是传感技术的关键。

国外比较成功的磨损颗粒传感器有美国MA-COM Technologies公司开发的Tech Alert TM 10型传感器、加拿大Gas Tops公司开发的Metal SCAN磨粒传感器和英国Kittiwake开发的FG型在线磨粒传感器。

在国内，较典型的有西安交通大学研制的在线铁谱仪，深圳先波科技有限公司开发的基于石英晶体微天平（QCM）技术的磨粒监测传感器等。

（2）油质在线监测传感技术。

① 黏度在线监测传感技术。

目前，基于不同专利技术的在线润滑油黏度监测传感器均已投入市场，具有代表性的有美国Cambridge Viscosit公司生产的多款在线式工业用黏度传感器，美国精量MEA研制的新型润滑油在线监测黏度传感器FPS2800B12C4。美国TRW Conekt研制的新型嵌入式润滑油黏度传感器已应用到汽车发动机油在线监测。

国内具有代表性的是深圳先波科技有限公司开发的FWS-2型基于QCM敏感器件的润滑油黏度在线测量传感器和FWS-3型基于超声波振动技术开发的在线黏度传感器。

② 水分在线监测传感技术。

目前，国内外开发的润滑油在线水分监测传感技术主要采用电学方法，其原理就是利用水分污染对润滑油介电常数特别敏感的特性来反映润滑油的污染状况。Kittiwake公司开发的水分在线传感器、美国迪沃森公司开发的EASZ-1型水分在线监测传感器、Lubrigard公司开发的油质在线监测传感器，国内先波科技开发的FWD-1在线监测润滑油含水率的传感器以及西安交通大学开发的润滑油微量水分传感器探头等，都是通过测量润滑油的介电常数来反映润滑油含水率的变化。

③ 污染度在线监测传感技术。

目前自动颗粒计数器在润滑油污染分析中应用广泛，其原理分为遮光型、光散型和电阻型等。而遮光型颗粒计数器是目前应用最广泛的一种，其方法是使一定体积的润滑油流过传感器，用光遮挡法检测出大于某粒径的颗粒数量，然后计算并显示出大于该粒径的颗粒数或含量。一次取样可同时测量和判别几种粒径。美国 ICM 公司生产的在线式颗粒计数器和德国 ARGO 公司生产的 OPCOM 在线式污染度监测装置均采用遮光技术。

国内，天津罗根科技有限公司自主开发的 KZ-1，KZ-2 系列在线颗粒计数器亦采用遮光法，并可根据用户要求内置所需标准，准确度为±0.5 个污染度等级。

二、开展润滑油在线监测的必要性

润滑油在运输、储存和使用过程中，由于氧化、污染等原因质量会发生变化，如何有效监控润滑油运输、储存和使用过程中的质量变化情况，确保润滑油质量可靠，保证设备良好运行、保障设备技术性能充分发挥具有重要的意义。

我国目前润滑油质量监测主要依赖化验室进行，检测手段主要采用离线方式，即将润滑油取样，在专门的仪器设备上通过专业的检测人员对油样进行相关指标测试，并判断油品质量变化情况。这种检测方式检测仪器多、指标系统全面、精确度高，但要求较高，需要专门的检测设备和专业检测人员，而且对环境要求高(专门的实验室，通水通电等)，机动化困难，对于油田现场来说实用性较差。特别是在一些特殊环境下(如野外作业)，由于缺乏专业的检测设备和检测人员以及环境条件，无法有效开展相关检测工作，难以实现便捷、快速检测需要。因此，开展润滑油质量快速检测和在线监测技术研究很有必要。

在机械化向信息化转型过程中，预防机械设备事故发生、提高设备的安全运行可靠性是机械设备管理人员高度关注的问题。由于润滑磨损导致的"润滑隐患"是机械设备故障的重要根源，对机械设备的润滑磨损状态进行经常性的快速监测是实现其良好运转的重要技术手段。当前，对机械设备使用过程中润滑状态、污染状态和磨损状态等方面的监测尚存在一些亟待解决的问题，主要表现在三个方面：一是机械设备换油依据过于"教条"，主要按照换油周期执行，很少考虑不同地域、不同环境及工况条件下设备用油质量的实际变化，从而一定程度上影响了机械设备技术性能的发挥；二是机械设备润滑与磨损状态的监测方式主要采用离线分析，监测的信息化程度低，特别是野外单位，由于缺乏必要的离线检测实验设备和专业的检测人员，无法实现对设备用油质量变化的经常性监测；三是缺乏重点针对机械设备用油的科学有效的润滑油分析模型、预测模型及设备故障诊断专家系统，难以满足对机械设备摩擦副使用寿命的数字化、智能化评估要求。

由于对机械设备的润滑磨损状态缺乏快速、准确的了解及判断，机械设备的维修保养方法仍采用传统方式，即主要采取事后维修或周期性预防维修方式。事后维修没有定期维修计划，它是在设备发生故障后才进行检修，事后维修需要大量的库存备件，不能有效地安排人力物力，造成停机时间长。定期预防维修是只要设备达到了预先规定的时间，不管其技术状态如何，都要执行拆机检查和零件更换，这是一种强制性的预防修理。这种维修制度容易造成两种后果：一是在不需要维修时进行了强制性维修，结果使一些尚处于良好工作状态的设备被拆修，造成巨大的浪费；二是由于外界随机因素的影响，当设备发生故障征兆时没有及时修理，从而使设备发生严重失效，造成更大损失。由此可见，上述两种看似"保险"的做法往往不利于机械设备维修的有效性，不利于设备的科学维护及使用。相比较而言，较为科学的维修方式是视情维修，它是基于设备运行状态的一种科学的主动性维修。在视情维修中，不规定机器的维修期限，也不固定拆卸分解的范围，而是在基于设备技术状态的基础上确定其最佳的维修时机，它是根据监测设备的某些状态参数来确定维修时机和维修项目。从这一角度来说，基于机械设备润滑磨损状态监测的视情维修不但可以充分发挥设备的工作能力，提高维修的有效性，避免不必要的停机事故，大幅度降低设备的维修保养费用，而且是保证机械设备安全可靠运行、实现节能减排的重要措施。

三、油田设备在线监测设计方案

1. 指标体系

综合调研分析我国传感器技术现状，结合油田设备实际情况，参考了润滑油行业标准，确定出润滑油三维度的在线监测指标体系(图2-27)。

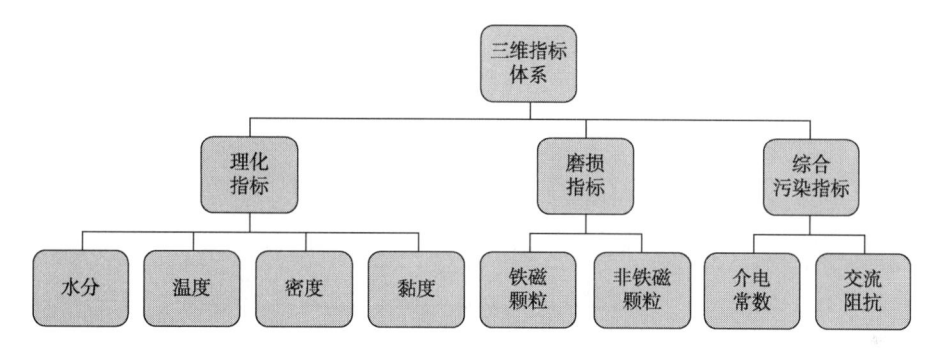

图2-27　在线监测指标体系

2. 基本要求

(1) 在注水站离心泵集中润滑油箱安装润滑油监测装置，在线监测整体注水站润滑油质量变化趋势。

① 监测对象：L-TSA32号汽轮机油(在用油)；

② 监测指标：水分、黏度、密度、温度、铁磁性颗粒、非铁磁性颗粒、介电常数、交流阻抗。

(2) 在抽油机齿轮箱安装润滑油监测装置，在线监测齿轮箱润滑油质量变化趋势。

① 监测对象：抽油机油100#(在用油)；

② 监测指标：黏度、温度、密度、铁磁性颗粒、介电常数、润滑油油位。

3. 监测方案

(1) 框架方案设计。

本系统采用多种新型传感器传感润滑油特性，为基于综合分析方法的油液监测提供参考。数据远程监测管理平台采用无线传输系统进行数据传输及分析处理(图2-28)。

(2) 油液在线监测系统相关硬件设计。

① 注水泵集中润滑油箱监测装置设计(图2-29至图2-31)。

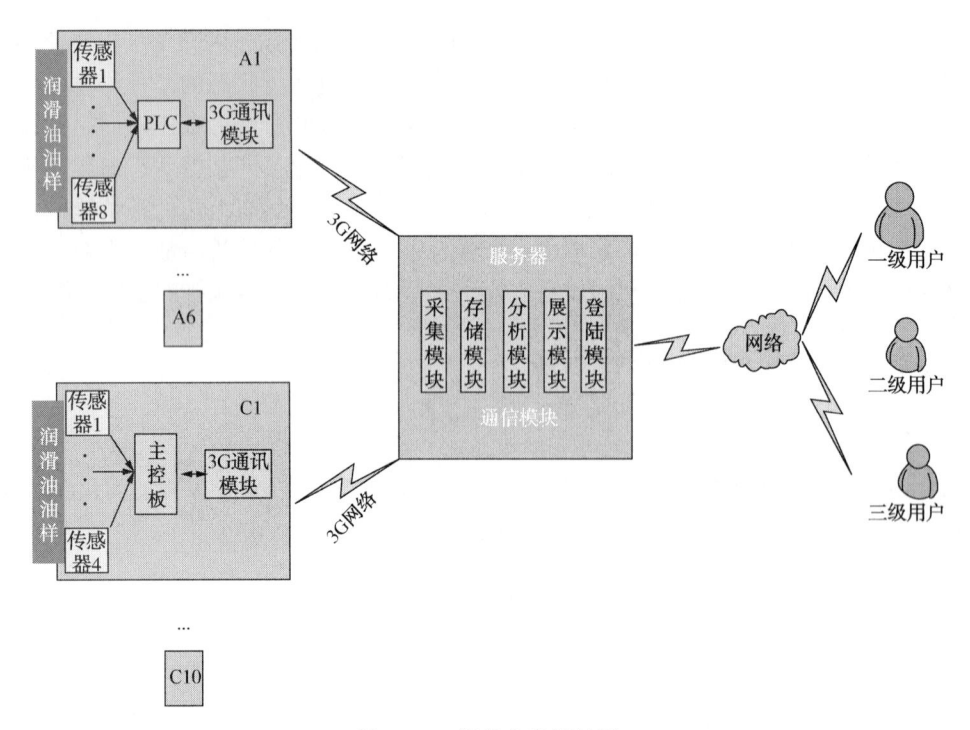

图 2-28　框架方案设计图

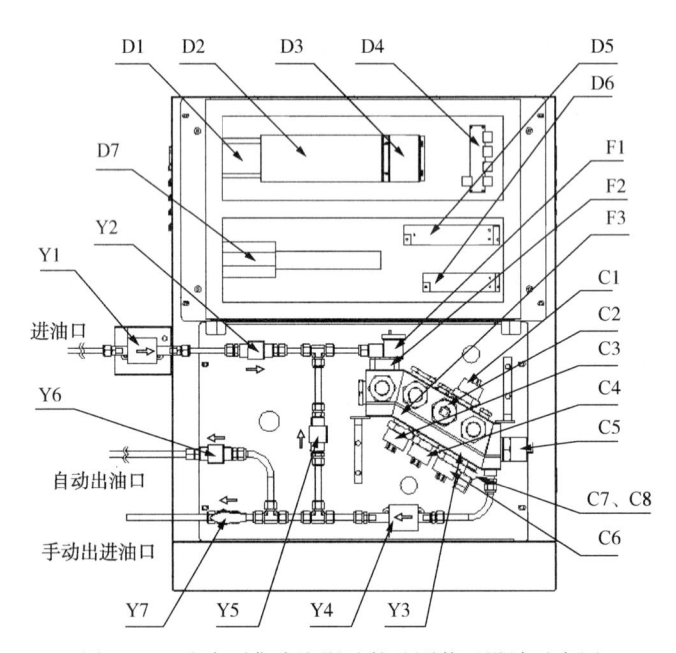

图 2-29　注水泵集中润滑油箱监测装置设计示意图

D1—空气漏保开关；D2—PLC 主机；D3—无线通信模块；D4—传感器 CAN 通信接口；D5—220V 转 24V 开关电源；D6—220V 转 12V、5V 开关电源；D7—继电器组；C1—阻抗传感器；C2—介电常数传感器；C3—铁磁颗粒传感器；C4—非铁磁颗粒传感器；C5—酸传感器；C6—油泥传感器；C7—流体传感器；C8—微水传感器；F1—排气阀；F2—油漂；F3—加热片；Y1—进油泵；Y2—进油阀；Y3—油箱；Y4—循环泵；Y5—循环阀；Y6—出油阀；Y7—手动出油阀

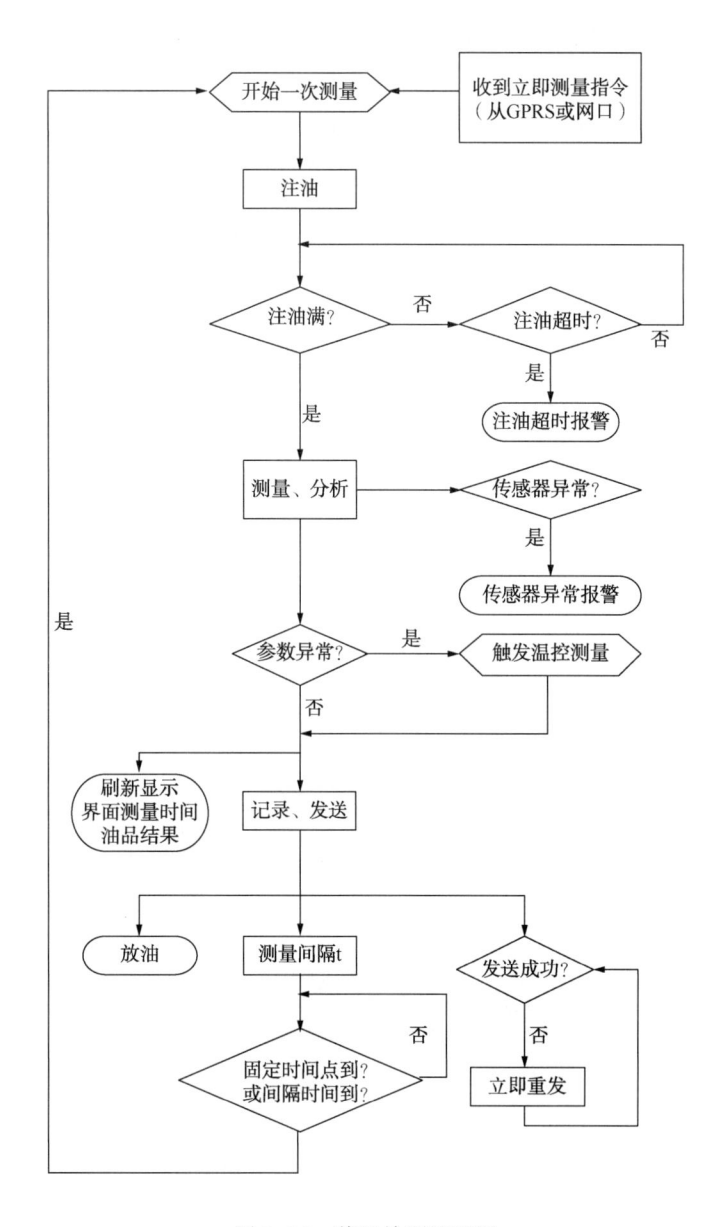

图 2-30　普通检测流程图

② 抽油机齿轮箱监测装置（图 2-32）。

C 类设备传感器浸入油液中后，每间隔 3s 采集一次数据，现设定为每 10min 上传最后一组采集数据，该数值自动上报至平台。

(3) 便携式油液监测仪（图 2-33）。

普通测量方式：采集所需时间需要 100s。

温控测量方式：可以通过触摸屏设定需要采集数据的温度值，采集时长由升温时间决定，采集时间也为 30s。可在一个温度值下设定多次采集。

(4) 油液在线监测数据平台的设计。

① 整体设计思路。

平台实现实时上传数据、监测、统计分析及人员、设备的管理，同时考虑系统可扩容性。通过多层级、多方面安全设置方式使数据安全性和完整性得到保障。

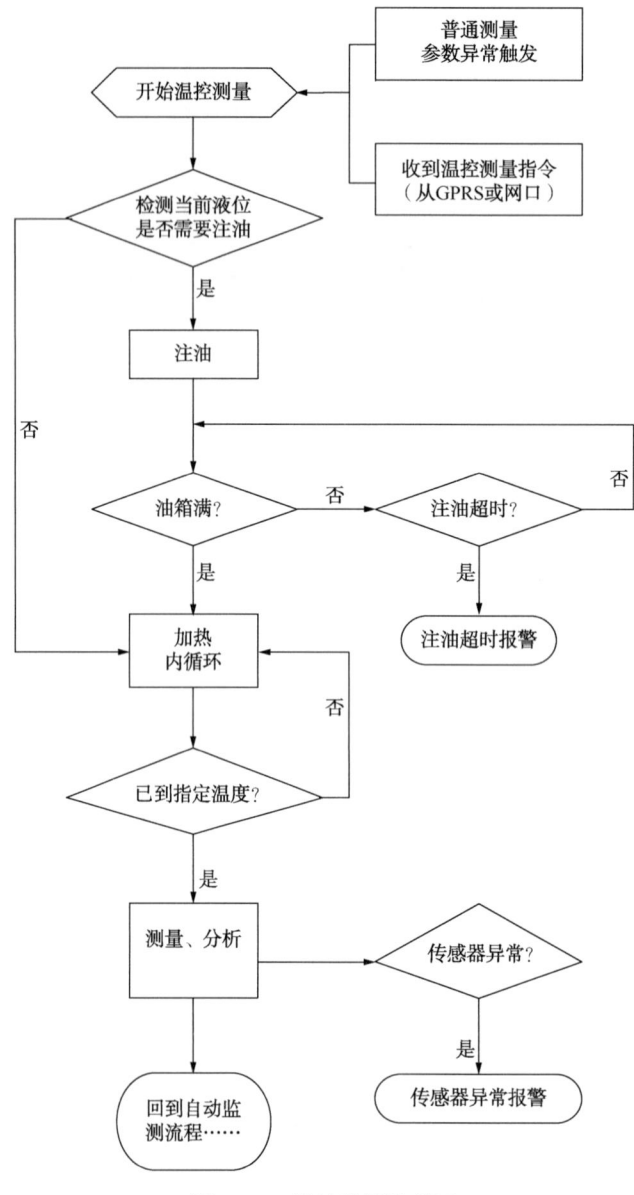

图 2-31 温控检测流程图

通信协议：基于 TCP/IP 协议（IPv4）。

安全和保密要求：进行加密传输。

数据库：MYSQL 数据库。

② 软件系统架构。

软件系统采用 B/S 架构。即在用户内网环境下，所有的电脑通过浏览器的方式，便可以实时访问到所有的数据。同时，预留了通过 IPAD、智能手机等其他方式访问的开发接口。系统升级时，B/S 架构只需对服务器端进行升级处理，客户端不需要进行任何的操作。如图 2-34 所示。

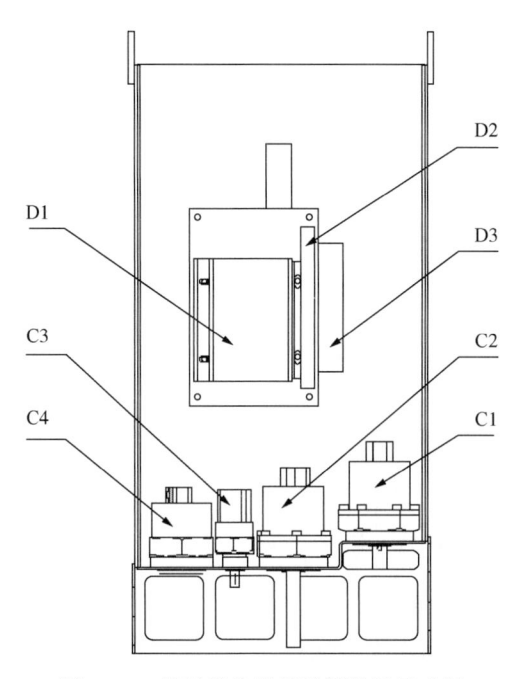

图 2-32　抽油机齿轮箱监测装置示意图
D1—无线通信模块；D2—传感器 CAN 通信接口；D3—信号采集板；C1—液位高度传感器；C2—介电常数传感器；C3—流体传感器；C4—铁磁颗粒传感器

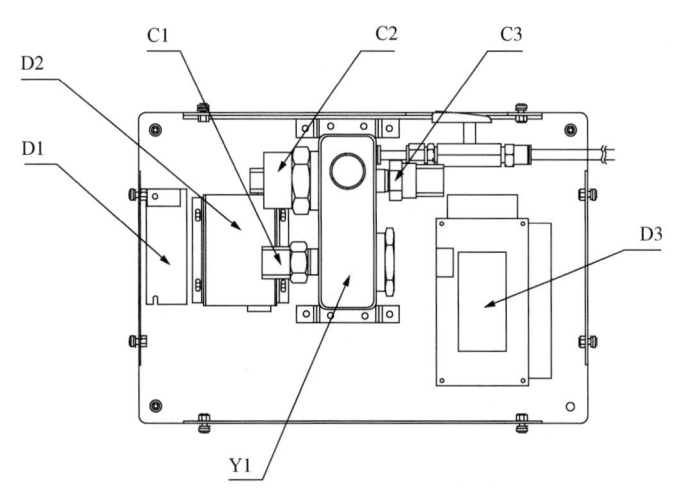

图 2-33　便携式油液监测仪示意图
D1—电源适配器；D2—无线通信模块；D3—采集板；C1—微水传感器；C2—介电常数传感器；C3—流体传感器；Y1—油箱

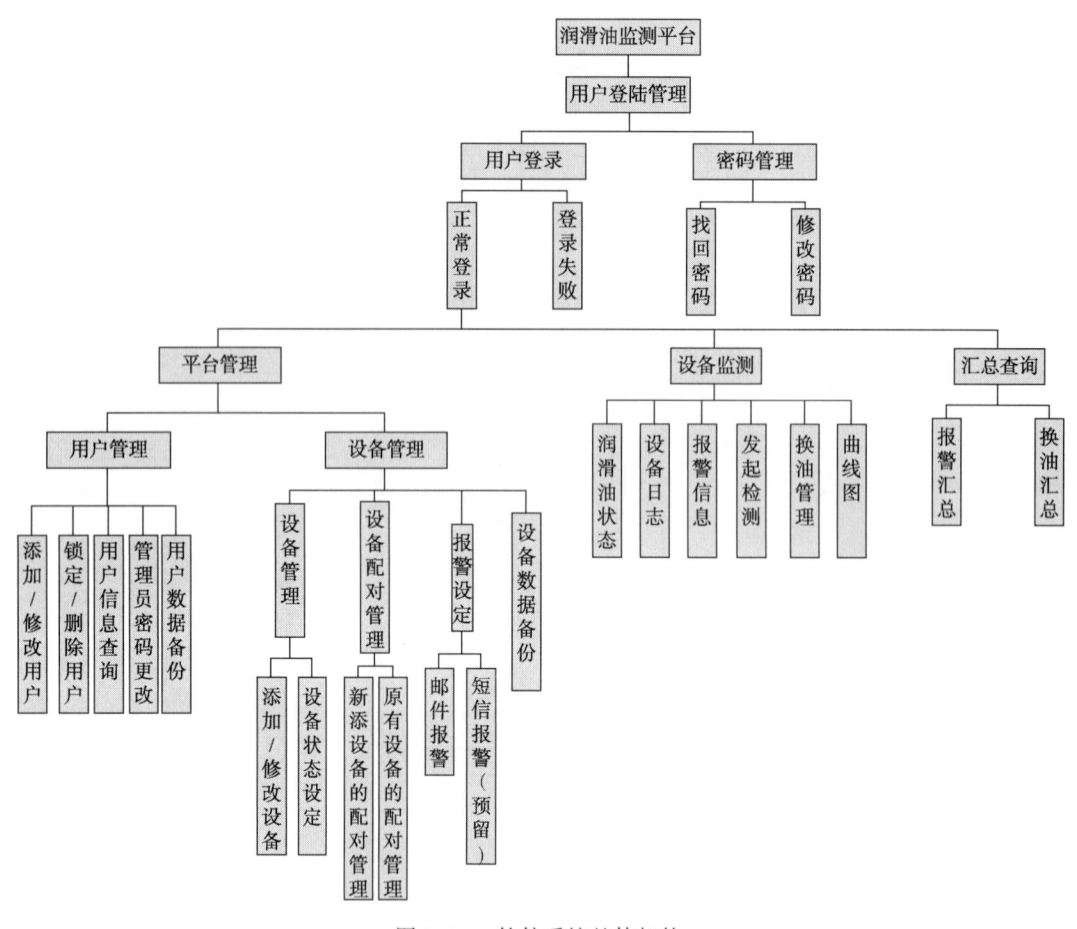

图 2-34　软件系统整体架构

③ 模块化设计。

平台采用模块化设计，在各个模块相对独立工作的情况下，结合系统的全局调度方式，保证模块间的通讯畅通。各个模块对应自己的独立进程，并有各自的守护进程，保证系统最大化的在线使用率。当某一模块发生异常情况时，只需对故障模块进行重新恢复，这期间可以保证最大限度地不影响其余健康模块的工作。如图 2-35 所示。

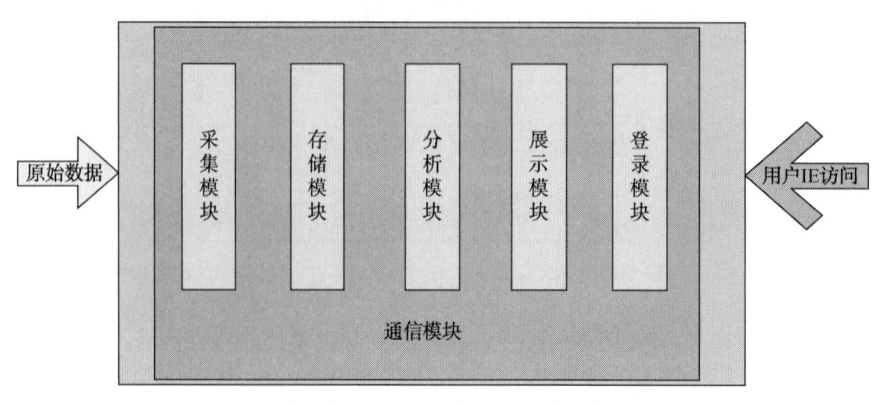

图 2-35　通信模块示意图

伴随着系统监测点的增多，可以采用分布式、多服务器群组的工作模式。在扩容过程中，可以根据需要让所有的模块独立运行在各自的服务器群组中，而不需要根据新的使用规模，重新开发新的系统。

采集模块：负责与所有的采集终端保证实时的通讯。

存储模块：负责所有原始数据和运算后数据的存储。所有的原始数据，经采集模块传输过来后，均直接计入原始数据库中，不可被更改。这样可以保证数据的真实有效性和可追溯性。

分析模块：对存储模块中的原始数据进行智能化分析，得出相关的结论以及相关预估测算。

登录模块：所有用户均有唯一的用户名，密码和用户名通过指定的邮箱进行绑定，密码只有本人可以掌握（管理员也不可以获知）。通过配置后，可以使所有用户名下的可管理设备均不相同，即用户只能查看和管理自己名下的所有设备。同时用户的所有操作，均记入系统日志，有效地避免主观性的恶意操作。对于错误的操作可以通过日志分析方式，进行及时的定位和人为干预的有效弥补。登录时使用的图片化的验证码，剔除了恶意的网络攻击者采用穷举方式进行的攻击可能。

展示模块：采用文字、表格和图形化界面结合的方式方便用户对监测设备的操作，对数据的查询和报表的生成、输出。

④ 数据安全。

原始数据在采集终端完成采集后，均通过私有协议进行本地封装，再通过网络传输模块进行透明传输，私有协议的格式定义，在保证数据安全的基础上，既承载了本地所有的数据，同时也对字段扩充进行了预留，可以实现终端采集内容的扩充。服务器收到数据后进行拆包、存储、分析等一系列处理工作，最终展示到平台上。平台采用了多级权限设置，不同的账号拥有不同的权限，每个账号只能查看自己权限下的数据，防止数据外泄。

四、润滑油在线监测技术的应用效果评价

1. 总体应用情况

润滑油在线监测系统经过一年多运行，通过在线监测和离线实验室检测数据对比，油品各项检测指标符合性高，系统的各项功能及性能均达标，整体设备体现出较好的可靠性、可用性及稳定性，已基本满足现场应用要求。同时，由于油液在线监测技术能够提前发现设备润滑油运行及劣化状态，在发现设备油品运行状态及设备故障方面起到了积极的作用，及时发现并解决了两起由于润滑油原因引发的设备故障，直接避免设备经济损失20余万元，见到很好的效果。更为重要的是为油田注采设备的状态监测、主动维护工作提供了有效的技术支持，为设备信息化管理和专业化管理奠定了基础。

案例1：避免抽油机润滑油被盗造成故障维修。

2015年5月9日6时，采油队值班人员发现平台报警，显示南3-2-224抽油机减速箱润滑油液位不够，由124.83cm下降至0，其他数据随之变化异常。值班人员立即赶赴现场检查，抽油机设备仍在运转，停机检查发现减速箱润滑油被盗。如减速箱在无润滑油状态下长时间运行，将造成减速箱齿轮异常磨损、轴承抱死甚至抽油机塌架事故，监测系统

的时时检测功能，避免了故障发生，直接减少设备故障大修费用 3 万余元。

案例 2：注水机组透平油水分超标，避免润滑不良造成轴瓦磨损。

南三注注水泵机组透平油水分指标产生突变，从 2014 年 5 月 4 日监测数据可以看出，注水泵润滑油系统含水指标增加，由平时的 111.7 增至 1252.88（质量分数,%），出现异常。厂设备管理人员立即组织对润滑油系统进行排查，发现 3# 高压注水电机前端轴瓦由于密封失效，冷却水进入润滑油系统，及时更换密封件，对透平油进行真空干燥过滤后，监测指标显示正常，直接避免经济损失 15 万余元。

2. 效果对比分析

结合第三方检测机构的离线式检测和油液在线监测的所有报告，进行相关检测数据的横向以及竖向的对比，考量两种检测方式的结果吻合度，判断在线监测数据的准确率。

（1）注水泵类设备在线监测数据与实验室数据对比分析。

① 理化指标。

a. 运动黏度。

由表 2-9、图 2-36 可知，在线检测的运动黏度数据与实验室检测数据相近，二者走势基本一致。

表 2-9　运动黏度在线检测数据和实验室检测数据对比

在线检测数据		实验室检测数据	
检测时间	40℃运动黏度（mm²/s）	检测时间	40℃运动黏度（mm²/s）
2014-3-27 23：39	28.48	2014-3-27 0：00	28.05
2014-4-17 13：10	29.09	2014-4-17 0：00	28.94
2014-5-1 13：05	29.42	2014-5-1 0：00	29.35
2014-5-26 6：07	29.88	2014-5-5 0：00	29.67
2014-6-23 6：13	30.11	2014-6-23 0：00	30.71
2014-7-22 10：29	30.63	2014-7-22 0：00	30.99
2014-9-25 23：23	28.58	2014-9-4 0：00	29.99
2014-11-3 17：49	30.28	2014-9-25 0：00	29.61
		2014-11-1 0：00	30.5

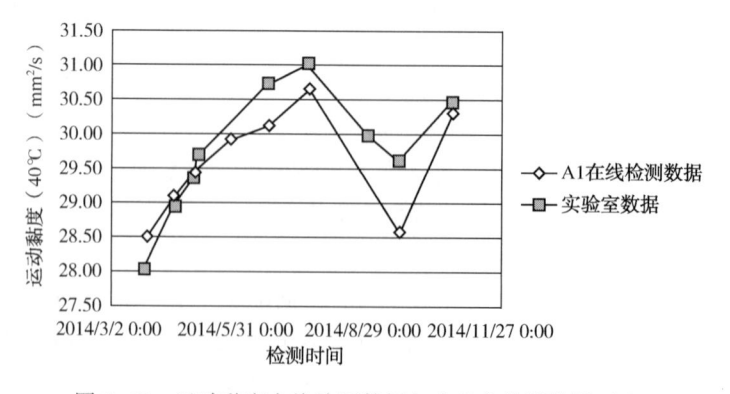

图 2-36　运动黏度在线检测数据与实验室检测数据对比

b. 水分。

由表2-10、图2-37可知，在线检测的水分含量数据与实验室检测数据相近，二者走势基本一致。

表 2-10 水分含量在线检测数据和实验室数据对比

在线检测数据		实验室检测数据	
检测时间	水分含量（μg/g）	检测时间	水分含量（μg/g）
2014-5-8 18：48	174.35	2014-5-8 0：00	165.82
2014-6-30 5：53	259.58	2014-6-30 0：00	246.75
2014-7-26 11：53	253.85	2014-7-26 0：00	225.19
2014-8-29 1：04	266.25	2014-9-4 0：00	69
2014-9-25 23：19	148.27	2014-9-25 0：00	124.53
2014-10-20 19：41	98.66	2014-10-20 0：00	84.57
2014-11-3 17：27	97.7	2014-11-3 0：00	79.46
2014-11-9 19：33	100.57	2014-11-9 0：00	90.73

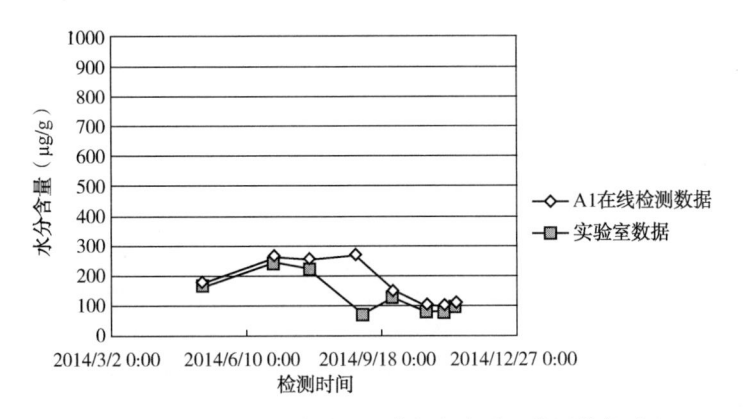

图 2-37 在线检测的水分含量数据与实验室检测数据对比

油品判断：在线监测的油品运动黏度在28mm²/s以上，微水含量在270μg/g以下，与实验室数据相近，综合判定油品理化指标正常。

② 污染度指标（表2-11）。

表 2-11 污染度实验室检测结果

检测时间	结果
2014-3-27	污染度偏高
2014-4-17	污染度偏高
2014-5-1	污染度偏高

续表

检测时间	结果
2014-5-5	污染度高
2014-6-23	污染度偏高
2014-7-22	污染度偏高
2014-9-4	污染度偏高
2014-9-25	污染度偏高
2014-11-1	污染度偏高

a. 介电常数：在润滑油新油中的电容值为7.22pF，而在线检测的数值见表2-12。

由图2-38可知，介电常数传感器的输出电容值基本稳定在7.96pF左右，相较新油的电容值变化量在10.2%左右。

表2-12　品质基数在线检测结果

检测时间	品质基数(pF)
2014-3-27 23：39	7.971
2014-4-17 13：10	7.986
2014-5-1 13：05	7.876
2014-5-26 6：07	8.02
2014-6-23 6：13	7.925
2014-7-22 10：29	7.982
2014-9-25 23：23	8.029
2014-11-3 17：49	7.914

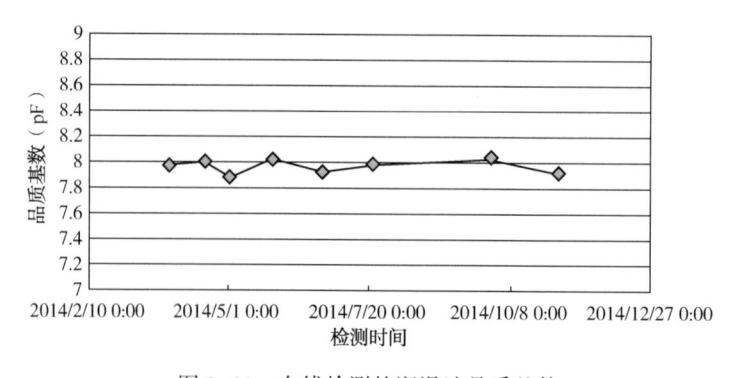

图2-38　在线检测的润滑油品质基数

b. 交流阻抗：在润滑油新油中的交流阻抗值为701.3kΩ，而在线检测数值见表2-13。

由图 2-39 可知，阻抗传感器的输出阻抗基本稳定在 626kΩ 左右，相较新油其阻抗变化量在 10.7% 左右。

表 2-13 交流阻抗在线检测结果

检测时间	交流阻抗（kΩ）
2014-3-27 23：39	624.6
2014-4-17 13：10	624.6
2014-5-1 13：05	624.6
2014-5-26 6：07	622.6
2014-6-23 6：13	622.6
2014-7-22 10：29	622.6
2014-9-25 23：23	630.7
2014-11-3 17：49	632.8

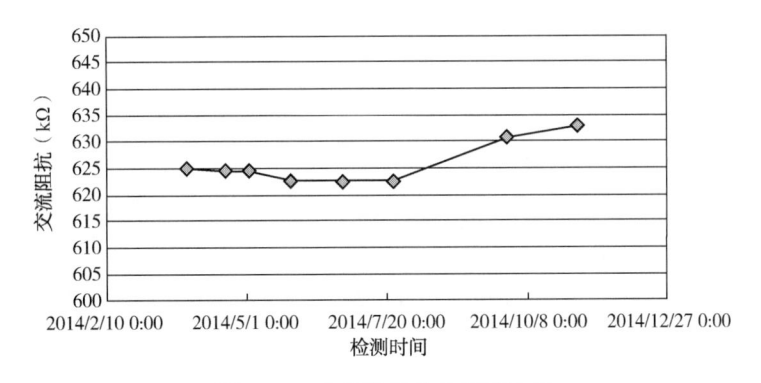

图 2-39 在线检测的交流阻抗值

油品判定：以上 2 个参数中，介电常数、交流阻抗的变化量在 10% 以上，根据美国 Joap 标准和北约 Soap 标准，判定该润滑油的污染度偏高，建议加强油品过滤净化，与实验室结论比较，判定结果一致。

③ 磨损指标。

a. 铁磁性金属颗粒度：在润滑油新油中的铁磁性金属颗粒电容值为 2.6pF，而在线检测数值见表 2-14。

由图 2-40 可知，铁磁性金属颗粒传感器的输出电容值基本稳定在 2.7pF 左右，相较新油的铁磁性金属颗粒电容值变化量在 3.8% 左右。

表 2-14 铁磁性金属颗粒电容值在线检测结果

检测时间	铁磁性金属颗粒电容值（pF）
2014-3-27 23：39	2.613
2014-4-17 13：10	2.606

续表

检测时间	铁磁性金属颗粒电容值(pF)
2014-5-1 13：05	2.635
2014-5-26 6：07	2.682
2014-6-23 6：13	2.706
2014-7-22 10：29	2.701
2014-9-25 23：23	2.691
2014-11-3 17：49	2.653

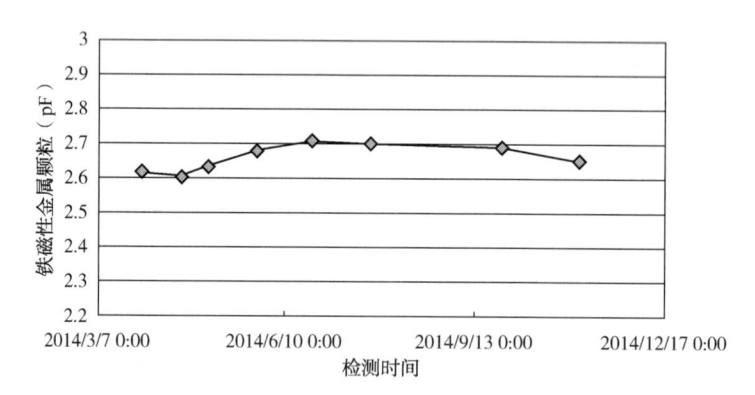

图 2-40　在线检测的铁磁性金属颗粒传感器的输出电容值

b. 非铁磁性颗粒度。

由表 2-15、图 2-41 可知，非铁磁性颗粒传感器的输出电容值基本稳定在 2.62pF 左右，相较新油的非铁磁性颗粒电容值变化量在 3.3%左右。

表 2-15　非铁磁性颗粒电容值在线检测结果

检测时间	非铁磁性颗粒电容值(pF)
2014-3-27 23：39	2.592
2014-4-17 13：10	2.599
2014-5-1 13：05	2.591
2014-5-26 6：07	2.641
2014-6-23 6：13	2.649
2014-7-22 10：29	2.655
2014-9-25 23：23	2.673
2014-11-3 17：49	2.618

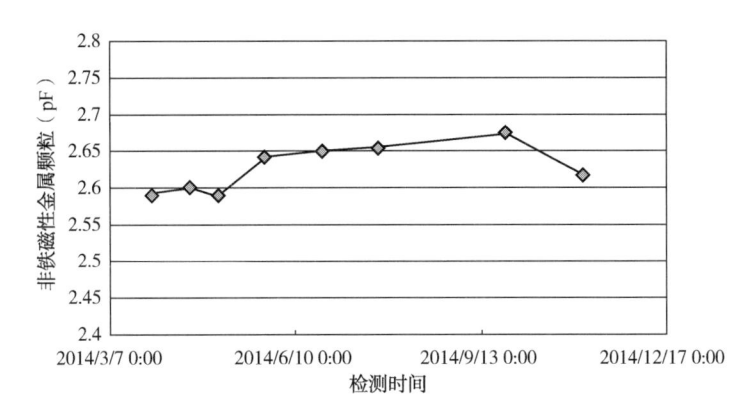

图 2-41　非铁磁性颗粒电容值在线检测结果

油品判断：以上 2 个参数中的变化量均低于 5%，数据变化量较小，说明设备磨损状况较好，与实验室判定结论一致，设备磨损状态正常。

(2) 抽油机在线监测数据与实验室数据对比分析。

① 黏度。

由表 2-16、图 2-42 油品判断：在线检测数据显示，黏度数值稳定在 69~73 之间，故油品黏滞度低；实验室检测数据显示，黏滞度数值稳定在 74 左右，判定结论黏滞度偏低。所以在线检测数据与实验室数据判定结论一致。

表 2-16　黏滞度在线检测数据和实验室检测数据对比

在线检测数据		实验室检测数据	
检测时间	黏滞度（mm²/s）	检测时间	黏滞度（mm²/s）
2014/5/6 13：16：17	71.1	2014/5/6 13：16：17	73.2
2014/5/7 11：59：44	70.9	2014/5/7 00：00：00	73.12
2014/5/8 11：59：45	70.9	2014/5/8 11：59：45	73.18
2014/5/9 12：03：01	70.5	2014/5/9 12：03：01	73.34
2014/6/13 12：02：13	69.9	2014/6/13 12：02：13	73.11
2014/6/14 12：02：12	69.7	2014/6/14 12：02：12	73.09
2014/6/15 12：02：18	69.9	2014/6/15 12：02：18	73.16
2014/7/28 15：13：16	72.3	2014/7/24 00：00：00	74.24
2014/7/29 15：41：15	69.9	2014/7/28 15：13：16	73.89
2014/7/30 13：38：00	70.0	2014/7/30 13：38：00	73.21

② 铁磁性金属颗粒：在润滑油新油中的铁磁性金属颗粒电容值为 6.039pF，在线检测和实验室检测数据如表 2-17、图 2-43 所示。

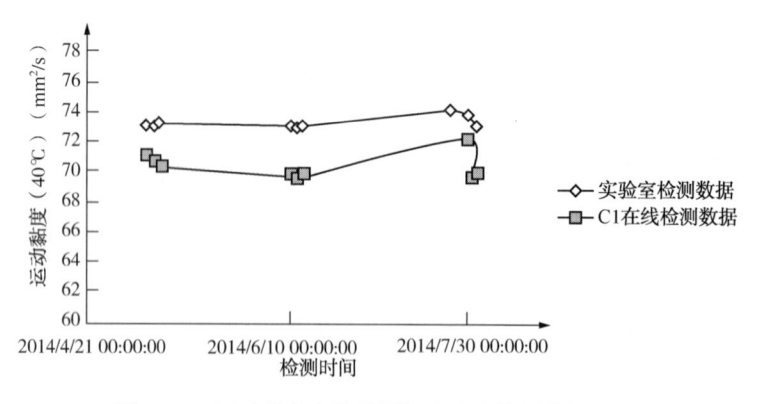

图 2-42 运动黏度在线检测与实验室检测数据对比

表 2-17 Fe 含量在线检测数据和实验室检测数据对比

在线检测数据		实验室检测数据	
检测时间	铁磁性金属颗粒电容值(pF)	检测时间	检测结论
2014/5/6 13:16:17	8.927	2014/5/6 13:16:17	磨损元素 Fe 含量高
2014/5/7 11:59:44	9.026	2014/5/7 00:00:00	磨损元素 Fe 含量高
2014/5/8 11:59:45	9.003	2014/5/8 11:59:45	磨损元素 Fe 含量高
2014/5/9 12:03:01	9.095	2014/5/9 12:03:01	磨损元素 Fe 含量高
2014/5/10 12:03:05	9.003	2014/5/10 12:03:05	磨损元素 Fe 含量高
2014/5/11 12:03:10	9.073	2014/5/11 12:03:10	磨损元素 Fe 含量高
2014/5/12 12:03:13	8.949	2014/5/12 12:03:13	磨损元素 Fe 含量高
2014/5/13 12:03:17	8.995	2014/5/13 12:03:17	磨损元素 Fe 含量高
2014/5/14 12:03:20	8.976	2014/5/14 12:03:20	磨损元素 Fe 含量高
2014/5/15 12:03:22	9.004	2014/5/15 12:03:22	磨损元素 Fe 含量高
2014/5/16 11:59:44	9.041	2014/5/16 11:59:44	磨损元素 Fe 含量高
2014/5/17 11:59:49	9.067	2014/5/17 11:59:49	磨损元素 Fe 含量高
2014/5/18 11:59:50	8.985	2014/5/18 11:59:50	磨损元素 Fe 含量高
2014/5/19 11:59:58	9.069	2014/5/19 11:59:58	磨损元素 Fe 含量高
2014/5/20 12:00:01	9	2014/5/20 12:00:01	磨损元素 Fe 含量高
2014/5/21 12:00:02	9.048	2014/5/21 12:00:02	磨损元素 Fe 含量高
2014/5/22 12:00:06	9.114	2014/5/22 12:00:06	磨损元素 Fe 含量高
2014/5/23 12:00:12	9.178	2014/5/23 12:00:12	磨损元素 Fe 含量高
2014/5/24 12:00:12	9.186	2014/5/24 12:00:12	磨损元素 Fe 含量高
2014/6/14 12:02:12	9.247	2014/6/14 12:02:12	磨损元素 Fe 含量高
2014/7/29 15:41:15	9.224	2014/7/24 00:00:00	磨损元素 Fe 含量高

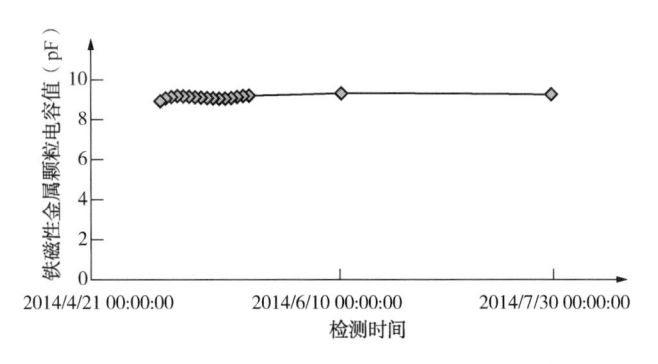

图 2-43 在线检测的铁磁性金属颗粒电容值曲线图

油品判断：由上可知，铁磁性金属颗粒传感器数据范围在 8.9~9.3pF 之间，相较新油中的电容值变化量超过 40%，数据变化较大，反映出润滑油中铁含量高；实验室检测结果显示光谱分析磨损元素 Fe 含量偏高，二者判定结论一致。建议加强油品的过滤净化处理，必要时应考虑换油。

总之，通过对在线监测积累的大量数据的分析，与实验室检测数据对比发现，判定结果基本一致，在线检测系统基本满足项目需求。

3. 效益分析

1）以抽油机为例进行效益分析

（1）抽油机修理费：油田抽油机设备 44118 台，年减速箱故障维修约 2000 台次，维修费用 6000 万元，其中 30% 以上的故障原因是润滑不良造成（包括油道堵塞造成轴承烧、缺油打齿、丢油打齿、黏度不足造成齿片磨损等），实施在线监测技术可以及时发现润滑油使用状态，可避免润滑事故的发生，年可减少维修 600 台，节省维修成本 1800 万元，修理费减少 29.36%/a。

（2）抽油机润滑油消耗：根据在线监测结果，2 台设备的润滑油换油周期已延长了 0.5 年，若应用在线监测系统实现按质换油，润滑油年消耗量可减少 11.76%，438 万元。

2）以注水泵为例进行效益分析

在采油单位，注水泵运行中的汽轮机油只是一个季度或者半年定期对润滑油品进行取样化验，根据化验结果确定润滑油是否需要更换。长期以来，由于润滑油监测不及时，油品更换处理不及时，故障时有发生。根据近三年油田注水泵机组维修情况统计，年均处理轴瓦故障 95 台次，其中 80% 是因为密封失效进水引起，每年轴瓦故障台次×平均处理一套轴瓦内部劳务结算产值：95×1.6=152 万元。若监测及时，可避免损失 121 万元，节省处理轴瓦故障修理费近 80%。另外若设备润滑良好，可延长注水泵二保时间，由 3000 小时延长至 4000 小时，全年油田平均二保维修 240 台次，一次费用 4.3 万元，则可减少 54 台次节省二保费用 232 万元。共计节省成本 353 万元。

根据对以往润滑油取样化验结果统计发现，全年 153 座注水站润滑油系统约有 20 座润滑油系统润滑油水分超标导致油品变质。每座润滑油系统油箱容量（1200L）×润滑油单价×每年更换油品注水站数量。1200L÷1000×14000 元/t×20=30 万元。若监测及时，完全可以通过真空过滤加以处理，节省不必要的换油费用。

4. 市场应用前景

传统的油液监测技术主要是采用离线监测的方法，需要昂贵的精密仪器（如原子发射光谱仪、近红外光谱仪和铁谱分析仪等），且检测时间长。根据调查表明，离线监测分析的结果有 50% 没有发现问题，45% 显示失效即将发生，仅 5% 检测出严重问题。这样消耗了大量的人力物力，且无法及时地诊断故障。油液的污染是一个量变到质变的过程，而这个过程发生的时间是未知的，所以必须要时刻对油液进行在线监测，才不会使得油液的监测充满偶然性。因而，对运行中润滑油性能和状态进行在线监测，对其进行有效污染控制，使设备处于合理润滑状态，不仅能提高设备可靠性，保障运行安全，减少停机损失和维修费用，而且能够降低能源消耗、延长油品寿命，减少对环境的污染，经济效益和社会效益十分显著。若推广应用到油田的精、大、稀、关设备上，预计每年可创造经济效益 10 亿元左右。

第三章 油田设备润滑管理技术创新

润滑油在储存和使用中受到温度、空气、金属催化、机械剪切、有害介质等作用，其中的基础油会产生氧化、劣化、聚合等反应，影响使用性能。润滑油中的添加剂在使用中也将逐渐消耗，导致性能下降，产生对设备有害的成分，这一过程称为润滑油的退化、劣化，意味着润滑油逐渐失效。

润滑油在储存和使用中如何失效？润滑油选择及使用过程中如何进行评价？如何实施按质换油？这些是润滑管理中比较难的技术问题。本章重点介绍了润滑油失效的理论、润滑油储存失效、润滑油使用评价、润滑油寿命预测、钻采特车按质换油等关键技术及应用。在油田实际的油品选用评价、按质换油等起到了良好效果，显现了效益优势。

第一节 润滑油劣化的相关理论

润滑油如何劣化，目前还没有统一的理论基础和数学模型，我们在开展钻采特车润滑油劣化与按质换油研究中，就润滑油劣化的相关理论模型开展研究。化学反应动力学中阿伦尼乌斯方程(见本章第三节)，仅考虑了润滑油随着时间和温度的变化，并不适合于润滑油使用过程中的劣化，该方程被广泛用于考察润滑油的储存失效研究。本节重点介绍的是润滑油使用状态下的三种劣化模型。

润滑油劣化主要采用可靠性测试(可靠性评估)的分析方法，根据油液特征属性的表征含义及时间序列记录的油液状态，在保证系统保持功能可靠性的前提下，利用概率统计方法，评估油液的可靠性寿命区间。ARMA、Weibull 及 Copula 模型在机械、化工等领域的可靠性分析中均有大量应用。三个分析模型本质上不存在交叉，可以并行实施，但需考虑数据情况，例如在时间序列齐整的情况下，可采用 ARMA 建模。若采用 Weibull 模型时，可针对小样本对系统整体进行可靠性或寿命评估，形成直观可靠性曲线。当采用 Copula 模型时，可对不同的属性建立单一失效函数，再通过 Copula 建立联合失效方程。

ARMA 模型：基于油品多个状态之间存在劣化竞争的现象，结合时间序列预测结果及阈值设定，以最先到达设定阈值的属性判定寿命终点。如图 3-1 所示。

Weibull 模型：广泛应用在机械、化工、电气、电子、材料等领域的可靠性及寿命的计算，是对设备可靠性及寿命评估常用方法。主要的优点是提供比较准确的失效分析和基于小数据样本的可靠性评估。

Copula 模型：其本质是一个连接函数，由于不同属性的失效函数不同，且因系统不同

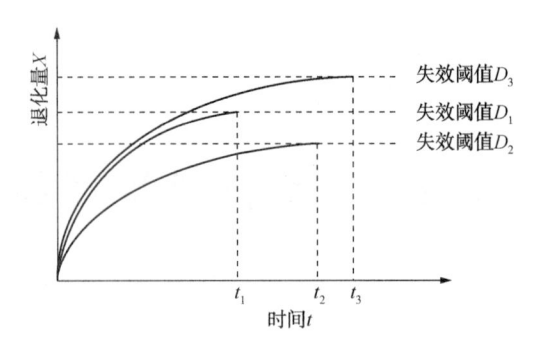

图 3-1 ARMA 模型原理

属性之间复杂的关联性，因此不能采用求解独立变量联合失效函数的方式进行建模。利用 Copula 函数描述属性之间相关性及耦合性，在多元状态失效系统的可靠性及寿命评估中是常用的方法。

一、时间序列模型预测寿命

通俗地说，时间序列是按照时间排序的一组随机变量，它通常是在相等间隔的时间段内，依照给定的采样率对某种潜在过程进行观测的结果。现实生活中，在一系列时间点上观测数据是司空见惯的活动，在农业、商业、气象、军事和医疗等研究领域都包含大量的时间序列数据。总之，目前时间序列数据正以不可预测的速度几乎产生于现实生活中的每一个应用领域。时间序列数据的研究方法主要包括分类、聚类和回归预测等方面。现实生活中的时间序列数据预测问题有很多，包括语音分析、噪声消除以及股票市场的分析等，其本质主要是根据前 T 个时刻的观测数据推算出 $T+1$ 时刻的时间序列的值。

随着计算机网络技术的广泛应用和普及，数据规模的急剧增长给传统的批处理机器学习预测方法带来了严峻的挑战，也严重影响了预测方法的效率，利用在线学习方法来进行时间序列数据预测成了新的趋势。相对于传统的批处理学习方法，在面对新样本到来时，在线学习方法不需要处理整个数据集，仅需要处理这个新的样本，大大提高了方法的效率。

自回归滑动平均模型(autoregressive moving average model，即 ARMA 模型)是研究时间序列的重要方法，由自回归模型(AR 模型)与移动平均模型(MA 模型)为基础"混合"构成。在金融分析领域已有成熟应用，而在工业领域，采用 ARMA 模型也是常见的时间序列分析方法，陈志伟等人提出了一种综合运用灰色预测理论和时间序列 AR 模型的方法对润滑油中磨粒含量进行预测，该方法充分运用灰色预测能够反映磨粒含量变化的总体趋势和时间序列分析模型可以很好地进行细节分析的优点，将该方法应用到某型自行火炮润滑油分析数据中，证明了该方法的有效性。崔建国等人采用 ARMA 模型对航空发动机寿命进行预测，并结合遗传算法优化了参数估计过程，优化后平均相对误差仅为 2.26%，模型精度能够满足发动机预测的需求，能更准确预测航空发电机的使用寿命，具有很好的工程应用价值。陈果基于神经网络建立了油液磨损趋势多变量预测模型，预测结果能够描述实际情况。吴彦召将时序预测方法 ARMA 模型与全矢谱技术相结合，提出了全矢 ARMA 模型预测方法，并把该方法应用到齿轮断齿故障强度预测研究中，实验表明，该方法预测齿轮断齿故障强度结果与实际较吻合。由此可见，在工程领域采用 ARMA 模型预测系统或部件的劣变情况均有实践应用，润滑油劣化可以依据 ARMA 时间序列预测模型结合柴油机油的检测结果，建立润滑油竞争失效时序模型，计算得出润滑油的劣化拐点及换油周期。

采用 ARMA 模型研究平稳随机过程的典型方法对影响油液寿命的主要单指标进行预测，具体执行模型应用案例如下。

根据时间序列分析理论，对零均值的平稳时序 $\{x_t\}$，若 x_t 的取值不仅与其前 n 步的各个取值 x_{t-1}，x_{t-2}，…，x_{t-n} 有关，而且还与前 m 步的各个干扰 a_{t-1}，a_{t-2}，…，a_{t-m} 有关（n，$m=1$，2，…），该时间序列可表示为线性差分方程的形式，即

$$x_t - \sum_{i=1}^{n} \varphi_i x_{t-i} = a_t - \sum_{j=1}^{m} \theta_j a_{t-j} \tag{3-1}$$

$$a_t \sim NID(0, \sigma_a^2) \tag{3-2}$$

即为 n 阶自回归、m 阶滑动平均模型的表达式，简称 ARMA 模型。φ_i（$i=1$，2，…，n）为自回归系数；θ_j（$j=1$，2，…，m）为滑动平均系数。$\{a_t\}$ 为 m 个相互独立的白噪声序列，满足均值为 0，方差为 σ_a^2 的独立正态分布。

引入延迟算子 B，即 $Bx_{t+1}=x_t$，则 ARMA(m，n) 模型可表示为

$$x_t = \frac{\theta(B)}{\varphi(B)} a_t \tag{3-3}$$

式中

$$\varphi(B) = 1 - \varphi_1 B - \varphi_2 B^2 - \cdots - \varphi_n B^n$$

$$\theta(B) = 1 - \theta_1 B - \theta_2 B^2 - \cdots - \theta_n B^n$$

若 θ_j 全为 0，φ_i 不全为 0，则变为

$$x_t = \sum_{i=1}^{n} \varphi_i x_{t-i} + a_t \tag{3-4}$$

式（3-4）为 n 阶自回归模型的表达式，即 AR（autoregressive）模型。若 φ_i 全为 0，θ_j 不全为 0，则式变为

$$x_t = -\sum_{j=1}^{m} \theta_j a_{t-j} + a_t \tag{3-5}$$

式（3-5）为 m 阶滑动平均模型的表达式，即 MA（moving average）模型。ARMA 模型或 MA 模型都可用高阶 AR 模型来逼近。由于 AR 模型的估计得到的是线性方程，在计算上 AR 比 ARMA 以及 MA 模型有明显优点，实际物理系统也往往可简化为全极点系统，因此 AR 模型的应用更为广泛。针对在用润滑油酸值、水分、泡沫特性、电阻率、空气释放值变化规律建模即采用 AR 模型。

AR 时间序列建模方法需遵循严格的时间序列要求，即某一时间节点对应一条监测数据，但这与实际监测数据并不十分吻合（因为实际数据中存在一个时间节点对应多条监测数据的情况），为此通过前述对主成因指标的数学统计分析，找出在各个使用时间段内的代表值，可以发现这些有趋势变化指标提取值序列中含有线性趋势项，设为 d_t，提取 $\{x_t\}$ 中所含的非平稳部分，得到残差序列 $\{\varepsilon_t\}$，即

$$\varepsilon_t = x_t - d_t \tag{3-6}$$

然后对 $\{\varepsilon_t\}$ 建立 AR 模型。对 $\{d_t\}$，直接采用线性回归建模：$d_t = \beta_0 + \beta_1 t$，并从 $\{x_t\}$ 中估计出，最后将 d_t 与 ε_t 组合得到最终模型。由此建立以下质量分数趋势组合模型

$$x_t = d_t + \varepsilon_t = \beta_0 + \beta_1 t + \varphi_1 \varepsilon_{t-1} + \varphi_2 \varepsilon_{t-2} + \cdots + \varphi_n \varepsilon_{t-n} + a_t \tag{3-7}$$

式(3-7)中，$a_t \sim NID(0, \sigma_a^2)$，$n$ 为序列 $\{\varepsilon_t\}$ 的 AR 模型阶数。

二、基于三参数 Weibull 分布的润滑油可靠性及寿命评估

由于润滑油在系统中扮演的重要作用，对润滑油的可靠性及寿命评估对工业设备系统的运行维护和状态感知具有重要影响，因此，通过对油液的黏度、酸值和磨损元素含量及添加剂元素含量的监测，记录油液故障状态的发生时间，在设备运行的完整周期内，故障率是随使用时间 t 变化的函数。使用三参数遗传迭代 Weibull 分布对工业设备中的润滑油进行寿命参数估计，实现润滑油状态的可靠度分析。具体如下：

可靠度函数为

$$R(t) = e^{-\left(\frac{t-\alpha}{\beta}\right)^{\xi}} \tag{3-8}$$

失效分布函数为

$$F(t) = 1 - R(t) = 1 - e^{-\left(\frac{t-\alpha}{\beta}\right)^{\xi}} \tag{3-9}$$

故障率密度函数为

$$f(t) = \frac{\xi}{\beta} \cdot \left(\frac{t-\alpha}{\beta}\right)^{\xi-1} \cdot e^{-\left(\frac{t-\alpha}{\beta}\right)^{\xi}} \tag{3-10}$$

故障率函数为

$$\lambda(t) = \frac{f(t)}{R(t)} = \frac{\xi(t-\alpha)^{\xi-1}}{\beta^{\xi}} \tag{3-11}$$

当 Weibull 分布分别在 $\xi<1$、$\xi=1$ 及 $\xi>1$ 时的故障率分布函数正好对应于设备运行故障曲线的早期、平稳期及衰变期，因此采用 Weibull 分布拟合油品劣化全周期故障率及可靠性过程，适用于装备的寿命预测研究。当 $\xi>1$ 时，故障率曲线拐点为 $(e^{1/\xi} - 1)/e^{1/\xi}$。

在实际工况下，默认设备在投入使用 $t=0$ 时刻就发生寿命损耗，令 $\alpha=0$，则可靠度函数可简化为

$$R(t) = e^{-\left(\frac{t}{\beta}\right)^{\xi}} \tag{3-12}$$

最小二乘法是一种常用的优化方法，其主要是通过最小化误差的平方以及最合适数据的匹配函数。采用最小二乘法进行参数估计，对 $R(T)$ 等式两边分别取两次对数，可得

$$\ln[-\ln R(t)] = \xi \ln t - \xi \ln \beta \tag{3-13}$$

因此，将上式简化成 $y = kx + b$ 的形式，则 $y = \ln[-\ln R(t)]$，$k = \xi$，$b = -\xi \ln \beta$，$x = \ln t$，通过计算，得出最小二乘式估计为

$$\begin{cases} k = \dfrac{\sum\limits_{i=1}^{n} x_i y_i - n \overline{xy}}{\sum\limits_{i=1}^{n} x_i^2 - n \overline{x}^2} \\ b = \overline{y} - k \overline{x} \end{cases} \tag{3-14}$$

其中：

$$\bar{x} = \frac{1}{m}\sum_{i=1}^{m} x_i \tag{3-15}$$

$$\bar{y} = \frac{1}{m}\sum_{i=1}^{m} y_i$$

因此可得 weibull 分布的尺度参数、形状参数分别为

$$\begin{cases} \xi = k \\ \beta = \exp\left(-\frac{b}{k}\right) \end{cases} \tag{3-16}$$

通过随机劣化过程的首次跨越时间定义寿命终点，即当随机过程 $\{X(t), t > 0\}$ 首次超过界定阈值，即进入维修状态，需要进行维护，维护状态的时间表达式为

$$T = \inf\{t; X(t) \geq \omega \mid X(0) < \omega\} \tag{3-17}$$

其中 ω 为失效阈值，由于样本数据量较小，并没有明确失效数据的使用时长，因此采用近似经验公式估计设备可靠性，平均秩次法可用于样本量较小的情况，中位秩公式如下：

$$F_n(t_i) = \frac{i - 0.3}{n + 0.4} \tag{3-18}$$

在实际情况中，很多实验不能得到完备的故障数据，并且有些为节省费用和时间进行的截尾实验，也时常因实验设备出现故障而中断观测，这样得到的观测数据不完整，称其为不完全子样。此时，中位秩的计算就要利用平均秩次法。平均秩次法根据实验获得不完全子样的故障样本和中止样本，估计出所有可能的秩次并求出平均秩次，再把平均秩次代入近似中位秩公式中求得经验分布函数，这样就有效地避免了累积误差造成的影响，提高了经验分布函数的精度。对于不完全子样，统计学家们经过长期的实践总结，给出计算平均秩的增量算式：

$$A_i = A_{i-1} + \frac{n + 1 - A_{i-1}}{n - k + 2} \tag{3-19}$$

式中：k 为所有设备的排列顺序号，按故障时间和删除时间的大小排列；i 为故障设备的顺序号；n 为样本量；A_i 为故障设备的平均秩次；A_{i-1} 为前一个故障设备的平均秩次。

把新的平均秩次 A_i，代入近似中位秩公式，可得

$$R_n(t_i) = 1 - F_n(t_i) = 1 - \frac{A_i - 0.3}{n + 0.4} \tag{3-20}$$

再将发生故障时间和经验分布函数利用最小二乘参数估计法，拟合出 Weibull 分布模型的回归直线，就可确定出 Weibull 分布的尺度参数和形状参数。

采用 Weibull 分布模型适用于小样本模型，即当采集获得退化状态时的数据状态及发生时间即可得出可靠性及寿命曲线。

三、基于 Copula 函数润滑油寿命评估

当分布不同的随机变量互相之间并不独立的时候，对于联合分布的建模会变得十分困难。若已知多个边缘分布的随机变量下，且各变量间不相互独立，针对此种情况，Copula

函数则是一个非常好的工具对存在关联特性数据进行联合分布建模。

根据 Sklar 理论，对于 N 个随机变量的联合分布，可以将其分解为这 N 个变量各自的边缘分布和一个 Copula 函数，从而将变量的随机性和耦合性分离开来。其中，随机变量各自的随机性由边缘分布进行描述，随机变量之间的耦合特性由 Copula 函数进行描述。

在一般情形下，n 元 Copula 函数 $C:[0,1]^n \to [0,1]$ 是多元联合分布，其中 U_i 是均匀分布：

$$C(u_1, u_2, \cdots, u_n) = P(U_1 \leqslant u_1, U_2 \leqslant u_2, \cdots, U_n \leqslant u_n) \tag{3-21}$$

函数 C 的定义域在 $[0,1]$ 的 N 维空间；

函数 C 在它的每个维度上都是单调递增的函数；

Sklar 定理：对于边缘累积分布 $F_1, F_2, \cdots, F_n$ 存在一个 n 维 Copula 函数 C 满足：

$$F(x_1, x_2, \cdots, x_n) = C[F_1(x_1), F_2(x_2), \cdots, F_n(x_n)] \tag{3-22}$$

若 $F_1, F_2, \cdots, F_n$ 为连续函数，则 C 唯一存在。若 $F_1, F_2, \cdots, F_n$ 为边缘累计分布函数，C 为相应 Copula 函数，F 为 $F_1, F_2, \cdots, F_n$ 的联合分布函数，对上式求导可得

$$f(x_1, x_2, \cdots, x_n) = c[F_1(x_1), F_2(x_2), \cdots, F_n(x_n)] \cdot \prod_{i=1}^{n} f_i(x_i) \tag{3-23}$$

式中

$$c[F_1(x_1), F_2(x_2), \cdots, F_n(x_n)] = \frac{\partial \, C[F_1(x_1), F_2(x_2), \cdots, F_k(x_n)]}{\partial \, F_1(x_1) \partial \, F_2(x_2) \cdots \partial \, F_k(x_n)} \tag{3-24}$$

Copula 函数的核心概念是以 Copula 函数将多个随机变量的边缘分布耦合起来。定理给出了一种利用边际分布对多元联合分布建模的方法：首先构建各变量的边际分布；而后找到一个恰当的 Copula 函数，确定它的参数，作为刻画各个变量之间相关关系的工具。

Copula 函数的构造形式多种多样，主要包含正态-Copula 函数和 t-Copula 函数及阿基米德 Copula 函数，常见的二元 Copula 函数见表 3-1，其中 u、v 分别表示个体边缘分布函数：

表 3-1 常见的 copula 函数

Copula 函数	$C(u、v \mid \theta)$	$\theta \in \Omega$
Clayton	$(u^{-\theta} + v^{-\theta} - 1)^{-1/\theta}$	$(0, \infty)$
AMH	$\dfrac{uv}{1-\theta(1-u)(1-v)}$	$[-1, 1)$
Gumbel	$\exp\{-[(-\ln u)^\theta + (-\ln v)^\theta]^{1/\theta}\}$	$[1, \infty)$
Frank	$-\dfrac{1}{\theta}\ln\left[1 + \dfrac{(\exp{-\theta u}-1)(e-\theta v-1)}{\exp{-\theta}-1}\right]$	$(-\infty, \infty)/\{0\}$
A12	$\{1 + [(u^{-1}-1)^\theta + (v^{-1}-1)^\theta]^{1/\theta}\}^{-1}$	$[1, \infty)$
A14	$\{1 + [(u^{-1/\theta}-1)^\theta + (v^{-1/\theta}-1)^\theta]^{1/\theta}\}^{-\theta}$	$[1, \infty)$

续表

Copula 函数	$C(u、v\mid\theta)$	$\theta\in\Omega$
FGM	$uv+\theta uv(1-u)(1-v)$	[-1, 1]
Gaussian	$\int_{-\infty}^{\Phi^{-1}(u)}\int_{-\infty}^{\Phi^{-1}(v)}\dfrac{\exp\left[\dfrac{2\theta sw-s^2-w^2}{2(1-\theta^2)}\right]}{2\pi\sqrt{1-\theta^2}}dsdw$	[-1、1]
Ind	u, v	—

由于累计分布函数是计算 x 点左侧的点的数量，因此累计分布函数 CDF 具有单调递增性，且满足：

$$\begin{cases}\lim_{x\to-\infty}F_X(x)=0\\\lim_{x\to+\infty}F_X(x)=1\end{cases} \quad (3-25)$$

在实际方案中数据均 ≥ 0，所以 $\lim_{x\to 0}F_X(x)=0$；且有 $F_X(x_1)\leq F_X(x_2)$，$x_1<x_2$；X 值落在一区间 $(a, b]$ 之内的概率为 $P(a<X\leq b)=F_X(b)-F_X(a)$。且根据概率积分变换定理，任意随机变量的累计分布函数都服从均匀分布。因此可采用各属性累计分布函数作为 Copula 函数的边缘函数。

通过直方图分布及关联系数的计算结果，柴油机油 15W/40 的样本不同属性之间存在关联性，并不完全独立，如 TBN（碱值）与运动黏度：$r=-0.73$，Ca 与 Zn 元素：$r=0.99$，具有较强的线性关联。

其中关联系数：

$$r=\sum_{i=1}^{n}(x_i-\bar{x})(y_i-\bar{y})\Big/\sqrt{\sum_{i=1}^{n}(x_i-\bar{x})^2 n\sum_{i=1}^{n}(y_i-\bar{y})^2} \quad (3-26)$$

因此通过数据观察发现，数据分布及关联特点适用于 Copula 建模思想。

第二节　润滑油储存失效及控制措施

对于新油来说，储存过程中发生的失效主要源于基础油氧化，受储存环境的影响，失效速度有极大的差异，如室外与室内储存失效的速度差异非常大。下面对新油储存中质量变化与失效情况进行分析。

一、润滑油储存失效概述

润滑油在常温下是很安定的，但是随着添加剂的发展，汽油机油、柴油机油、齿轮油等都加有各种添加剂。有的添加剂微溶于水，有的本身就是一种乳化剂。因此，遇水乳化是润滑油在储存中常见的质量变化。储存时间过长，润滑油也会因氧化而使酸值和黏度增大，颜色变深，因蒸发而使闪点增高等。混油会使润滑油的质量发生较大的改变，使添加剂部分失效。例如润滑油中混入了燃料油，会使黏度降低，闪点下降。闪点按国家标准应不低于210℃，但根据油品抽检情况来看其闪点常为160~195℃，润滑性能变差。不同牌号和品种的润滑油相混，也会使润滑油黏度、凝点、润滑性能发生变化。

二、不同储存条件下润滑油储存失效期

1. 试验条件

（1）试验油品。

试验油品包括15W/40 SF汽油机油、100#HL普通液压油、80W/90 GL-5车辆齿轮油、32#DAB往复式压缩机油、680#中负荷工业齿轮油、46#防锈汽轮机油、68#HM抗磨液压油共7种油品。

（2）储存容器与条件。

整个试验分室内与室外进行。室内组：油品储存于室内，楼房为框架结构，地板为水泥地，避光保存，无通风设备，靠自然通风，油桶均直立存放。室外组：油品露天封存，暴露在大气中，受到阳光的直接照射；下雨时，雨水直接淋洒油桶，条件较为恶劣。为了避免雨水从桶盖的接缝处渗进油桶，室外组的油桶均横向卧放在红砖地上。

2. 试验结论

通过为期2年的储存试验得出结论：在一定的时间范围内，有些油品的指标受时间因素的影响较小，无论时间长短，都能保持稳定状态，如运动黏度、倾点、闪点等；另有一些油品的指标则受时间、环境的影响，无论储存的环境如何，到一定时间后，油品都会或多或少地发生变化。综合以上分析，可以得出各类油品室内与室外储存期限，参见表3-2。

表3-2 润滑油品储存期限

油品名称	储存时间（月）	
	室内组	室外组
15W/40 SF汽油机油	24	9
100#HL液压油	18	6
80W/90 GL-5车辆齿轮油	18	9
32#DAB压缩机油	21	9
46#防锈汽轮机油	12	6
68#HM液压油	18	9
680#中负荷工业齿轮油	18	6

另外，随着润滑油品性能的进步，润滑油质量不断提升，润滑油储存周期可能会有所延长，但无论如何延长，室外储存条件都不建议采取。这里引用某采油厂设备专家的一句话小队长的办公室就应该用来存放润滑油，因为冬暖夏凉，这样的环境，润滑油舒服了，

设备才会更舒服。

三、不同储存温度下润滑油失效期

1. 理论分析

润滑油寿命测定实验一般采用高温加速劣化的方式，可有效缩短实验时间，使油品漫长的变质过程在较短时间内得到展现。遵循这一研究思路，利用实验室条件测绘了某型润滑油黏度的时间—温度劣化曲线。

实验过程中用电热油浴装置将 50mL 样品置入敞口容器内使其恒温劣化，得到不同反应温度条件下的动力黏度变化率（文中所述黏度均为动力黏度）和反应时间关系如图 3-2 所示，T 表示样品的反应温度。1# 油样为一款常见的国产低灰分天然气压缩机润滑油，黏度等级（40℃）$1×10^{-4}m^2/s$，采用的基础油为矿物油。可见，随着劣化时间的延长，黏度逐渐增加，为典型的热氧劣化。黏度变化率与劣化温度和时间密切相关，符合化学反应动力学的一般规律。

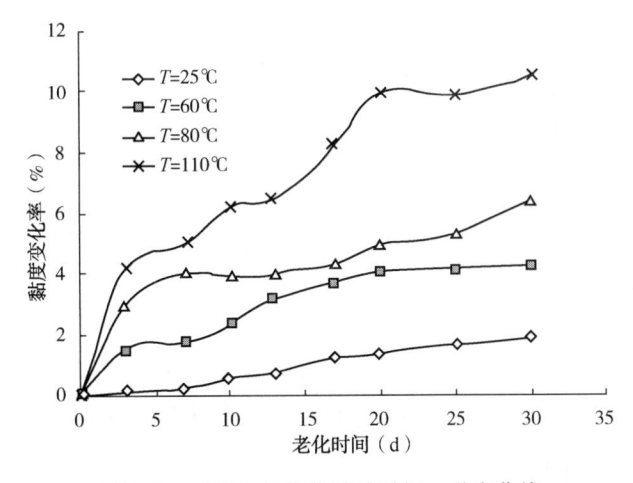

图 3-2 1# 样品的劣化试验时间—黏度曲线

通过归纳法，参考化学反应动力学中阿伦尼乌斯方程，得到润滑油劣化过程中性能指标 P 与劣化时间 t 的关系，见公式（3-27）。

$$P = Ae^{-Kt^{1/2}} \tag{3-27}$$

公式（3-27）两边取对数变形为公式（3-28）。

$$\ln P = -K \cdot t^{1/2} + \ln A \tag{3-28}$$

式中：P 为润滑油的黏度变化指标，无量纲；t 为劣化时间，d；K 为与温度有关的反应速率常数，d^{-1}；A 为反应速率影响系数，无量纲。

为了表示润滑油的剩余使用寿命，则 P 值可代表润滑油的可利用性，取值区间为（0,1］，P 与黏度变化率 v 之间的关系，见公式（3-29）。

$$P = \frac{P_0 - v}{P_0} \tag{3-29}$$

当 $P=1$ 时，油品为新油；P 低于一定值时，油品失去利用价值。式(3-29)中，P_0 表示润滑油完全劣化的黏度限值，采用百分数表示。一般认为油品黏度变化值达到50%时为化学变质状态(主要组分氧化变稠)，因此公式中 $P_0=50\%$。当 v 取 10%，即为 $P<0.8$ 时，油品失效。需要说明的是，对于不同油品而言 P_0 值不尽相同，因此该值为经验值，需结合现场实际给出。根据高温劣化实验操作，对多个环境温度条件下的黏度变化率 v 和可用性指标 P 值进行实验，利用测试数据和公式(3-29)，得到 v 和 P 值的变化规律见表3-3。

表 3-3 不同温度下 v 和 P 随时间的变化

时间(d)	25℃		60℃		80℃		110℃	
	v	P	v	P	v	P	v	P
0	0	1	0	1	0	1	0	1
3	0.1	0.998	1.5	0.97	3	0.94	4.2	0.916
7	0.2	0.996	1.8	0.964	4	0.92	5	0.9
10	0.5	0.99	2.3	0.954	3.9	0.922	6.2	0.876
13	0.7	0.986	3.2	0.936	4	0.92	6.5	0.87
17	1.2	0.976	3.7	0.926	4.3	0.914	8.2	0.836
20	1.3	0.974	4	0.92	4.9	0.902	10	0.8
25	1.6	0.968	4.1	0.918	5.3	0.894	9.9	0.802
30	1.8	0.964	4.2	0.916	6.4	0.872	10.5	0.79

通过观察得到，在110℃条件下，$t=30$d 时润滑油劣化到达限值。通过表3-3数据可绘制散点图，表述 $\ln P$ 与 $t^{1/2}$ 的变化关系，如图3-3和图3-4所示。

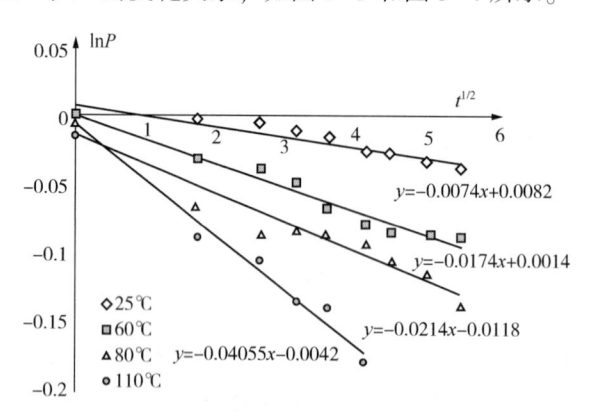

图 3-3 利用线性回归计算不同温度 t 下的 $\ln P$ 值

如图3-3所示，对 1# 油样在不同劣化温度下的黏度变化指标 $\ln P$ 与 $t^{1/2}$ 进行线性回归处理，得到的拟合线斜率即为 K。绘制温度 T 与 K 的函数关系拟合曲线，当温度高至使油品发生分解前，假设其自然氧化反应速率与温度的关系为指数函数形式。图3-4中得到 K

与 T 满足的曲线方程为指数函数,置信度 R^2 为 0.984。

$$K = 0.004e^{0.02T} \quad (3-30)$$

通过公式(3-30)可以得到不同温度下的油品劣化系数 K。对于实际使用工况而言,其适用温度区间应定为 10~90℃,因此主要对该温度区间内的 P 和周期进行探讨。由前文所述 $P<0.8$ 时,油品失效,则通过公式(3-28)变形得公式(3-31)。

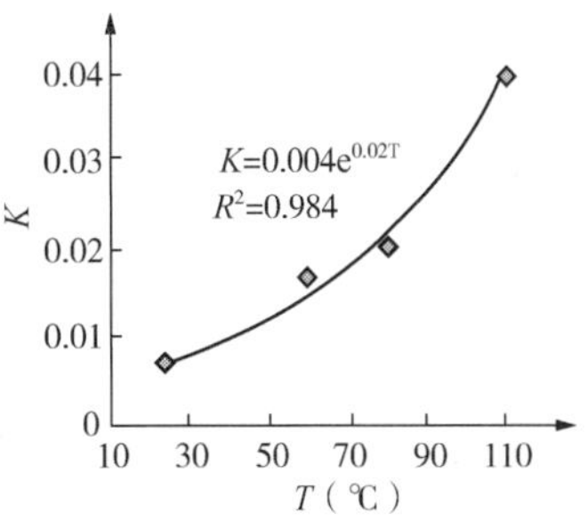

$$t = \left(\frac{\ln P - \ln A}{-K}\right)^2 \quad (3-31)$$

图 3-4 利用指数函数拟合 K 与 T 变化曲线

常数 $\ln A$ 表示 $\ln P$ 与 $t^{1/2}$ 线性拟合的截距值,位于公式(3-31)的分子位置,对于计算结果的影响较小,为了计算和使用方便,在公式(3-31)中常取 $\ln A = 0$,即简化为公式(3-32)。

$$t = \left(\frac{\ln P}{-K}\right)^2 \quad (3-32)$$

2. 结论

由公式(3-32)可以推导出以 1# 油品为例,黏度变化值为判据,不同的储藏条件下理论周期时间见表 3-4。

表 3-4　不同温度条件下 1# 油品的理论失效周期

项目	数据								
温度 T(℃)	10	20	30	40	50	60	70	80	90
油品劣化系数 K	0.005	0.006	0.007	0.009	0.011	0.013	0.016	0.02	0.024
理论换油周期(d)	2086	1398	937	628	421	282	189	127	85

上述结论,为润滑油储存管理提供了理论指导。在实际现场工况中,在用润滑油的运行温度和更换周期的关系也基本符合上述规律。如对于液压系统,液压油理想工作温度是 30~50℃,当液压油温度超过 65℃ 时,油温每升高 9℃,润滑油使用寿命下降一半。电动机轴承超过 80℃ 时,每升高 15℃,润滑脂换脂周期减半。双螺杆泵同步齿轮箱,温度在 80~120℃,换油周期是 4000h;160℃ 时换油周期是 2000h;200℃ 时换油周期是 1000h;250℃ 时换油周期是 500h。螺杆空压机,温度在 82℃ 以下换油周期是 8000h;82~88℃ 换油周期是 6000h;88~93℃ 换油周期是 4000h;超过 93℃ 换油周期是 2000h。

四、润滑油储存管理措施

1. 防止氧化变质

润滑油的抗氧化安定性较好,在常温下不易氧化变质,但在长期储存中由于受到各种自然条件的影响,氧化仍然缓慢地进行着。因此,应避免高温和阳光直晒,密封储存,避免混入水分、杂质,与铜铅等金属接触。

2. 储存符合要求

油桶、油罐上的标志要正确清楚，应按品种、牌号、批次、质量分别放置。变质润滑油要分开放置，不得与好油混合存放。

3. 防止水分和杂质的混入

润滑油黏度一般都比较大，混入水分和杂质后很难分离。因此，在储存中防止水分和杂质的混入是润滑油质量管理中的主要问题。

润滑油中混入水分、机械杂质危害极大。水分能破坏润滑油中的添加剂，使其乳化变质，水分能锈蚀金属，加剧酸性物质对金属的腐蚀。水分还能促使润滑油在使用中产生沉淀，堵塞过滤器，增加机件磨损，会使油膜强度降低，使润滑油的低温性能下降。机械杂质能显著地增加机件磨损，堵塞过滤器和油道增大残炭和灰分的数量等。

为防止水分、机械杂质混入油中，在储存中应做到：尽可能放入库房内存放。如果露天存放，桶上应加盖篷布，拧紧桶盖。

露天存放时雨水会侵入，白天油温高时油品会从空气中吸收水分，晚上温度低时，又会析出游离水，如此反复，就会使润滑油中游离水的数量不断增加。同时，温差大，空气中的水分会在容器壁上凝结成较多的水珠而落入油中，使油中水分增多。

4. 防止混油储存

不同品种、不同牌号的润滑油不能混装；合格的与不合格的润滑油不能混装；不同厂家用不同原料、不同增黏剂生产的同牌号油，不可混合储存；不同厂家生产同等级、同牌号润滑油，不能混合储存和使用。各厂家生产不同等级的润滑油，使用的添加剂不同，如果混合贮存或使用会使添加剂互相作用，减低性能。

第三节　5W/40 柴油机油应用试验评价

为保证冬季用油安全，多年来大庆油田各企业一直遵循冬夏季分开选油的惯例，冬季选用 10W/30 柴油机油，夏季选用 15W/40 柴油机油，由于换油时很难将机体中的旧油彻底排净，新油与旧油交叉混合的现象一直存在，影响了机油的使用寿命。

另外，车辆一直按照行驶 5000km 定期换油的方式，随着润滑油技术的进步，尤其长寿命机油的问世，5000km 换油存在很大浪费。当定期换油与按季选油交叉时，浪费更加明显，比如，车辆到 10 月份时刚刚运行 1000km，由于换季需要不得不将机油换掉，造成很大浪费。在润滑油技术取得重大进步的今天，为同时满足大庆地区柴油机油冬季、夏季的使用要求，真正推进按质换油，大庆油田开展了 5W/40 柴油机油的应用试验评价工作。

一、5W/40 柴油机油适用性初步评价

1. 5W/40 和 15W/40 性能对比

结合张志才等人编写的《不同黏度等级润滑油在柴油发动机上的对比试验》，为解决润

滑油出现的高温性能差等问题，考察5W/40和15W/40两个黏度等级重负荷动力传动通用润滑油在柴油发动机上的实际使用性能。在BF6M1015CP柴油发动机和柴油车辆上分别进行1000h发动机台架可靠性试验和实际道路行车试验，利用红外光谱等仪器对定期抽取的油样进行理化性能指标测试。

（1）5W/40和15W/40重负荷动力传动通用润滑油经台架耐久性试验，其100℃运动黏度、酸碱值、氧化值和燃油稀释值等理化指标均在柴油机油换油指标要求限值内，抽取的两个黏度等级的试验油样中均未发现变质产物，15W/40重负荷动力传动通用润滑油磨损金属元素质量比略低。

（2）5W/40和15W/40重负荷动力传动通用润滑油均能满足大功率、重负荷柴油车辆对润滑油的使用要求。相比较而言，15W/40重负荷动力传动通用润滑油表现出更好的润滑性、高温清净性和抗磨损性能。

（3）通过对两个黏度等级重负荷动力传动通用润滑油的多项指标监测分析、1000h发动机台架试验和实际道路行车试验，结果表明：在动力性方面，使用两个黏度等级重负荷动力传动通用润滑油发动机的功率和扭矩相当；在经济性方面，使用15W/40重负荷动力传动通用润滑油的发动机在低转速区（转速低于1600r/min）油耗率较高，在高转速区（转速高于1600r/min）油耗率较低。

2. 15W/40、5W/30、0W/30性能对比

结合粟斌等人编写的《润滑油黏度等级对发动机性能的影响》一文，对15W/40、5W/30、0W/30三种级别的柴油机油进行评价。

（1）功率和扭矩评价。

根据外特性实验数据，在1400r/min以下，使用不同的发动机油时功率和扭矩相当；1400r/min以上，使用15W/40发动机润滑油时发动机的功率和扭矩高于使用0W/30发动机润滑油和5W/30发动机润滑油时发动机的功率和扭矩。

（2）油耗评价。

使用15W/40时发动机的油耗率高于使用0W/30发动机润滑油和5W/30发动机润滑油时发动机的油耗率。在1200r/min、1500r/min和1800r/min下，使用0W/30发动机润滑油和5W/30发动机润滑油时，发动机的油耗率均低于使用15W/40时发动机的油耗率。

（3）加速性评价。

在580N·m扭矩下，使用15W/40润滑油时发动机的加速性能较好，使用5W/30润滑油时发动机的加速比较缓和，使用0W/30润滑油时发动机的加速性能介于上两者之间。在实验条件下，使用三种润滑油时实验发动机工作条件稳定，但使用15W/40润滑油时，发动机的机油油耗率、油温及油压略高于使用0W/30发动机润滑油和5W/30发动机润滑油。

3. 初步评价结论

通过上述试验对比分析，可能看出，5W/40柴油机油能够满足大庆地区柴油发动机功率、扭矩、加速性、油耗等要求，且能够实现大庆地区冬夏季通用，可以开展使用评价。

二、5W/40 柴油机油主要性能指标

昆仑 CI-4 5W/40 柴油机油主要性能指标见表 3-5。从表中可以看到，5W/40 油的倾点是-42℃，大庆地区冬季最冷气温一般在-35℃以上，完全能够满足冬季运行要求；运动黏度能够满足夏季的运行要求。综合看，这个级别的柴油机油能够实现冬夏季通用，可以满足车辆按质换油的需要。

表 3-5　昆仑 CI-4 5W/40 柴油机油主要性能指标

项目	质量指标	典型数据	试验方法
运动黏度(100℃)(mm^2/s)	12.5~16.3(不含 16.3)	14.8	GB/T 265—1988
低温动力黏度(mPa·s)	≤6600(-30℃)	5060	GB/T 6538—2010
低温泵送黏度(mPa·s)	在无屈服应力时，≤60000(-35℃)	22900	NB/SH/T 0562（B 法）—2013
闪点(开口)(℃)	≥200	226	GB/T 3536—2008
倾点(℃)	≤-35	-42	GB/T 3535—2006
高温高剪切黏度(mPa·s)(150℃，10^{6}s^{-1})	≥3.5	4.16	SH/T 0618—1995
蒸发损失(%)	≤15	9.2	SH/T 0059—2010
机械杂质(%)(质量分数)	≤0.01	0.003	GB/T 511—2010
水分(%)(质量分数)	≤痕迹	痕迹	GB/T 260—2016
碱值(以 KOH 计)(mg/g)	报告	10.6	SH/T 0251—1993
磷(%)(质量分数)	报告	0.1	SH/T 0296—1992
钙(%)(质量分数)	报告	0.35	ASTM D4951
锌(%)(质量分数)	报告	0.13	ASTM D4951
硫(%)(质量分数)	报告	0.24	SH/T 0689—2000
氮(%)(质量分数)	报告	0.03	NB/SH/T 0704—2010

三、5W/40 柴油机油行车试验

1. 车辆选择

大庆油田运输车辆的种类、运行工况在大庆钻探运输一公司最为典型，因此，本次行车试验选在大庆钻探运输一公司进行。

考虑到起重机械、挖掘机换油时间按照工作小时进行，车辆按照行驶里程进行，因此选择了油田有代表性的罐车、自卸车、挂车、卡车、起重机、挖掘机共计 6 台设备进行行车试验。设备信息见表 3-6。

由于载重负荷对设备磨损、润滑油的劣化变质均会产生重要影响，因此本次行车试验选择了 13.5t、17t、31t、70t 载重车辆和 35t 吊车，满足不同载荷下润滑油的使用性能研究。

表 3-6 行车试验设备信息表

序号	车牌号	车型	投产日期	载重量(t)	所在分公司	工作状况
1	黑 EF6110	北奔罐车	2012.6	17	运三分公司	主要运输油浆,在井队并道路行驶
2	黑 ED3661	北奔自卸车	2010.2	31	运四分公司	主要工作是在井队,经常驻外跑长途
3	黑 AG6399	欧曼挂车	2010.12	70	运一分公司	主要工作是在井队,经常驻外跑长途
4	黑 E36241	北奔卡车	2005.11	13.5	运三分公司	运输井队物资,同时还自带油罐运输油浆在井队并道路行驶
5	黑 E56092	解放起重机	2008.8	35	运三分公司	主要工作是在井队施工
6	黑 E2377	JCB 挖掘机	2013.8		运四分公司	主要工作是在井队施工

2. 监测分析

(1) 监测方案。

为了准确掌握设备使用 5W/40 柴油机油后润滑油劣化和设备磨损规律,对车辆采取 0km、2500km、5000km、10000km、15000km、20000km、20000km 以上 7 个大的运行区间进行监测,换油时将旧油全部以置换的方式放净。

吊车、挖掘机按照 0h、500h、600h、800h 4 个大运行区间进行监测。

由于设备运行野外作业、出长途等因素影响,具体取样时间会有变化,但不会影响趋势分析。

监测及判断执行 GB/T 7607—2010《柴油机油换油指标》。

(2) 监测数据。

各车的监测数据见表 3-7 至表 3-12。

表 3-7 EF6110 试验车曲轴箱油样分析结果

分析项目		换油指标	旧油	0h	5000km	14000km	23000km
100℃运动黏度(mm²/s)		变化率超±20%	9.548	15.14	14.4	13.82	13.25
碱值(以 KOH 计)(mg/g)		大于50%	6.65	10.3	10	10.3	
元素含量(mg/g)	Al	30	2.8	<2.5	<1.7	<2.5	4
	Cr	—	2.8	<0.2		1.1	1.7
	Cu	50	4.3	<0.2	0.84	1.3	1.4
	Fe	150	40	1.7	7.6	23	29
	Pb	—	4.9	<2.6	<2.2	<3.5	<2.3
	Sn	—	3.8	<2.4	3	6.9	5.9
酸值(以 KOH 计)(mg/g)		2~5	2.4	2.9		2.8	
烟炱(%)				0.2		0.2	

表 3-8 ED3661 试验车曲轴箱油样分析结果

分析项目		换油指标	旧油	0h	2500km	5000km	20000km
100℃运动黏度(mm²/s)		变化率超±20%	8.299	15.19	14.25	13.69	12.90
碱值(以 KOH 计)(mg/g)		大于50%	7.38	10	10.2	10.2	9.80
元素含量(mg/g)	Al	30	<2.5	<2.5	<6.8	<1.7	2.9
	Cr	—	<0.2	<0.2	0.32		0.86
	Cu	50	<0.2	<0.2	<0.2	0.56	0.96
	Fe	150	6.5	1.1	3.7	9.2	25
	Pb	—	<2.6	<2.6	<1.6	<2.2	<2.9
	Sn	—	<2.4	<2.4	2.4	1.6	4.6
酸值(以 KOH 计)(mg/g)		2~5	2.38	2.95	3.86		
烟炱(%)		—	0.1		0.1		0.4

表 3-9 AG6399 试验车曲轴箱油样分析结果

分析项目		换油指标	旧油	0h	2500km	10000km	26000km
100℃运动黏度(mm²/s)		变化率超±20%	10.43	15.13	14.52	13.97	12.87
碱值(以 KOH 计)(mg/g)		大于50%	7.5	10.3	10	10.1	9.80
元素含量(mg/g)	Al	30	74	4.8	2.5	12	42
	Cr	—	15	0.35		6.6	28
	Cu	50	97	2.1	4.9	8.1	24
	Fe	150	280	15	29	90	100
	Pb	—	100	<2.6	3.8	8.9	22
	Sn	—	21	3.7	4.7	2.8	20
酸值(以 KOH 计)(mg/g)		2~5	2.78	2.6			0.3
烟炱(%)		—	0.2			0.2	0.15

表 3-10 E36241 试验车曲轴箱油样分析结果

分析项目		换油指标	旧油	0h	7500km	20000km
100℃运动黏度(mm²/s)		变化率超±20%	9.724	15.18	13.03	12.33
碱值(以 KOH 计)(mg/g)		大于50%	7.1	10.1	10.5	9.85
元素含量(mg/g)	Al	30	<2.5	<2.5	4.6	4.9
	Cr	—	1.3	<0.2	2.9	2.7
	Cu	50	1.5	<0.2	2.2	3.7
	Fe	150	30	1	56	46
	Pb	—	<2.6	<2.6	2.4	2.6
	Sn	—	3.1	<2.4	7.1	5.3
酸值(以 KOH 计)(mg/g)		2~5	2.49	2.89	2.43	
烟炱(%)		—	0.6		0.5	

表 3-11 E56092 试验车曲轴箱油样分析结果

分析项目		换油指标	旧油	0h	500h	600h
100℃运动黏度(mm²/s)		变化率超±20%	13.19	15.23	13.92	13.88
碱值(以 KOH 计)(mg/g)		大于50%	7.36	10	10.4	10.1
元素含量(mg/g)	Al	30	<2.5	<2.5	3.8	5.3
	Cr	—	0.29	<0.2	2.8	2.8
	Cu	50	0.35	<0.2	1.5	2.2
	Fe	150	8.5	1.6	34	41
	Pb	—	<2.6	<2.6	3.0	<3.5
	Sn	—	<2.4	<2.4	<1.2	7.6
酸值(以 KOH 计)(mg/g)		2~5	2.41	2.81	2.59	4.18
烟炱(%)		—	0.1		0.6	0.4

表 3-12 E2377 试验车曲轴箱油样分析结果

分析项目		换油指标	0h	800h
100℃运动黏度(mm²/s)		变化率超±20%	15.3	14.84
碱值(以 KOH 计)(mg/g)		大于50%	10.6	9.4
元素含量(mg/g)	Al	30	<6.8	25
	Cr	—	<0.3	1.9
	Cu	50	0.35	38
	Fe	150	1.5	82
	Pb	—	<1.6	33
	Sn	—	3	8.0
酸值(以 KOH 计)(mg/g)		2~5	3.75	4.11
闪点(开口)(℃)		—		234
烟炱(%)				2.0

(3) 监测分析。

由于运动黏度、碱值是影响润滑油性能的主要指标，金属含量是设备磨损的主要关注指标，因此对运动黏度、碱值、Fe、Cu 含量进行分析。

① 运动黏度分析。

润滑油运动黏度变化率要控制在±20%以内，本次行车试验结果表明，车辆运行到 26000km 时，运动黏度仍在合格范围内(图 3-5)。

② 碱值分析。

润滑油碱值下降要控制在 50%以内，本次行车试验结果表明，车辆运行到 26000km 时，碱值变化不大，在合格范围内(图 3-6)。

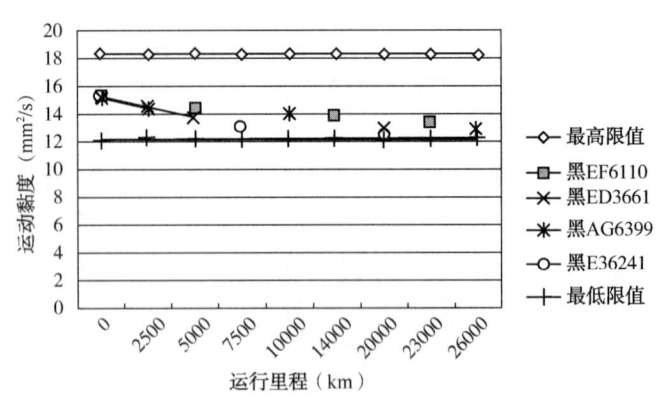

图 3-5　运动黏度变化分析

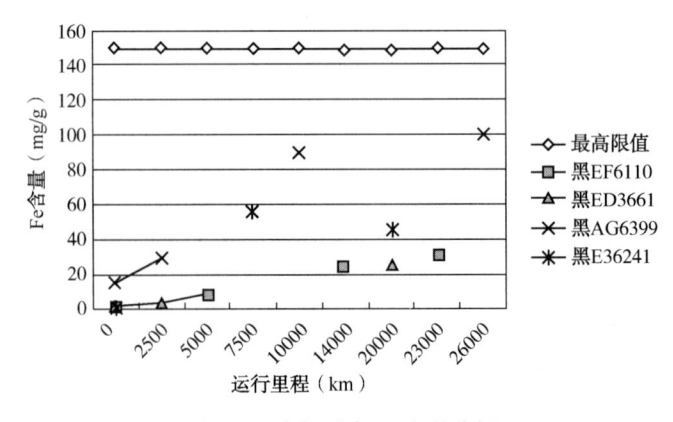

③ 磨损元素 Fe 含量分析。

磨损元素 Fe 含量要求控制在 150mg/kg 以内，本次行车试验结果表明，车辆运行到 26000km 时，磨损元素 Fe 含量达到 100，仍在合格范围内（图 3-7）。

④ 磨损元素 Cu 含量分析。

磨损元素 Cu 含量要求控制在 50mg/kg 以内，本次行车试验结果表明，车辆运行到 26000km 时，磨损元素 Cu 含量达到 24，仍在合格范围内（图 3-8）。

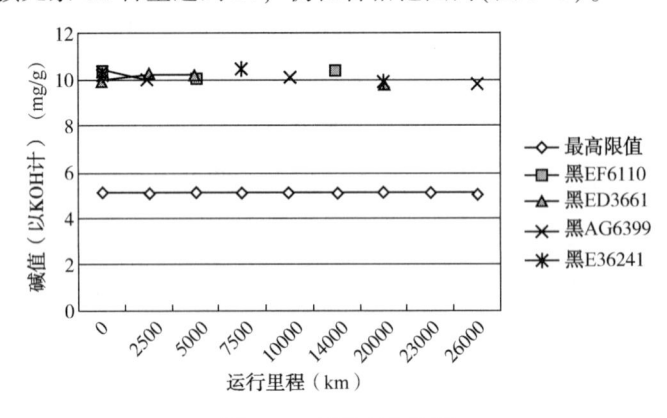

图 3-6　碱值变化分析

图 3-7　磨损元素 Fe 含量分析

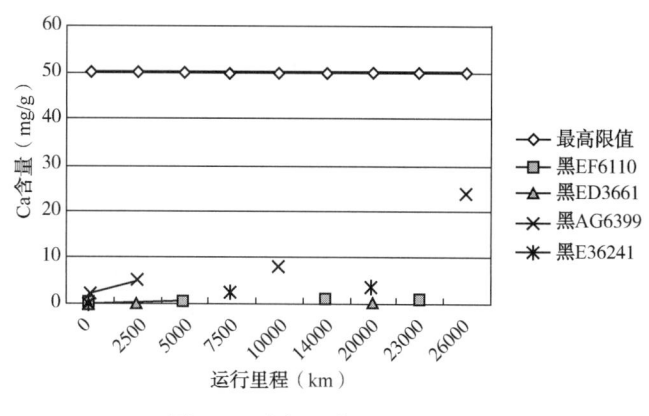

图 3-8　磨损元素 Cu 含量分析

三、结论及效果

（1）通过以上行车试验，5W/40 柴油机油完全能够满足大庆地区运输车辆、工程机械等活动设备的润滑需要，对于延长换油周期具有重要的指导意义，真正将按质换油的理念应用于实际工作中。

（2）根据监测结果，将运输车辆的换油周期确定为 15000km，能够保证设备的安全运行和良好润滑。

（3）柴油机油选用由原来的冬、夏季油转变为 5W/40 四季通用油，并推行 15000km 换油，大庆油田每年节省的人工费用、材料费用在 3000 万元以上。

第四节　往复式注水泵润滑油试验评价

油田往复式注水泵基本结构为：由曲轴、连杆、十字头等组成动力端；由泵头、泵阀、柱塞及其密封装置组成液力端；另外还包括柱型、球形氮气稳压器以及安全阀。其液力端采用水平直通式组合阀整体泵头结构。工作时，当柱塞向后运动，出水阀片关闭，同时吸水阀片打开，开始吸水过程；当柱塞向前运动时，吸入阀片关闭，出水阀片同时被打开。如此循环，不断地吸水，排水。在油田开发现阶段，随着开发难度的增加，需要的注水强度不断提高，泵压也不断上升，往复泵一般长期在 25~50MPa 运行，这就造成了往复泵的运行始终处于高负荷状态，泵体内部摩擦力、高剪切力作用明显。而作为对曲轴连杆及曲轴进行润滑的润滑油，主要起到润滑、冷却、防锈、清洁、缓冲等作用，可以防止曲轴连杆瓦瓦面出现掉块，曲轴轴颈磨损现象，对往复泵的长期可靠运行起到了非常重要的作用。

往复式注水泵目前多依据设备说明书推荐油品，普遍使用柴油机油 CD 40，使用周期约为 3000h。由于注水泵处理的介质主要是油田污水，所以往复式注水泵经常会由于柴油机油 CD 40 受到水污染导致油品乳化变质，油品还没有达到使用期限就必须更换，一方面油品损耗大,另一方面设备频繁停机换油也影响了采油作业。因此,大庆油田根据往复式注水泵的工况条件和对润滑油的选用要求,结合往复注水泵现场应用情况,开展注水泵用油试验评价工作。

一、往复式注水泵润滑油选用

由于往复泵具有工作压力大(25~50MPa)、负荷高、设备内部运转摩擦力、剪切力大等特点。同时介质是水,因密封、压力等各种原因,容易导致水蹿入油中。因此往复泵对润滑油有更高要求。

1. 适宜的黏度

黏度偏大,会使运行系统压力降和功率损失增加;黏度过大则在寒冷气候下难启动并可能产生气穴腐蚀。黏度偏小,泵的内泄漏增大,容积效率降低。黏度过低,会使系统压力下降,磨损增加。因此往复泵要求润滑油必须具有适宜的黏度。按照往复泵的运行工况,经过分析测算,可选定润滑油黏度等级为 100 号,40℃运动黏度范围 90~110mm²/s。

2. 一定的黏温性能

一般来说,润滑油的黏度会随温度的升高而变小,随着温度的下降和压力的增加而变大。对于往复泵工作温度变化幅度 30~70℃,且泵一般均安装在室内,对黏温性要求并不高。

3. 优良的抗乳化性

润滑油的抗乳化性是防止油品乳化或一时乳化但经静置,油水能迅速分离的性质。往复泵在使用中常常不可避免地要混入一些水,如果润滑油的抗乳化性不好,它将与混入的水形成乳化液,从而造成润滑不良。因此抗乳化性是往复泵的一项很重要的理化性能。

4. 优良的润滑性

在往复泵中,柱塞靠泵轴的偏心转动驱动,往复运动。在启动和停车时往往可能处于边界润滑状态。在这种情况下,若润滑油的润滑性不良,抗磨性差,则会发生粘着磨损、磨粒磨损和疲劳磨损,造成泵性能下降,寿命缩短,设备易发生故障。因此,在润滑油中需要增加一定量的抗磨和极压添加剂,以提高油品的抗磨性和抗极压性能,满足润滑要求。

5. 良好的稳定性

润滑油的稳定性是保证往复泵长期、安全、稳定运行的一个极为重要的因素。稳定性应包括:氧化安定性、抗腐蚀性、防锈性、剪切稳定性和储存稳定性。在润滑油稳定性中,任何一项不能满足要求,则在使用中都会发生问题。比如氧化安定性差,油品使用寿命就会大大缩短;抗腐蚀性和防锈性不合格会使泵体内部出现锈蚀,腐蚀轴承,加速磨粒磨损,因此,要求润滑油应具有良好的稳定性。

6. 良好的抗泡性

抗泡性是润滑油重要的使用指标之一。混有空气的润滑油在工作时会使系统效率降低,润滑条件恶化。未含抗泡剂的润滑油在运行时泡沫多,易夹带空气,不能满足使用要求，因此必须采用抗泡剂。

注水泵油性能指标及与 CD40 柴油机油性能对比见表 3-13。

表 3-13 注水泵油与 CD40 柴油机油性能对比

项目		昆仑注水泵专用油	CD40 柴油机油
运动黏度(40℃)(mm²/s)		101.4	139.5
运动黏度(100℃)(mm²/s)		11.47	14.16
黏度指数		99	99
闪点(开口)(℃)		225	265
倾点(℃)		−21	−15
水分(%)		痕迹	痕迹
机械杂质		无	无
铜片腐蚀(100℃，3h)(级)		1a	—
泡沫性(泡沫倾向/泡沫稳定性)(mL/mL)	24℃	0/0	10/0
	93.5℃	10/0	25/0
	后 24℃	0/0	10/0
抗乳化性(82℃)(min)		5	无抗乳化能力

二、往复式注水泵油监测评价

2016 年，大庆油田在第九采油厂和第八采油厂的往复式注水泵开展新油的监测评价工作，与中国石油润滑油公司大庆分公司现场调研设备工况，并根据调研信息制定了油品使用方案，设备信息见表 3-14 和表 3-15。

表 3-14 第八采油厂注水泵设备信息

型号	5DS125-20/25	输送介质	污水	介质温度(℃)	≤75
理论排量(m³/h)	34	进口压力(MPa)	0.03~0.5	出口压力(MPa)	25
往复次数(min⁻¹)	255	柱塞直径(mm)	57	电机功率(kW)	315
总质量(kg)	8100	出厂年月	2014 年 6 月	编号	140604

表 3-15 第九采油厂注水泵设备信息

型号	3S150-20/18	输送介质	水	介质温度(℃)	≤75
理论排量(m³/h)	20	进口压力(MPa)	0.03~0.5	出口压力(MPa)	18
往复次数(min⁻¹)	282	柱塞直径(mm)	57	电机功率(kW)	132
总质量(kg)	5413	出厂年月	2009 年 8 月	编号	090801

2016 年 12 月 6 日，昆仑品牌的注水泵油正式在第八采油厂的 5DS125-20/25 往复式注水泵、第九采油厂的 3S150-20/18 往复式注水泵开展应用试验。2016 年 12 月起，中国石油润滑油公司大庆分公司对上述注水泵润滑油进行跟踪监测。2018 年 1 月，两个厂的注水泵分别完成了 5500h 和 5000h 的应用试验，监测数据见表 3-16 和表 3-17。

表 3-16 注水泵油监测数据

设备名称：第八采油厂永三1号泵　5DS-34/25

分析单位：中石油润滑油公司兰州润滑油研究开发中心

采样时机器运行总时间(h)	0	500	1000	1500	2000	2500	3000	3500	4000	4300	4600	4800	5000	5200	5500
采样时间(年/月/日)	2016.12.6	2017.1.25	2017.1.25	2017.3.8	2017.3.8	2017.7.6	2017.7.6	2017.7.21	2017.9.9	2017.9.9	2017.10.9	2017.10.9	2017.10.9	2017.10.27	2017.10.27
运动黏度(100℃)(mm²/s)	9.818	9.795	9.799	9.795	9.793	9.846	9.806	9.816	9.822	9.862	9.835	9.879	10.04	10	9.98
运动黏度(40℃)(mm²/s)	81.47	82.03	82.11	81.94	82.09	82.73	82.32	82.89	82.23	85.52	83.3	85.22	89.86	84.13	83.93
黏度指数	99	97	97	98	97	97	97	96	98	98	97	97	90	98	98
水分(%)	痕迹	痕迹	痕迹	痕迹	痕迹	痕迹	痕迹	0.32	痕迹	痕迹	痕迹	痕迹	痕迹	痕迹	痕迹
铜片腐蚀(3h,100℃)(级)	1b	1b	1b	1b	1b	1b	1b	1b	1b	1b	1b	1b	1b	1b	1b
酸值(以KOH计)(mg/g)	0.19	0.3	0.3	0.3	0.3	0.28	0.29	0.26	0.22	0.25	0.24	0.28	0.24	0.23	0.22
戊烷不溶物(%)	0.045	0.039	0.03	0.03	0.024	0.036	0.047	0.068	0.027	0.027	0.041	0.055	0.026	0.55	0.059
金属含量(ug/g) 铜	—	—	—	—	—	—	—	—	6.72	199.4	101.1	155.6	148.3	57.58	128
铁	—	—	—	—	—	—	—	—	3.25	13.49	8.64	12.35	14.54	7.42	12.67
铝	—	—	—	—	—	—	—	—	1.62	7.9	5.13	7.15	6.91	7.13	9.16

表3-17 注水泵油监测数据

设备名称	第九采油厂 3号泵 3S150-20/18										
分析单位	中石油润滑油公司兰州润滑油研究开发中心										
采样时机器运行总时间（h）	0	500	1000	1500	2000	2500	3000	4000	4500	5000	
采样时间（年/月/日）	2016.12.6	2017.1.25	2017.7.6	2017.7.21	2017.9.9	2017.10.27	2017.10.27	2017.12.13	2018.1.8	2018.1.15	
送样时间（年/月/日）											
运动黏度（100℃）（mm²/s）	10.51	11.03	11.04	11.05	11.06	11.11	11.12	11.21	11.01	11.2	
运动黏度（40℃）（mm²/s）	91.29	99.28	99.1	99.19	99.17	99.87	99.64	95.98	95.1	96	
黏度指数	97	95	96	96	96	96	96	103	100	102	
水分（%）	痕迹	0.04	痕迹	痕迹	痕迹	痕迹	痕迹	0.04	痕迹	痕迹	
铜片腐蚀（3h，100℃）（级）	1b	1b	1b	1b	1b	2c	1b	1b	1b	1b	
酸值（以KOH计）（mg/g）	0.16	0.11	0.09	0.08	0.08	0.08	0.07	0.18	0.19	0.19	
戊烷不溶物（%）	0.014	0.033	0.021	0.047	0.024	0.057	0.41	0.05	0.033	0.033	
金属含量（ug/g）	铜	—	—	—	—	—	—	—	1.56	2.29	3.39
	铁	—	—	—	—	—	—	—	8.26	9	39.93
	铝	—	—	—	—	—	—	—	1.32	5.09	5.65

三、监测结论和效果

1. 结论

设备运行5000h监测数据表明，昆仑品牌注水泵油在设备运行期间，在用油运动黏度、酸值、水分等项目没有超过换油指标。昆仑品牌注水泵油可以满足油田往复式注水泵设备润滑要求，试验期间，注水泵运行良好。

2. 效果

应用昆仑品牌注水泵油，将注水泵换油周期从不到3000h左右提高到5000~5500h，提高了注水泵设备的使用效率，降低了设备运行成本。

根据采油厂往复注水泵运行效率，一台注水泵按一年工作8000h来计算，以前用CD40油品时，一年最少需要更换2.5次油品，需要费用约3220元。应用昆仑品牌注水泵油一年最多需要换1.5次油，一年的费用约2052元。一台泵一年可以节省润滑油费用约1168元，节省36%，见表3-18。应用昆仑品牌注水泵油，每年可以为油田节约材料成本、维修成本700万元以上。

表3-18 注水泵油与CD40柴油机油效果对比

油品名称	换油周期(a)	年用油量(kg)	油品单价(元/kg)	人工费用(元/次)	总计费用(元)
柴油机油CD40	2.5	300	11.56	132	3220
注水泵专用油	1.5	150	12.36	132	2052
节余费用	1	100		132	1168

第五节 抽油机润滑脂试验评价

游梁式抽油机，除减速箱外其余润滑部位需要润滑脂来润滑，按照惯例选用通用锂基润滑脂，一年加注两次。由于大庆地区冬季寒冷夏季炎热(环境温度-35~40℃)，抽油机脂存在冬季凝固润滑不良、磨损大、能耗高；夏季脂变稀渗漏流淌到抽油机上，造成润滑脂流失设备磨损增加，故障时有发生；渗漏的润滑脂附着灰尘粘在抽油机上，给现场管理增加工作量。

为解决抽油机润滑脂冬季低温性差、夏季高温流失的问题，大庆油田联合无锡中石油润滑脂厂，开展HP-R型耐高温润滑脂的试验评价工作。

一、试验方案

1. 试验用脂对比

HP-R高温润滑脂为复合锂基润滑脂，较通用锂基脂的滴点高，高温性好，具有优良的极压性抗磨性，产品使用寿命会远远长于通用锂基脂。昆仑3#通用锂基润滑脂也较原用脂的高低温性、剪切安定性好，且昆仑3#通用锂基润滑脂杂质含量低，运转噪声及设备磨损相对较小。试验用脂对比见表3-19。

表3-19 试验用脂对比表

项目		原用脂	昆仑3#通用锂基润滑脂	昆仑HP-R高温润滑脂	测试方法
稠化剂类型		锂基类	锂基类	复合锂类	红外
工作锥入度(10^{-1}mm)		225	232	248	GB/T 269—1991
滴点(℃)		189	200	305	GB/T 4929—1985
延长工作锥入度(十万次)(10^{-1}mm)		256	245	270	GB/T 269—1991
钢网分油(100℃，24h)(%)		0.56	0.45	0.24	NB/SH/T 0324—2010
相似黏度(-15℃，10s^{-1})(Pa·s)		2214	925	1008	SH/T 0048—1991
蒸发量(99℃，22h)(%)		0.52	0.25	0.16	GB/T 7325—1987
水淋流失量(38℃，1h)(%)		1.12	1.15	0.74	SH/T 0109—2004
防腐蚀性(52℃，48h)		合格	合格	合格	GB/T 5018—2008
腐蚀(T2铜片，100℃，24h)		无绿色黑色变化	无绿色黑色变化	无绿色黑色变化	GB/T 7326—1987乙法
机械杂质（显微镜法）（个/cm³）	10μm	1500	900	1000	SH/T 0326—1992
	25μm	500	100	100	
	75μm	100	0	0	
	125μm	0	0	0	
极压性（四球）	PB(N)	—	—	100	SH/T 0202—1992
	PD(N)	—	—	250	

2. 试验设备选择

抽油机润滑脂试验评价选择在第四采油厂，抽取20台抽油机进行试验。抽油机为室外运行，环境的温度-35~40℃。具体设备信息见表3-20。

表3-20 抽油机用脂情况

序号	矿	机型	加油量(kg)					原用润滑脂	试验用脂
			中轴	尾轴	曲柄销轴	电机轴承	合计		
1	三矿	CYJY10-4.2-53HB	2.5	1.5	0.5	0.5	5	2#/3#通用锂	HP-R高温润滑脂
2	三矿	CYJY10-4.2-53HB	2.5	1.5	0.5	0.5	5	2#/3#通用锂	昆仑2#/3#通用锂
3	三矿	CYJY10-3-53HB	2.5	1.5	0.5	0.5	5	2#/3#通用锂	HP-R高温润滑脂
4	三矿	CYJY10-3-53HB	2.5	1.5	0.5	0.5	5	2#/3#通用锂	昆仑2#/3#通用锂
5	三矿	CYJ10-3-37HB	2.5	1.5	0.5	0.5	5	2#/3#通用锂	HP-R高温润滑脂
6	三矿	CYJ10-3-37HB	2.5	1.5	0.5	0.5	5	2#/3#通用锂	昆仑2#/3#通用锂
7	三矿	CYJY6-2.5-26HB	2	1	0.5	0.5	4	2#/3#通用锂	HP-R高温润滑脂

续表

序号	矿	机型	加油量(kg) 中轴	尾轴	曲柄销轴	电机轴承	合计	原用润滑脂	试验用脂
8	三矿	CYJY6-2.5-26HB	2	1	0.5	0.5	4	2#/3#通用锂	昆仑2#/3#通用锂
9	三矿	CYJY8-3-37HB	2	1	0.5	0.5	4	2#/3#通用锂	HP-R 高温润滑脂
10	三矿	CYJY8-3-37HB	2	1	0.5	0.5	4	2#/3#通用锂	昆仑2#/3#通用锂
11	一矿	CYJY6-2.5-26HB	2	1	0.5	0.5	4	2#/3#通用锂	HP-R 高温润滑脂
12	一矿	CYJY8-3-37HB	2	1	0.5	0.5	4	2#/3#通用锂	昆仑2#/3#通用锂
13	一矿	CYJY10-3-37HB	2.5	1.5	0.5	0.5	5	2#/3#通用锂	HP-R 高温润滑脂
14	一矿	CYJY10-4.2-53HB	2.5	1.5	0.5	0.5	5	2#/3#通用锂	昆仑2#/3#通用锂
15	一矿	YCYJ8-3-26HB	2	1	0.5	0.5	4	2#/3#通用锂	HP-R 高温润滑脂
16	一矿	YCYJ8-3-26HB	2	1	0.5	0.5	4	2#/3#通用锂	昆仑2#/3#通用锂
17	一矿	CYJY10-3-53HB	2.5	1.5	0.5	0.5	5	2#/3#通用锂	HP-R 高温润滑脂
18	一矿	CYJY10-3-53HB	2.5	1.5	0.5	0.5	5	2#/3#通用锂	昆仑2#/3#通用锂
19	一矿	CYJY10-3-37HB	2.5	1.5	0.5	0.5	5	2#/3#通用锂	HP-R 高温润滑脂
20	一矿	CYJY10-3-37HB	2.5	1.5	0.5	0.5	5	2#/3#通用锂	昆仑2#/3#通用锂

3. 样品采集

抽取其中10台进行样品采集,每三个月取样一次,采样设备情况见表3-21。

表3-21 抽油机用脂试验采样表

序号	矿别	队别	井号	机型	中轴	尾轴	曲柄销轴	原用润滑脂	昆仑试验用脂
1	一矿	北六队	X4-11-CZS619	CYJY6-2.5-26HB	5	1.5	3	2#/3#通用锂	HP-R 高温润滑脂
2	一矿	北六队	X3-321-J33	CYJY8-3-37HB	5	1.5	3	2#/3#通用锂	昆仑3#通用锂
3	一矿	北六队	X3-2-225	CYJY10-3-37HB	5	1.5	3	2#/3#通用锂	昆仑3#通用锂
4	一矿	北六队	X3-2-25	CYJY10-4.2-53HB	5	1.5	3	2#/3#通用锂	昆仑3#通用锂
5	一矿	北六队	X3-2-226	CYJY10-3-37HB	5	1.5	3	2#/3#通用锂	HP-R 高温润滑脂
6	一矿	北六队	X3-311-32	CYJY8-3-37HB	5	1.5	3	2#/3#通用锂	昆仑3#通用锂
7	一矿	北六队	X3-311-34	CYJY8-3-37HB	5	1.5	3	2#/3#通用锂	HP-R 高温润滑脂
8	一矿	北六队	X3-2-D27	CYJY10-3-53HB	5	1.5	3	2#/3#通用锂	昆仑3#通用锂
9	一矿	北六队	X3-2-27	CYJY10-3-37HB	5	1.5	3	2#/3#通用锂	HP-R 高温润滑脂
10	一矿	北六队	X3-31-623	CYJY10-3-37HB	5	1.5	3	2#/3#通用锂	HP-R 高温润滑脂

4. 监测项目

对采集的样品进行外观、红外、滴点、锥入度、磨损元素的分析评价。

二、监测数据分析

1. 昆仑 3# 通用锂基润滑脂采样分析

(1) 外观分析。

外观见表 3-22。从外观看,与新脂相比,所取样的各润滑脂外观均发生变化,且随使用时间增加呈更深褐色,各个井上的使用情况外观有深有浅,判断与轴承密封情况有关。

表 3-22 昆仑通用锂基润滑脂外观情况

周期	中轴	尾轴	曲柄
原用脂			
昆仑脂试用 1 年			
昆仑脂试用 9 个月			
昆仑脂试用 4 个月			

(2) 红外分析。

红外谱图见表 3-23。从表中可以看出,所取样品的稠化剂特征峰 1579cm^{-1} 附近无明显变化,表明通用锂基润滑脂结构稳定,部分样品出现油品氧化后的羰基峰,4 个月样品均无氧化,9 个月轻微氧化,一直使用 1 年与原用脂半年氧化情况相当。

表 3-23 昆仑通用锂基润滑脂红外情况

周期	中轴	尾轴	曲柄
原用脂			
昆仑脂试用 1 年			
昆仑脂试用 9 个月			
昆仑脂试用 4 个月	—	—	

(3)锥入度分析。

锥入度检测结果见表3-24。从数据上看,各个井差异较大,使用4个月均正常,使用9个月时部分中尾轴变化较大,可能是由于机械剪切、轴承密封不良进入沙尘和水、基础油氧化等原因引起较大变化,曲柄轴承正常。使用1年时,中轴及曲柄轴承正常,尾轴变化稍大。使用9个月可以看出曲柄较原用脂好,中尾轴差一些。

表3-24 昆仑通用锂基润滑脂锥入度情况　　　　　　　　单位:10^{-1}mm

井号	机型	部位	原用脂（通用锂基脂）	昆仑3#通用锂基润滑脂使用4个月	昆仑3#通用锂基润滑脂使用9个月	昆仑3#通用锂基润滑脂使用一年
一矿 X3-2-D27	CYJY10-3-53HB	中轴	—	—	76.7	64
		尾轴	—	—	79.4	68.5
		曲柄	67.9	—	62.6	64
一矿 X3-311-32	CYJY8-3-37HB	中轴	55.1	—	—	67.4
		尾轴		—	—	78.6
		曲柄		—	—	56.4
一矿 X3-2-25	CYJY10-4.2-53HB	中轴	—	—	51	—
		尾轴	—	—	79.3	—
		曲柄	60.7	56.9	55.4	—
一矿 X3-321-J33	CYJY8-3-37HB	中轴	95.2	—	57.5	—
		尾轴		—	62.9	—
		曲柄		57.5	59.7	—
一矿 X3-2-225	CYJY10-3-37HB	中轴	—	—	55.2	67.3
		尾轴	—	—	52.1	61.8
		曲柄	—	56.8	53.8	64.4

(4)滴点分析。

滴点检测见表3-25。从表中看出,使用的通用锂基润滑脂滴点变化不一,但变化都不大,都在合理范围内,所取样品几乎都是中尾轴较曲柄轴承的变化大。

表3-25 昆仑通用锂基润滑脂滴点情况　　　　　　　　单位:℃

井号	机型	部位	原用脂（通用锂基脂）	昆仑3#通用锂基润滑脂使用4个月	昆仑3#通用锂基润滑脂使用9个月	昆仑3#通用锂基润滑脂使用1年
一矿 X3-2-D27	CYJY10-3-53HB	中轴	—	—	185	178
		尾轴	—	—	187	186
		曲柄	185	—	190	179
一矿 X3-311-32	CYJY8-3-37HB	中轴	191	—	—	178
		尾轴		—	—	185
		曲柄	—	—	—	190

续表

井号	机型	部位	原用脂(通用锂基脂)	昆仑3#通用锂基润滑脂使用4个月	昆仑3#通用锂基润滑脂使用9个月	昆仑3#通用锂基润滑脂使用1年
一矿 X3-2-25	CYJY10-4.2-53HB	中轴	—	—	193	—
		尾轴	—	—	183	—
		曲柄	190	191	195	—
一矿 X3-321-J33	CYJY8-3-37HB	中轴	184	—	193	—
		尾轴	—	—	175	—
		曲柄	—	190	190	—
一矿 X3-2-225	CYJY10-3-37HB	中轴	—	—	186	189
		尾轴	—	—	192	172
		曲柄	—	189	196	190

(5)元素分析。

对轴承磨损元素分析情况见表3-26。元素分析结果显示，使用3#通用锂基脂，铁、铜含量4个月时较大可能是旧脂存在，补充后再运转5个月磨损较小或与原用脂相当，可以看出使用9个月较原用脂6个月磨损小，使用1年较原用脂半年稍大，但属正常磨损范围。

表3-26 昆仑通用锂基润滑脂元素分析情况　　　　　　　　　　单位:%

井号	机型	部位	原用脂(通用锂基脂)		昆仑3#通用锂基润滑脂使用4个月		昆仑3#通用锂基润滑脂使用9个月		昆仑3#通用锂基润滑脂使用一年	
			Fe	Cu	Fe	Cu	Fe	Cu	Fe	Cu
一矿 X3-2-D27	CYJY10-3-53HB	中轴	—	—	—	—	0.64	0.07	1.2	0.004
		尾轴	—	—	—	—	1.77	0.03	1.2	0.02
		曲柄	2.13	0.056	—	—	1.54	0.02	0.4	0.004
一矿 X3-311-32	CYJY8-3-37HB	中轴	0.99	0.011	—	—	—	—	1.1	0.03
		尾轴			—	—	—	—	1.4	0.02
		曲柄	—	—	—	—	—	—	0.5	0.02
一矿 X3-2-25	CYJY10-4.2-53HB	中轴	—	—	—	—	0.37	0.05	—	—
		尾轴	—	—	—	—	0.39	0.03	—	—
		曲柄	0.68	0.011	0.98	0.01	0.30	—	—	—
一矿 X3-321-J33	CYJY8-3-37HB	中轴	—	—	—	—	0.33	0.03	—	—
		尾轴	—	—	—	—	0.52	0.03	—	—
		曲柄	—	—	1.14	0.02	0..43	—	—	—
一矿 X3-2-225	CYJY10-3-37HB	中轴	—	—	—	—	2.22	0.01	0.6	0.002
		尾轴	—	—	—	—	1.57	0.03	2.8	0.01
		曲柄	—	—	0.94	0.01	0.25	0.03	0.1	0.02

(6) 整体分析。

① 所采润滑脂外观部分存在差异，且随使用时间增加呈更深褐色，各个井上的使用情况看外观有深有浅，可能是和各现场的轴承密封情况有关。

② 通过红外、滴点分析，可以看出原用脂与试验用脂结构无明显变化，昆仑通用锂基润滑脂使用1年与原用脂半年氧化情况相当。

③ 通过锥入度数据可以看出，现场抽油机轴承可能存在密封不良的情况，曲柄较中尾轴的稠度要好。

④ 元素分析显示，原用脂中有部分样品铁含量已明显过多，建议立即更换新脂。昆仑通用锂基润滑脂9个月较原用脂6个月磨损小，试验1年较原用脂半年稍大，但属正常磨损范围。

⑤ 通过以上对昆仑通用锂基润滑脂为期一年的不同试验周期的取样分析，证明了目前设备状况和作业环境下，昆仑通用锂基润滑脂基本达到了1年的预期使用目标。

2. 昆仑HP-R高温润滑脂采样分析

(1) 外观分析。

HP-R高温润滑脂使用外观变化见表3-27。从外观看，与新脂相比，所取样的各润滑脂外观随使用时间增加，均出现颜色变深现象，不同部位取样样品外观变化有深有浅，可能是和各现场的轴承密封、污染程度、油品氧化情况有关。从昆仑HP-R高温脂在X4-11-CZS619井使用2年后仍呈现出绿色可判断，在轴承密封良好的情况下，产品完全能够满足两年的使用周期要求。

表3-27 昆仑HP-R高温润滑脂试验采样外观情况

周期	中轴	尾轴	曲柄
原用脂使用半年	—	—	
HP-R脂试用两年			

续表

周期	中轴	尾轴	曲柄
HP-R 脂试用 20 个月			
HP-R 脂试用 15 个月	—	—	
HP-R 脂试用一年			
HP-R 脂试用 9 个月			
HP-R 脂试用 4 个月	—	—	

(2)红外分析。

HP-R 高温润滑脂红外谱图见表 3-28。从红外谱图可以看出,原用 3#锂基脂在使用半年后,已有明显的油品氧化后羰基吸收峰(1700cm^{-1})出现。昆仑 HP-R 高温脂试验样品的稠化剂特征峰(1579cm^{-1})均无明显变化,极个别样品出现油品氧化后的羰基峰,表明 HP-R 高温润滑脂结构稳定,4 个月样品均无氧化,9 个月个别轴承座内的润滑脂轻微氧化(疑与轴承密封状况有关),使用 2 年无明显氧化。

表 3-28　昆仑 HP-R 高温润滑脂试验采样红外情况

周期	中轴	尾轴	曲柄
原用脂	—	—	
HP-R 脂试用 2 年			
HP-R 脂试用 20 个月			

续表

周期	中轴	尾轴	曲柄
HP-R 脂试用 15 个月	—	—	
HP-R 脂试用 1 年			
HP-R 脂试用 9 个月			
HP-R 脂试用 4 个月	—	—	

（3）锥入度分析。

HP-R高温润滑脂锥入度检测结果见表3-29。从表中数据看，各个井差异较大，使用4个月均正常；使用9个月、12个月时，部分中尾轴变化较大；使用20个月及2年的稠度较好。由此分析可能是旧脂的残留随着新脂的补充将旧脂挤出越完全，也可能是由于机械剪切、轴承密封不良进入沙尘和水、基础油氧化等原因引起。从X3-2-27可以看出，使用2年的样品稠度与原用脂半年的稠度相当。

表3-29 昆仑HP-R高温润滑脂锥入度情况　　　　　　　　单位：10^{-1}mm

井号	机型	部位	原用脂（通用锂基脂）	昆仑HP-R高温润滑脂使用4个月	昆仑HP-R高温润滑脂使用9个月	昆仑HP-R高温润滑脂使用1年	昆仑HP-R高温润滑脂使用15个月	昆仑HP-R高温润滑脂使用20个月	昆仑HP-R高温润滑脂使用2年
X3-2-226	CYJY10-3-37HB	中轴	—	—	75.9	72	—	69.9	62.9
		尾轴	—	—	71	76	—	67.1	59.9
		曲柄	—	61.6	57.6	58.8	57.1	63.3	66.1
X3-311-34	CYJY8-3-37HB	中轴	—	—	64	71.5	—	68.4	61.3
		尾轴	—	—	73	67	—	66.0	64.9
		曲柄	—	61.2	62.5	64.1	54.7	61.7	68.1
X3-2-27	CYJY10-3-37HB	中轴	—	—	70.4	71.5	—	71	72.8
		尾轴	—	—	69.5	66.3	—	67	76.6
		曲柄	81.1	59.1	60.5	62.5	58.8	62.1	81.1
X3-31-623	CYJY10-3-37HB	中轴	—	—	91.2	—	—	—	—
		尾轴	—	—	78.6	—	—	—	—
		曲柄	—	—	68.4	—	—	—	—
X4-11-CZS619	CYJY6-2.5-26HB	中轴	—	—	—	—	—	—	71.5
		尾轴	—	—	—	—	—	—	71.2
		曲柄	—	—	—	—	—	—	79.1

（4）滴点分析。

HP-R高温润滑脂滴点变化见表3-30。通过样品滴点分析可以看出，原用脂和昆仑HP-R高温润滑脂滴点均有所下降，但总体变化不大，昆仑HP-R高温脂使用2年后滴点均大于260℃，仍具有复合锂基润滑脂的高温特性。不同取样部位有一定差异，可能与轴承座的密封、进水有一定关联。

表 3-30　昆仑 HP-R 高温润滑脂试验采样滴点情况　　　　　　　　　　单位：℃

井号	机型	部位	原用脂（通用锂基脂）	昆仑 HP-R 高温润滑脂使用 4 个月	昆仑 HP-R 高温润滑脂使用 9 个月	昆仑 HP-R 高温润滑脂使用 1 年	昆仑 HP-R 高温润滑脂使用 15 个月	昆仑 HP-R 高温润滑脂使用 20 个月	昆仑 HP-R 高温润滑脂使用 2 年
X3-2-226	CYJY10-3-37HB	中轴	—	—	280	309	—	276	280
		尾轴	—	—	279	322	—	280	274
		曲柄	—	284	315	330	291	277	279
X3-311-34	CYJY8-3-37HB	中轴	—	—	292	325	—	280	279
		尾轴	—	—	303	320	—	>260	272
		曲柄	—	295	305	324	273	>260	278
X3-2-27	CYJY10-3-37HB	中轴	—	—	282	293	—	280	280
		尾轴	—	—	279	281	—	280	270
		曲柄	164	274	319	330	302	277	280
X3-31-623	CYJY10-3-37HB	中轴	—	—	265	—	—	—	—
		尾轴	—	—	278	—	—	—	—
		曲柄	—	—	312	—	—	—	—
X4-11-CZS619	CYJY6-2.5-26HB	中轴	—	—	—	—	—	—	298
		尾轴	—	—	—	—	—	—	300
		曲柄	—	—	—	—	—	—	295

（5）元素分析。

轴承磨损元素分析见表 3-31。从元素分析结果看，使用 2 年的昆仑 HP-R 高温润滑脂与使用半年的原用脂相比，铁、铜元素含量更低、磨损更小，完全达到了延长 4 倍寿命的预期要求。其中，使用 9 个月/12 个月后部分样品铁元素含量偏大，使用 20 个月后样品铁元素含量正常，可能与轴承密封、轴承本身锈蚀以及外界含铁等沙尘污染有关，在补充新脂后再运转磨损变小。

（6）整体分析。

① 通过两年期的实际使用考察，昆仑 HP-R 润滑脂外观均有一定程度变深，但变化明显小于使用半年的原用通用锂基脂，持续使用 2 年的产品外观仍呈现绿色，说明昆仑 HP-R 高温润滑脂在 2 年内，未出现严重氧化和严重磨损，完全满足 2 年使用要求。不同井、不同采集部位的样品外观深浅不一，与轴承密封情况、轴承本身质量以及旧脂残留有直接关联。通过红外、滴点分析，可以看出使用 2 年后，昆仑 HP-R 润滑脂结构无明显变化，无明显氧化，滴点均大于 260℃，仍具有良好的耐高温特性。

② 通过锥入度数据可以看出，使用 2 年的昆仑 HP-R 高温脂与使用半年的原用脂稠度基本相当，说明昆仑 HP-R 高温脂较原通用锂基脂抗剪切稳定性更好，使用寿命更长。

表 3-31 昆仑 HP-R 高温润滑脂试验采样元素分析情况

单位：%

井号	机型	部位	原用脂（通用锂基脂） Fe	原用脂（通用锂基脂） Cu	昆仑HP-R高温润滑脂使用4个月 Fe	昆仑HP-R高温润滑脂使用4个月 Cu	昆仑HP-R高温润滑脂使用9个月 Fe	昆仑HP-R高温润滑脂使用9个月 Cu	昆仑HP-R高温润滑脂使用1年 Fe	昆仑HP-R高温润滑脂使用1年 Cu	昆仑HP-R高温润滑脂使用15个月 Fe	昆仑HP-R高温润滑脂使用15个月 Cu	昆仑HP-R高温润滑脂使用20个月 Fe	昆仑HP-R高温润滑脂使用20个月 Cu	昆仑HP-R高温润滑脂使用2年 Fe	昆仑HP-R高温润滑脂使用2年 Cu
X3-2-226	CYJY10-3-37HB	中轴	—	—	—	—	3.06	0.03	2.36	0.13	—	—	0.12	0.02	0.23	0.01
X3-2-226	CYJY10-3-37HB	尾轴	—	—	—	—	2.64	0.12	0.89	0.02	—	—	0.29	0.06	0.86	0.21
X3-2-226	CYJY10-3-37HB	曲柄	—	—	0.74	0.01	0.5	0.04	0.62	0.03	2.13	0.00	0.16	0.02	0.61	0.01
X3-311-34	CYJY8-3-37HB	中轴	—	—	—	—	0.47	0.02	0.31	0.04	—	—	0.17	0.02	0.09	0.01
X3-311-34	CYJY8-3-37HB	尾轴	—	—	0.86	0.01	0.81	0.09	0.16	0.02	—	—	0.35	0.02	0.37	0.01
X3-311-34	CYJY8-3-37HB	曲柄	0.88	0.04	0.59	0.007	0.27	0.03	0.53	0.03	0.28	0.03	0.2	0.02	1.12	0.02
X3-2-27	CYJY10-3-37HB	中轴	—	—	—	—	0.53	0.05	2.0	0.03	—	—	0.20	0.04	0.16	0.03
X3-2-27	CYJY10-3-37HB	尾轴	—	—	—	—	1.25	0.16	0.8	0.03	—	—	0.25	0.03	0.67	0.02
X3-2-27	CYJY10-3-37HB	曲柄	—	—	—	—	1.51	0.20	1.61	0.03	1.96	0.01	0.61	0.02	0.25	0.02
X3-31-623	CYJY10-3-37HB	中轴	—	—	—	—	1.01	0.10	—	—	—	—	—	—	—	—
X3-31-623	CYJY10-3-37HB	尾轴	—	—	—	—	0.75	0.05	—	—	—	—	—	—	—	—
X3-31-623	CYJY10-3-37HB	曲柄	—	—	—	—	0.47	0.02	—	—	—	—	—	—	—	—
X4-11-CZS619	CYJY6-2.5-26HB	中轴	—	—	—	—	—	—	—	—	—	—	—	—	0.17	0.06
X4-11-CZS619	CYJY6-2.5-26HB	尾轴	—	—	—	—	—	—	—	—	—	—	—	—	0.16	0.15
X4-11-CZS619	CYJY6-2.5-26HB	曲柄	—	—	—	—	—	—	—	—	—	—	—	—	0.17	0.07

③ 元素分析显示，昆仑 HP-R 高温润滑脂使用 2 年后，铁、铜元素含量较原用锂基脂更低、磨损更小，达到延长 4 倍换脂周期的预期目标。

三、试验结论和效果

1. 原用脂试验结论

通过为期两年的实际使用对比试验，证明了在目前设备状况和作业环境下，原用脂使用半年已出现明显发黑、部分变干或变稀现象，稠度变化较大，大部分样品出现油品氧化情况，部分样品中金属元素含量较高，建议该脂换脂周期不超过半年一次。

2. 昆仑通用锂基脂试验结论

昆仑通用锂基脂为期一年的不同使用周期的取样分析，证明了目前设备状况和作业环境下，昆仑通用锂基脂基本达到了预期目标。使用一年后的昆仑通用锂基脂与使用半年的现用脂各方面技术指标相当，但样品外观颜色变深，产品出现氧化，部分样品中金属元素含量较高，涉及冬夏季换脂问题，建议该脂换脂周期仍为半年一次。

3. 昆仑 HP-R 高温润滑脂试验结论

昆仑 HP-R 高温润滑脂使用两年后，各方面技术指标均达到并超过了使用半年的原用锂基脂指标，设备磨损更小，延长了 4 倍换脂周期。另 HP-R 高温润滑脂的高低温性、抗磨性及抗氧化性都较通用锂基润滑脂有明显优势，建议 HP-R 高温润滑脂的换脂周期为两年一次。

4. 昆仑 HP-R 高温润滑脂推广应用效果预测

经过试验，推广使用 HP-R 高温润滑脂后，每台抽油机每年可节省人工费、润滑脂费用 192 元，明细见表 3-32。另外，轴承维修费用、维修拆机费用、日常轴承清洁等综合费用更加可观，具有实实在在的效益。

表 3-32 单台抽油机 2 年润滑脂费用明细

润滑脂名称		换脂次数	用脂量（kg）	油品单价（元/kg）	润滑脂总费用（元）	人工费用（元/次）	总人工费用（元）	2 年总费用（元）
原用脂	2# 通用锂基脂	2	10	16.44	164.4	72.00	144.00	308.40
	3# 通用锂基脂	2	10	16.44	164.4	72.00	144.00	308.4
原用脂合计		4	20				288.00	616.80
HP-R 高温润滑脂		1	5	32	160	72.00	72.00	232
2 年节省费用（元）							216.00	384.80

第六节　润滑油剩余寿命预测方法

润滑油在使用过程中，数量上会因消耗而减少，质量指标也会逐渐下降，这时无法用直观观察来判断润滑油是否需要更换，需要有科学的监测方法。润滑油在使用过程中受到高温、机械剪切、催化氧化、外界污染等因素影响而发生氧化降解,润滑油的性能指标下降,影响到润滑油对机械设备的保护能力,引起设备腐蚀、磨损等负面效应,严重的甚至会发生重大事故。

研究润滑油的剩余寿命,对于科学指导换油、科学采购储备润滑油具有重要意义。目前评价润滑油剩余使用寿命的方法有很多,主要有氧化法、差示量热扫描法、微分脉冲伏安法等。

一、开口杯老化试验方法评估剩余寿命

1. 基本定义

在氧气和催化剂存在的条件下使油品劣化,测试油品在劣化过程中抗氧化性能、润滑性能、抗腐蚀性能的变化趋势,得到新油整个寿命周期和在用油剩余寿命内各性能的变化趋势,判断油品在老化过程中影响其剩余使用寿命的关键因素,根据该关键因素评估在用油的剩余使用寿命。

2. 试验方法

在同一试验条件下对试验油样进行老化试验。将一定质量的油样置于清洁干燥的烧杯中,每200g油样添加一根铜丝作为催化剂,将烧杯置于(115±1)℃恒温干燥箱中进行老化试验,直至油样抗氧化性能、润滑性能或油泥析出倾向中至少一项性能不能满足运行要求时终止试验。在老化试验的不同时间点,检测油样的旋转氧弹、漆膜倾向、酸值、破乳化度、液相锈蚀、运动黏度等关键指标,根据试验结果得到油样各个指标的变化趋势。

3. 寿命评估

对于汽轮机油,采用漆膜倾向的检测结果作为油品油泥析出倾向性和油品剩余寿命的评估依据,新油老化24天时的漆膜倾向性为11.4,老化26天时达到54.3。在用油的漆膜倾向性为14.5,老化1天和2天后的漆膜倾向性达到40.4和51.3。当漆膜倾向性超过40.0时,油品继续运行具有危险性。把漆膜倾向性达到50.0作为油品使用寿命的终点,老化过程中新油达到寿命终点需老化26天,在用油达到寿命终点,需老化2天。本试验中汽轮机油已运行13年,其达到寿命终点的老化时间减少了24天,这表明每运行1年,对应其达到寿命终点减少的老化时间约为1.8天,评估在用油可继续运行约1年,之后应采取再生处理或换油措施。

二、差示量热扫描法评估剩余寿命

1. 基本定义

DSC-8000差示量热扫描仪:有两个独立的炉子(量热计),其基本原理是在样品和参比始终保持相同温度的条件下,测定为满足此条件样品和参比两端所需的能量差,并直接作为信号 ΔQ(热量差)输出。被测样品放在密封、半密封或不密封的器皿中,靠器皿和炉子的底部接触导热。DSC的热流曲线记录的是输入到样品和参比的功率差,并以时间或温度为横坐标绘制成DSC热流图谱。该仪器可用于熔点、结晶度等测定。

用差示量热扫描仪(DSC)对油品进行分析，油样在 DSC 量热仪的样品盘中受热氧化，DSC 量热仪会精确地读出样品的吸放热情况，从程序开始运行到样品开始氧化放热这段时间为起始氧化时间，找到起始氧化时间和氧化程度之间的线性关系，根据起始氧化时间的长短就可以估算出样品的剩余使用寿命。

2. 试验方法

主要仪器包括 DSC-8000 差示量热扫描仪、压片机、电子天平、旋转氧弹测试仪等。试验中样品量对于起始氧化时间影响不大，只对峰型有影响，因此取样量不宜过大。DSC 运行条件可以是恒温也可以是升温，升温法有利于出现稳定的放热峰，降低对氧气压力的要求。高压氧气环境下的 DSC 测试可以克服 DSC 试验中的部分缺点。

3. 寿命评估

选取某品牌新变压器油，分成 5 份，将其编号为 001 至 005。进行润滑油氧化安定性测试，按特定试验条件对 5 份样品进行氧化处理。对 001 号样品进行完全氧化试验，其氧化诱导期为 298min，其剩余使用寿命定为 0%。对 002 号、003 号、004 号、005 号样品分别进行 190min、130min、70min、0min 的氧化诱导期试验，其剩余使用寿命分别为 36.21%、56.34%、76.46%、100%(表3-33)。起始氧化时间—剩余使用寿命关系图如图 3-9 所示，在剩余使用寿命为 0 时，变压器油基础油的起始氧化时间为 12.858min，因此，可将该变压器油剩余使用寿命为 0 时的起始氧化时间定为 12.858min，通过折算，可以确定油品的剩余寿命。

表 3-33　油品 DSC 试验结果

样品编号	剩余使用寿命(%)	起始氧化时间(min)
001	0	12.858
002	36.21	15.648
003	56.34	16.243
004	76.46	16.898
005	100	17.642

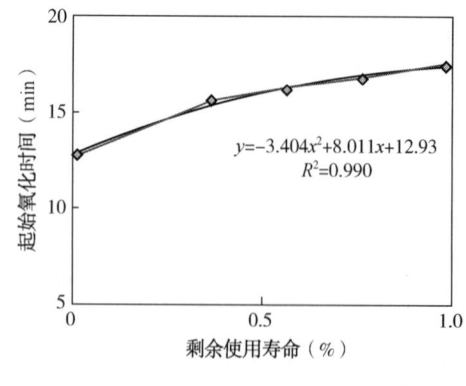

图 3-9　起始氧化时间—剩余寿命关系图

（拟合方程：$y=-3.404x^2+8.011x+12.93$，$R^2=0.990$）

三、微分脉冲伏安法评估剩余寿命

1. 基本定义

润滑油在使用过程中会发生变质，使其失去应有的作用，而变质的主要原因就是氧化产生了酸、油泥、沉淀物。抗氧剂的加入能够显著延缓油品的氧化速率，大幅延长油品的使用寿命，抗氧剂含量是衡量润滑油抗氧性能的一个重要指标，一般将抗氧剂的临界失效含量规定为新润滑油中抗氧剂含量的 10%~20%。通过抗氧剂含量的变化趋势预测润滑油的剩余寿命是快捷且有效的手段。抗氧剂含量的测定有红外光谱法、色谱法，目前研究较多的是电化学法，微分脉冲伏安法可用于测定抗氧剂剩余浓度，定量表征抗氧剂的剩余效用，评估润滑油的剩余寿命。

2. 试验方法

抗氧剂的萃取，准确称取 5g 拟测定柴油机油样品和 50mL 的电解质体系溶液并置于 100mL 锥形瓶中，用磁力搅拌器搅拌 5min，将液体倒入分液漏斗中静置 40min，取液体置于离心管中，加入石英砂少许，离心分离 5min，20min 后将液体过滤，并进行电化学分析，得到微分脉冲伏安曲线。

模拟老化实验，称取约 200g 柴油机油置于恒温干燥箱中，在 198℃下老化，分别在老化时间为 0h，48h，72h，96h 取样。

3. 寿命评估

通过测量抗氧剂的剩余浓度来定量表征润滑油的剩余效用。

$$P = C/C_0 = I/I_0$$

式中：P 为润滑油的剩余效用；C 为残余抗氧剂浓度；C_0 为初始抗氧剂浓度；I 为润滑油老化样品微分脉冲信号高度；I_0 为润滑油初始样品微分脉冲信号高度。

图 3-10 为柴油机油剩余使用效用随老化时间变化图。随老化时间增加，抗氧剂不断损耗。图中显示柴油机油中的抗氧剂 T203 在高温氧化过程中含量逐渐下降，说明其抗氧剂耐高温，而且经过高温氧化 96h 后，柴油机油还可以继续使用。

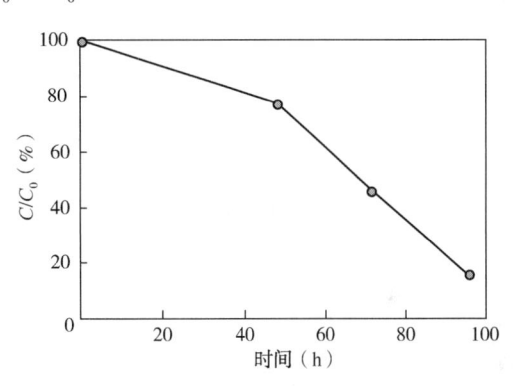

图 3-10 柴油机油剩余效用随老化时间变化

四、其他方法评估剩余寿命

（1）基于氧化动力学 Arrhenius 方程建立润滑油剩余寿命模型，通过模拟实验分析特定性能指标的变化率，可快速获得润滑油的预测寿命，证明了工况温度是影响在用润滑油有效寿命的关键因素，温度每升高 10℃，润滑油的剩余寿命缩大约 50%。

（2）对于含有酚类抗氧剂的润滑油，红外光谱能够很好地反映润滑油在使用过程中抗氧化能力的下降，红外光谱测量润滑油酚类抗氧剂含量在油液状态监测分析中具有良好的应用前景。

五、延长润滑油剩余寿命的措施

（1）选用优质的润滑油。

润滑油品质对其在使用时是否容易变质，影响很大。润滑油在发动机中工作时，与其变质有关的性质主要是黏度、清净分散性、抗氧抗腐性。

润滑油黏度过大，在活塞环运动区域、活塞裙部及内腔生成的胶质就过多。胶质是一种黏稠的物质，能使活塞环黏结在活塞环槽中失去弹性而不起密封作用，加快润滑油稀释和生成沉淀。润滑油黏度过小，则气缸与活塞环间密封不严，会使润滑油受到燃油稀释，燃气窜入曲轴箱，使润滑油变质。所以，必须按规定使用一定黏度的润滑油。

润滑油清净分散性不好时，容易生成胶质和沉淀。润滑油的清净分散性主要靠加入清净分散剂来改善。所以，车用发动机润滑油中均需加入清净分散剂，否则，润滑油就会很快变质。柴油机较汽油机的工作温度更高，所以柴油机润滑油中加入的清净分散剂要更多一些。增压、高速、高负荷的发动机要含有更多且高效的清净分散剂。有些汽油发动机使用汽油机润滑油时，如发现变质迅速，可考虑用柴油机润滑油代替。

润滑油抗氧抗腐性不好时，容易氧化、聚合，其黏度迅速增大，而且生成有机酸腐蚀金属。提高润滑油抗氧抗腐性，也靠加入抗氧抗腐剂来实现。

与矿物油相比，合成油在热氧化安定性、抗磨保护和低温性能等方面表现具有明显优势，其使用寿命也比矿物油长，在进行经济性比较后，可以考虑采用合成润滑油，以便更好地保护齿轮，延长部件和设备的使用寿命。

(2) 加强保养重视滤清器。

正确使用润滑油粗、细滤清器和空气滤清器。润滑油粗、细滤清器可及时滤去润滑油中的杂质及沉淀等，故可延长润滑油的使用期限。按规定及时清除滤清器中的沉淀物，检查并及时更换滤芯，注意保持滤清器油路畅通。滤芯滤片要压得平整妥帖，以免增大缝隙，降低滤清效果。

大气中悬浮的细小尘粒，若过滤不良，会随空气进入发动机，对润滑油的危害及发动机的磨损都是严重的。因此，空气滤清器应按规定时限进行清洗或更换（滤芯和滤片）。尘土多的地区，应缩短清洗和更换时间。使用纸质滤芯的，其使用期限不应超过 2×10^4 km，要定期更换。

(3) 加强检查保持清洁畅通。

发动机曲轴箱通风可以及时清除燃气，避免燃气中的水分、二氧化碳等进入润滑油，加速其变质。定期检查曲轴箱通风装置，使其保持清洁通畅，是延缓润滑油变质的一项重要措施。

(4) 及时维护保持正常配合。

根据使用经验，发动机气缸的磨损量达到 0.3~0.35mm/100mm 时，发动机的工作状况将迅速变坏，漏入曲轴箱的燃油及燃气将大为增加，使润滑油加速变质；同时进入气缸被烧掉的润滑油也随之增加，在燃烧室内会堆积更多的积炭和淤积物，降低发动机性能。因此，气缸磨损到一定程度，必须及时修理，不应勉强使用。

(5) 保持一定的油温。

发动机在使用中油温及水温过高时，润滑油容易产生氧化、聚合而出现高分子的胶质、沥青质等物质。油温和水温过低时，易使燃气中的水分凝结，并容易在曲轴箱等处产生沉淀。

(6) 保持油压在规定的范围内。

润滑油压力过高，会使润滑油大量窜入燃烧室燃烧，不但浪费润滑油和污染环境，而且会增加发动机燃烧室内的积炭；压力过小，则会使润滑油供应不足，润滑不良，增大机件磨损，甚至有造成拉缸的危险。

(7) 及时清洗润滑系统。

应当按规定及时清洗发动机润滑系统，以免污染润滑油，缩短其使用期限。发动机清洗方法是：当发动机停止工作后，立即放出热的润滑油于清洁的容器中，集中沉淀。用压缩空气吹净润滑油管路，用低黏度润滑油或柴油与润滑油混合油将润滑系统进行清洗。不宜用煤油洗，否则会使换上的润滑油黏度降低，发动机起动时使机件润滑不良，引起磨损。然后放出清洗油，换上经过沉淀滤去杂质的旧润滑油，或添加新油。

第七节 油田钻采特车按质换油分析

油田钻采特车通常采取定期换油模式，即使应用了油液监测手段，受制于现场条件和设备数量多的实际，难以实现真正意义的按质换油。大庆油田坚持科研与生产相结合，组织开展了钻采特车按质换油研究，摸清润滑油劣化的一般规律，找到润滑油劣化的拐点，科学判定设备的换油周期，进而真正推动按质换油工作。经测算，大庆油田钻采特车实现按质换油，每年可节省运维费用3000万元以上。

一、分析思路

系统失效模式通常分为两种：(1) 自然劣化导致性能指标超过阈值，系统发生退化失效；(2) 系统受到随机冲击出现突发故障，系统发生突发失效。柴油机油润滑系统中存在多个性能参数同步或异步退化的现象，各性能参数退化过程相互影响并具有一定关联性，同时润滑油系统在工作过程中经常遇到意外污染导致失效，因此柴油机油润滑系统失效通常是退化失效与突发失效共同作用的结果。

时间序列法是一种成熟的回归预测方法，属于定量预测，基本原理：一方面，承认事物发展的延续性，运用过去的时间序列数据进行统计分析，推测出事物的发展趋势；另一方面，充分考虑到偶然因素产生的随机性，利用历史数据进行统计分析，并对数据进行适当处理，进行趋势预测。时间序列法主要包括 AR 模型、MA 模型和 ARMA 模型这三种。

按质换油将采取用 ARMA 模型，实验室模拟劣化试验数据和实车监测数据结合，计算各参数的劣化拐点，同时计算各参数对柴油机油整体劣化的影响权重，最终得出钻采特车柴油机油的劣化拐点。

实验室模拟劣化时，参考 SH/T 0754—2005《柴油机油在135℃下腐蚀性能评定》制定氧化模拟实验方案，氧化试验平台温度为 (135 ± 1)℃，空气流量为 (5 ± 0.5) L/h。

二、劣化模型设计

1. 参数选择

对于柴油机油而言，黏度、碱值及酸值能够反映柴油机油油品性能变化情况，在无明显外来物质（如水分、粉尘等）影响的情况下，以上三个参数在油品退化失效全周期内有显著变化特征。因此本书以黏度、酸值和碱值为柴油机油劣化分析的主要参数。

2. 建模步骤

用 ARMA 模型预测要求序列必须是平稳的，若所给的序列并非平稳序列，则必须对所给序列做预处理，使其平稳化，然后用 ARMA 模型建模，建模流程图如图 3-11 所示。

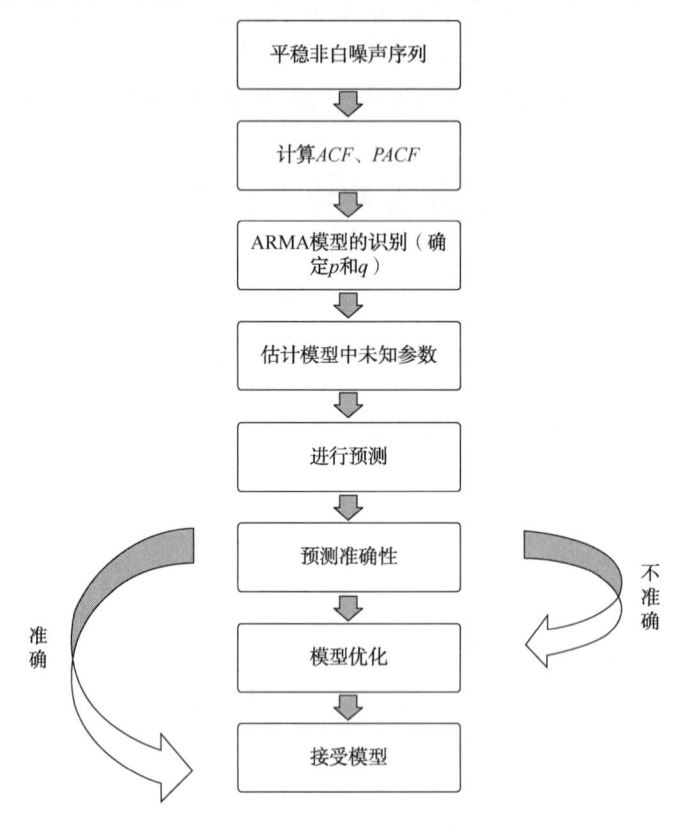

图 3-11　ARMA 建模流程图

建模具体步骤为：

（1）序列的预处理，判断该序列是否为平稳非纯随机序列。若为非平稳序列，对该序列进行处理，使其符合 ARMA 模型建模的条件（即处理后的序列是平稳非白噪声序列）；

（2）根据样本的自相关系数和偏自相关系数，确定 ARMA(p, q)中的 p 和 q 值；

（3）计算观察值序列的自相关系数（ACF）和偏自相关系数（PACF）；

（4）已知 p 和 q 基础上估计 ARMA(p, q)模型中的未知参数；

（5）检验模型的有效性。如果拟合模型通不过检验，重新选择模型再拟合；

（6）模型优化；

（7）利用拟合的模型，预测序列的未来走势。

3. 柴油机油参数熵值和权重计算

在对系统进行评价过程中，针对评价指标建立适当的权重，能充分反映评价体系中各指标的重要程度。润滑油的寿命失效以各性能参数首次超过限值控制线的时刻进行计算，针对不同因素在润滑油中可靠性中的表征能力或离散程度不同，且存在多元素联合退化失效的现象，为此需要先建立柴油机油润滑体系中各参数的权重数学模型。假设 X 为已知的评价矩阵，其中元素 X_{ij} 表示第 i 个评价对象的第 j 个指标。对于柴油机油润滑系统的寿命问题，其评价指标参数包括运动黏度、酸值和碱值等指标，各指标单位并不相同，首先需要消除不同数据间量纲上的差异性。

对评价矩阵消除量纲且做归一化处理之后得到计算矩阵 Y，其中 $0 \leq y_{ij} \leq 1$ 假设针对评价的指标已经建立了合理的权重矩阵 P，则 p_{ij} 表示第 j 个评价指标的权重。显然对于完成归一化以后的权重矩阵而言，应该满足条件 $\sum p_j = 1$ 且 $p_j \geq 0$。

利用信息熵计算权重算法的过程如下：

（1）首先对数据矩阵 X 做归一化处理得到计算矩阵 Y。

$$y_{ij} = \frac{x_{ij} - \bar{x}_j}{x_{j\max} - x_{j\min}} \tag{3-33}$$

式中：$x_{j\max}$、$x_{j\min}$、$\bar{x}_j$ 分别为数据矩阵 X 第 j 列最大值、最小值和平均值。因为作为计算权重的熵值，其作用并不是评价某个评价指标的实际熵值（信息量）大小，而是体现对应评价指标在给定的评价体系中的作用，反映评价指标的相对重要性。从信息论的角度来看，它代表该问题中有用信息的多寡程度，因此对数据矩阵 X 处理的方式并不会减少数据本身携带信息量的多少。因此我们可以根据要评价的问题来定义归一化公式。

（2）计算熵值。根据上述公式，我们可以计算每个评价指标的熵值。其中第 j 项属性指标的熵值公式如下：

$$H_j = c \times \sum_{i=1}^{n} y_{ij} \ln y_{ij} \tag{3-34}$$

其中，c 为归一化系数，$c = -\dfrac{1}{\ln n}$，这里取负号是因为保证熵值为正；n 为第 j 项属性所包含的数据个数。

（3）计算评价指标权重。权重公式如下：

$$W_j = \frac{1 - H_j}{n - \sum_{j=1}^{m} H_j} \tag{3-35}$$

式中：m 为属性指标的个数；n 为特定属性指标下包含的数据个数。

4. 柴油机油劣化拐点计算

本书结合柴油机油劣化理论模型和已测油液数据，建立基于 ARMA 的柴油机油劣化模型，进而计算 100℃运动黏度、酸值和碱值的劣化拐点。

模型首先设置初始预测步长，即在协同退化过程中，判断当前各个序列的预测结果是否超过失效控制线，若预测值低于阈值，则更新预测步长，如果预测步长范围内的预测值超过阈值。则判定油品发生失效，即达到使用寿命终点，各个计算步骤如图 3-12 所示。

（1）黏度序列的平稳性检验；（2）确定 ARMA(p, q)中 p 和 q 值；（3）计算自相关系数和偏自相关系数；（4）计算 100℃运动黏度的劣化拐点。

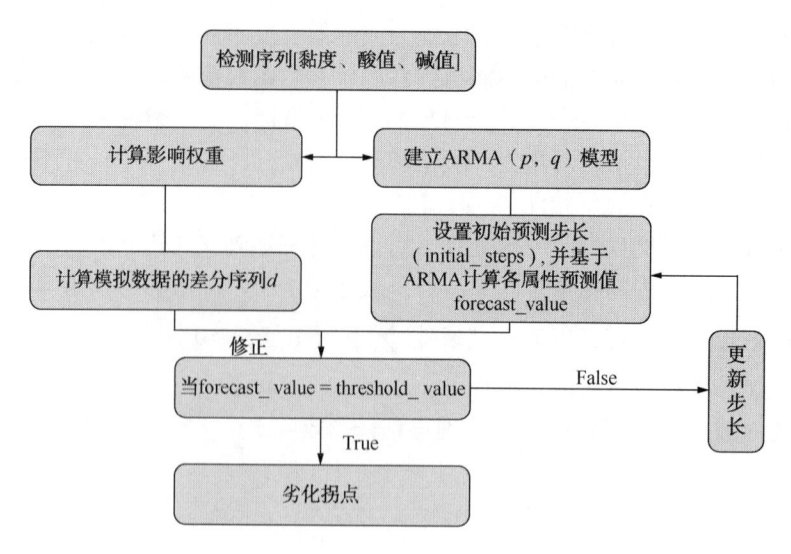

```
                ┌─────────────────────────────┐
                │  检测序列[黏度、酸值、碱值]  │
                └──────────────┬──────────────┘
                               │
        ┌──────────────────┐   │   ┌──────────────────┐
        │   计算影响权重   │◄──┼──►│  建立ARMA(p,q)模型│
        └────────┬─────────┘   │   └────────┬─────────┘
                 │             │            │
                 │             │   ┌────────▼──────────────┐
                 │             │   │ 设置初始预测步长       │
                 │             │   │ (initial_steps),并基于│
                 │             │   │ ARMA计算各属性预测值    │
                 │             │   │ forecast_value         │◄──┐
                 │             │   └────────┬──────────────┘   │
        ┌────────▼─────────┐             │                      │
        │ 计算模拟数据的差分序列d │       │                      │
        └────────┬─────────┘             │               ┌──────┴─┐
                 │   修正                │               │ 更新   │
                 │                       │               │ 步长   │
         ┌───────▼────────────────────┐  │               └────────┘
         │ 当forecast_value=threshold_value │───False──────────┘
         └───────┬────────────────────┘
                 │ True
                 ▼
           ┌──────────┐
           │  劣化拐点  │
           └──────────┘
```

图 3-12　柴油机油劣化拐点计算模型

柴油机油劣化趋势的特点是前期主要性能数据变化平稳，中后期出现劣化趋势明显加快，因此 ARMA(p, q) 模型在柴油机油实车数据基础上进行的预测计算所得结果与实际情况不相符。为此引入柴油机油实验室模拟劣化试验，来收集完整的油品劣化数据，然后通过一阶差分方程 $d=a_{n+1}-a_n$（d 为连续两个模拟劣化数据的差值）来对实车数据进行迭代修正，以此来计算特定周期的参数值，当参数值超过或小于阈值时，该周期即为柴油机油特定参数的劣化拐点。

结合各指标的预测值和权重比，可得柴油机油整体劣化拐点时间，公式如下：

$$X = W_1 \cdot X_1 + W_2 \cdot X_2 + W_3 \cdot X_3 \tag{3-36}$$

式中：X 为柴油机油劣化拐点（小时数），X_1、X_2、X_3 分别为黏度劣化拐点、碱值劣化拐点、酸值劣化拐点的，W_1、W_2、W_3 分别为黏度、碱值和酸值反应油品性能劣化时的权重比。

三、劣化建模与拐点计算

1. 模拟试验数据和实车监测数据

表 3-34 为某品牌 CI-4 5W/40 通过 TEOST 试验所得模拟劣化数据，表 3-35 为某品牌 CI-4 5W/40 的 100℃ 运动黏度、碱值和酸值的预警值。

表 3-34　某品牌 CI-4 5W/40 模拟劣化数据

周期(h)	100℃运动黏度(mm²/s)	碱值(以KOH计)(mg/g)	酸值(以KOH计)(mg/g)
0	14.50	11.2	3.34
72	14.45	11.0	3.29
96	14.43	11.0	3.22
120	14.41	11.0	3.24

续表

周期(h)	100℃运动黏度(mm^2/s)	碱值(以 KOH 计)(mg/g)	酸值(以 KOH 计)(mg/g)
144	14.40	11.0	3.26
168	14.37	11.2	3.18
216	14.22	10.6	3.03
336	14.07	10.3	2.64
456	14.07	9.52	2.40
696	13.89	8.94	3.10
936	14.10	7.55	3.90
1176	15.10	6.30	4.23

表 3-35 某品牌 CI-4 5W/40 参数预警值

100℃运动黏度(mm^2/s)		碱值(以 KOH 计)(mg/g)		酸值(以 KOH 计)(mg/g)	
新油指标	预警值	新油指标	预警值	新油指标	预警值
14.50	11.6~17.4	11.2	5.60	3.34	5.84

CI-4 5W/40 的 100℃运动黏度、碱值和酸值的模拟劣化数据分布如图 3-13、图 3-14 和图 3-15 所示。由图可知，模拟劣化试验周期内柴油机油的 100℃运动黏度、碱值和酸值均有明显变化。

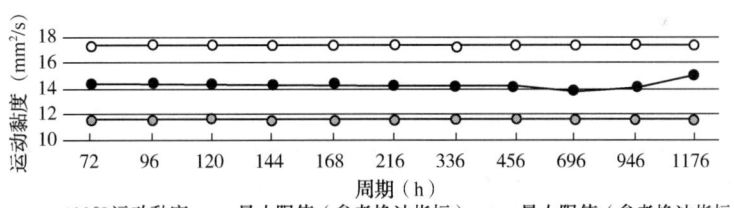

图 3-13 某品牌 CI-4 5W/40 运动黏度模拟劣化数据分布

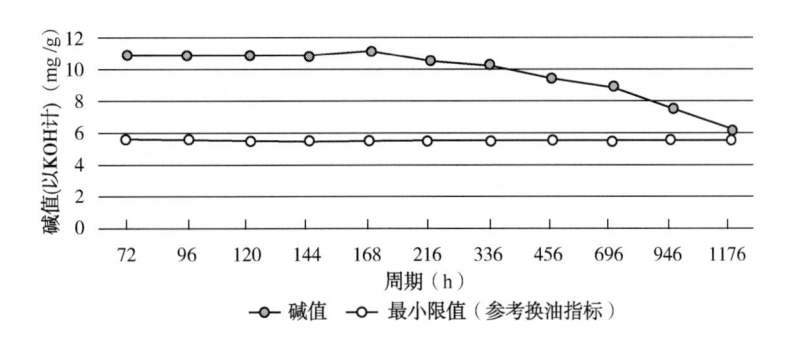

图 3-14 某品牌 CI-4 5W/40 碱值模拟劣化数据分布

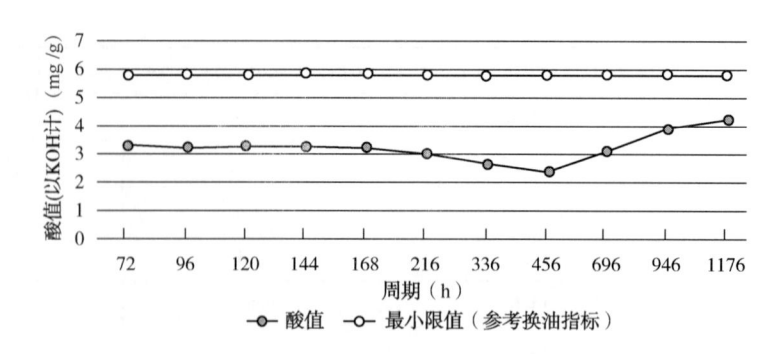

图 3-15 某品牌 CI-4 5W/40 酸值模拟劣化数据分布

表 3-36 为某品牌 CI-4 5W/40 模拟劣化数据的描述统计。描述性统计，是指运用制表和分类，图形以及计算概括性数据来描述数据特征的各项活动。描述性统计分析要对调查总体所有变量的有关数据进行统计性描述，主要包括数据的频数分析、集中趋势分析、离散程度分析、分布。

表 3-36 某品牌 CI-4 5W/40 模拟劣化数据描述统计（样品数据量为 12）

描述项	100℃运动黏度（mm²/s）	碱值（以 KOH 计）(mg/g)	酸值（以 KOH 计）(mg/g)
均值	14.317	9.855	.226
最小值	13.89	6.3	2.4
最大值	15.1	11.2	4.23
均值标准误差	0.0962	0.493	0.152
标准差	0.319	1.634	0.505
下四分位数	14.07	8.94	3.03
中位数	14.37	10.6	3.22
上四分位数	14.43	11	3.29

通过对大庆油田钻采特车某品牌 CI-4 5W/40 柴油机油进行跟踪监测，得到特定时间内的监测数据，见表 3-37。

表 3-37 某品牌 CI-4 5W/40 的钻采特车监测数据

车牌号	周期（h）	100℃运动黏度（mm²/s）	碱值（以 KOH 计）(mg/g)	酸值（以 KOH 计）(mg/g)
104 队	250	10.72	5.78	1.7
104 队	0	13.63	6.81	2.44
104 队	200	12.19	6.8	2.27

续表

车牌号	周期(h)	100℃运动黏度(mm²/s)	碱值(以KOH计)(mg/g)	酸值(以KOH计)(mg/g)
104队	300	11.36	6.8	2
104队	400	10.94	6.79	2.04
104队	250	11.89	6.73	2.27
104队	0	14.55	6.97	2.41
104队	250	12.01	5.61	2.23
104队	0	14.48	6.89	2.54
104队	150	13.50	6.40	2.57
104队	0	12.66	9.93	2.89
104队	300	11.69	9.6	2.73
104队	100	13.01	7.06	2.36
黑ED3520	166	13.46	11.2	2.59
黑ED3520	283	13.23	10.3	2.61
黑ED3520	422	13.06	10.2	2.52
黑ED3520	27	14.26	10.2	2.53
黑EF7753	151	13.48	10.1	2.47
黑EF7753	238	13.32	10.3	2.65
黑EF7753	470	13.04	10.4	2.57
黑EF7753	61	14.27	9.32	2.57

2. 参数权重计算

由表3-37的100℃运动黏度、酸值和碱值数据分别计算各自的熵值，计算过程如下：

（1）依据公式：

$$y_{ij} = \frac{x_{ij} - \bar{x}_j}{x_{j\max} - x_{j\min}} \tag{3-37}$$

对式3-37进行归一化处理，这里$x_{j\max}$、$x_{j\min}$、$\bar{x}_j$分别表示第j列属性指标中的最大值、最小值和平均值，$j=1$代表100℃运动黏度，$j=2$代表酸值，$j=3$代表碱值。

得到计算矩阵：

$$y_{ij} = \begin{bmatrix} (j=1) & (j=2) & (j=3) \\ 0.57 & 0.44 & 0.61 \\ 0.19 & 0.26 & 0.02 \\ 0.18 & 0.26 & 0.13 \\ 0.40 & 0.26 & 0.35 \\ 0.51 & 0.26 & 0.32 \\ 0.26 & 0.27 & 0.13 \\ 0.43 & 0.23 & 0.01 \\ 0.23 & 0.47 & 0.16 \\ 0.42 & 0.25 & 0.10 \\ 0.16 & 0.33 & 0.13 \\ 0.06 & 0.29 & 0.39 \\ 0.31 & 0.23 & 0.26 \\ 0.03 & 0.22 & 0.05 \\ 0.15 & 0.52 & 0.14 \\ 0.09 & 0.35 & 0.16 \\ 0.04 & 0.34 & 0.08 \\ 0.36 & 0.34 & 0.09 \\ 0.15 & 0.32 & 0.04 \\ 0.11 & 0.35 & 0.19 \\ 0.04 & 0.37 & 0.13 \\ 0.36 & 0.18 & 0.13 \end{bmatrix}$$

（2）依据公式：

$$H_j = -\frac{1}{\ln n} \times \sum_{i=1}^{n} y_{ij} \ln y_{ij} \tag{3-38}$$

计算熵值，这里 $n=22$。

$$H_j = (1.9809 \quad 2.4632 \quad 1.7429)$$

（3）依据公式：

$$W_j = \frac{1-H_j}{m - \sum_{j=1}^{m} H_j} \tag{3-39}$$

计算权重，这里 $m=3$。

$$W_j = (0.3078 \quad 0.4591 \quad 0.2331)$$

由以上计算可知，100℃运动黏度权重为31%，酸值权重为46%，碱值权重为23%。

3. 100℃运动黏度劣化模型计算及拐点分析

根据分析建模步骤的第一步，分析序列是否平稳，检验方法就是ACF检验（单位根检验），其目的是判断序列是否存在单位根：如果序列平稳，就不存在单位根；否则，就会存在单位根。检验结果见表3-38。

表 3-38 ACF 单位根检验

检验统计量	-2.803273
p 值	0.057808
滞后	5.000000
临界值(1%)	-3.501912
临界值(5%)	-2.892815
临界值(10%)	-2.583454

由计算结果可知，统计量 Test Statistic<10%的置信水平的临界值，则说明该显著性水平下，拒绝原序列存在单位根的原假设，即不存在单位根，说明序列平稳，满足预测的需要。

根据序列的自相关及偏自相关函数的拖尾和截尾性来判断具体采用何种模型，其对应的模型的判断方法见表3-39。即当自相关函数为拖尾，偏自相关函数截尾即为 AR 模型，反之则为 MA 模型，当二者均为拖尾即为 ARMA 模型。拖尾：关联系数始终有非零取值，不会在 k 大于某个常数后就恒等于零（或在 0 附近随机波动）。截尾：关联系数在大于某个常数 k 后快速趋于 0 为 k 阶截尾。

表 3-39 ARMA 模型定阶原则

模型	自相关函数	偏自相关函数
AR(p)	拖尾	p 阶截尾
MA(q)	q 阶截尾	拖尾
ARMA(p, q)	拖尾	拖尾

通过 minitab 软件得出表3-37的自相关图3-16和偏自相关图3-17，由图可知100℃运动黏度数列的自相关函数(ACF)具有拖尾性，偏自相关函数(PACF)具有阶截尾性，因此判断100℃运动黏度序列特征符合 AR(p)的数学模型。

ARMA(p, q)中 p 和 q 值确定的主要方法之一为 BIC 准则法，贝叶斯信息准则（bayesian information criterion，简称 BIC）是主观贝叶斯派归纳理论的重要组成部分。是在不完全情报下，对部分未知的状态用主观概率估计，然后用贝叶斯公式对发生概率进行修正，最后再利用期望值和修正概率做出最优决策，公式为：

$$\text{BIC} = k\ln(n) - 2\ln(L) \tag{3-40}$$

式中：k 为模型参数个数，n 为样本数量，L 为似然函数。$k\ln(n)$惩罚项在维数过大且训练样本数据相对较少的情况下，可以有效避免出现维度灾难现象。此外 BIC 准则可以有效修正通过自相关图和偏自相关图定阶的主观性，在有限的阶数范围内寻找相对最优拟合模型，BIC 值越小说明模型对数据的拟合程度越高。

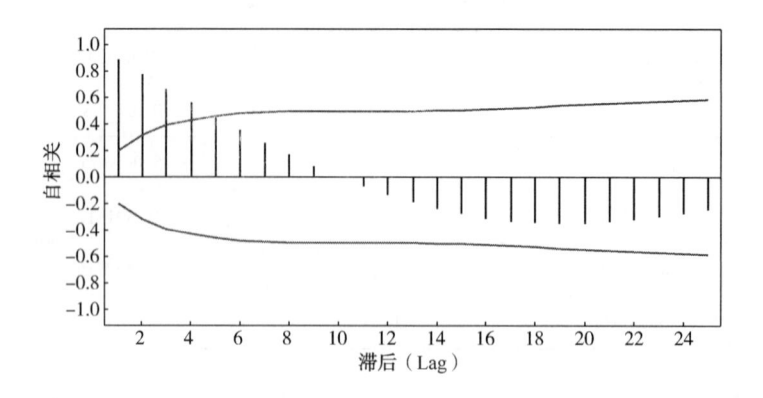

图 3-16　100℃运动黏度的自相关图

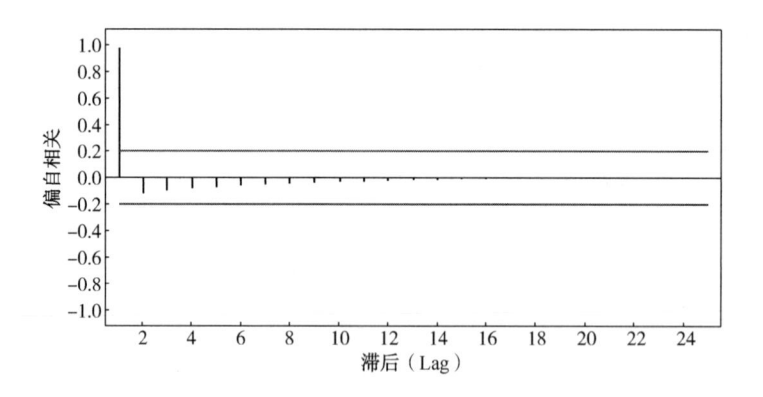

图 3-17　100℃运动黏度的偏自相关图

在 Python 分析模块中通过贝叶斯信息准则确定 CI-4 5W/40 的 ARMA(p, q)模型的 p 值和 q 值，见表 3-40。

表 3-40　Python 分析模块计算 BIC 最小值

类型	MA 0	MA 1	MA 2	MA 3
AR 0	−848.665	−970.27	−1086.95	NaN
AR 1	−1304.81	NaN	NaN	NaN
AR 2	−1608.81	−1629.65	−1625.49	−1620.87
AR 3	−1625.73	−1625.49	−1609.36	−1592.32

由表 3-40 可知，当 $p=3$，$q=0$ 时 BIC 值最小，BIC(3, 0) = −1625.73，CI-4 5W/40 的模型为 AR(3)自回归模型。

通过 minitab 软件得到 AR(3)自回归模型的最小二乘参数估计值，计算过程如下：

$$\varepsilon_t = x_t - \varphi_1 x_{t-1} - \varphi_2 x_{t-2} - \cdots - \varphi_p x_{t-p} \tag{3-41}$$

ε_t 为序列残差，对上式两边取平方得以下公式：

$$\sum_{j=p+1}^{N} [x_j - (\varphi_1 x_{j-1} + \varphi_2 x_{j-2} + \cdots + \varphi_p x_{j-p})]^2$$

令

$$\boldsymbol{Y} = \begin{bmatrix} x_p+1 \\ x_p+2 \\ \vdots \\ x_N \end{bmatrix}, \boldsymbol{X} = \begin{bmatrix} x_p & x_{p-1} & \cdots & x_1 \\ x_{p+1} & x_p & \cdots & x_2 \\ \vdots & \vdots & & \vdots \\ x_{N-1} & x_{N-2} & \cdots & x_{N-p} \end{bmatrix}, \boldsymbol{\varphi} = \begin{bmatrix} \varphi_0 \\ \varphi_1 \\ \vdots \\ \varphi_p \end{bmatrix}, \boldsymbol{\varepsilon} = \begin{bmatrix} \varepsilon_{p+1} \\ \varepsilon_{p+2} \\ \vdots \\ \varepsilon_N \end{bmatrix}$$

得

$$\boldsymbol{Y} = \boldsymbol{X\varphi} + \boldsymbol{\varepsilon}$$

因此残差序列平方和公式为

$$S(\boldsymbol{\varphi}) = (\boldsymbol{Y} - \boldsymbol{X\varphi})^T (\boldsymbol{Y} - \boldsymbol{X\varphi}) = \boldsymbol{Y}^T \boldsymbol{Y} - 2\boldsymbol{Y}^T \boldsymbol{X\varphi} + \boldsymbol{\varphi}^T \boldsymbol{X}^T \boldsymbol{X\varphi}$$

再对上式参数 $\boldsymbol{\varphi}$ 求偏导得

$$-2\boldsymbol{Y}^T \boldsymbol{X} + 2\boldsymbol{\varphi}^T \boldsymbol{X}^T \boldsymbol{X} = 0$$

优化目标即残差平方和最小时获得的参数 $[\varphi_1, \cdots, \varphi_p]$ 的值，因此将监测序列代入上式计算得出下列结果，见表 3-41。

表 3-41 ESTIMATE 命令输出的未知参数估计结果

类型	估计值 φ	标准误差	T 值	p 值
AR 1	1.5594	0.1806	8.63	NaN
AR 2	-0.1544	0.3488	-0.44	0.659
AR 3	-0.4133	0.1702	-2.43	0.017
常数项	-0.00003123	0.00004349	0.72	0.474

由表 3-41 可知，$X_t = \varphi_1 X_{t-1} + \varphi_2 X_{t-2} + \varphi_3 X_{t-3} + \varepsilon_t$ 中的参数为 $\varphi_1 = 1.6$，$\varphi_2 = -0.15$，$\varphi_3 = -0.41$，$\varepsilon_t \sim N(0, 001)$，那么100℃运动黏度的 ARMA(3, 0) 模型计算公式为：

$$X_t = 1.6 X_{t-1} - 0.15 X_{t-2} - 0.41 X_{t-3} + \varepsilon_t \tag{3-42}$$

由图 3-18 可知，模型残差均值为 0，且方差为 0.001，通过检验发现残差近似服从正太分布，说明参数符合建模需要。

表 3-42 是根据模拟数据计算得出的差分序列，即在不同时间段内的检测值增量数列，对预测结果进行修正，即对预测结果加上模拟预测数据的差分值，表 3-43 中即为修正后的预测值。

响应为昆仑黏度

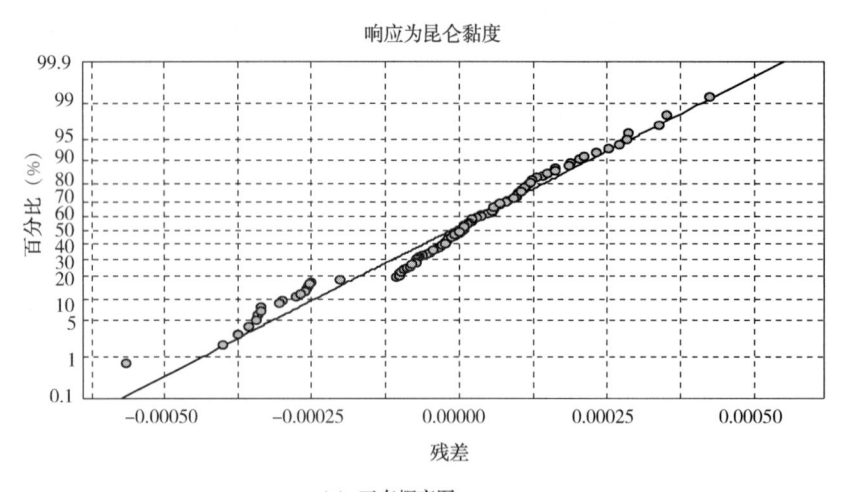

(a) 正态概率图

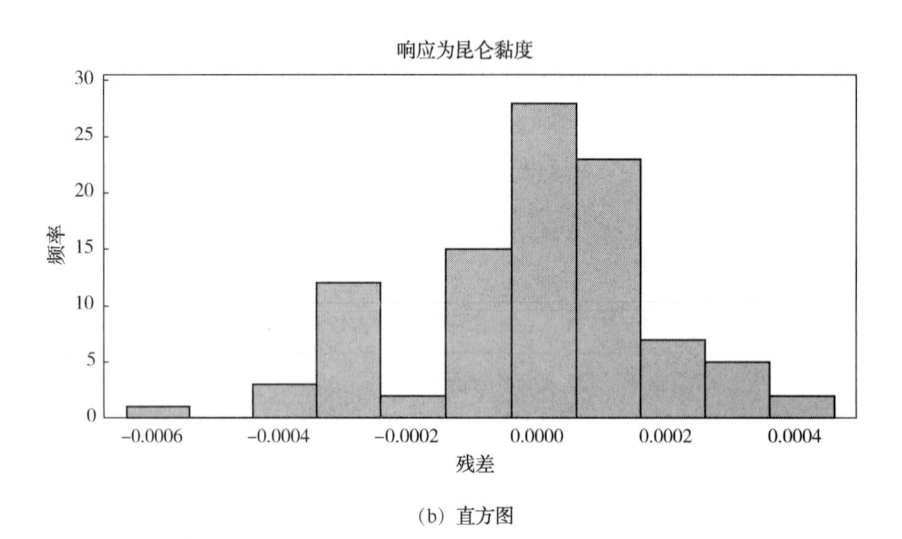

响应为昆仑黏度

(b) 直方图

图 3-18　模型残差正太性检验

表 3-42　100℃运动黏度的差分序列计算

时间(h)	模拟劣化数据	时间间隔	差分序列 $d = X_{t+1} - X_t$
72	14.43	—	—
96	14.43	72~96	0
120	14.41	96~120	-0.02
144	14.4	120~144	-0.01
168	14.37	144~168	-0.03

续表

时间(h)	模拟劣化数据	时间间隔	差分序列 $d = X_{t+1} - X_t$
216	14.22	168~216	−0.15
336	14.07	216~336	−0.15
456	14.07	336~456	0
696	13.89	456~696	−0.18
936	14.1	696~936	0.21
1176	15.1	936~1176	1

表3-43 100℃运动黏度指标劣化拐点预测

周期(h)	ARMA(3,0)预测值	预测值+d	限值
300	11.36(实测)	11.36(实测)	11.6~17.4
422	13.06(实测)	13.06(实测)	11.6~17.4
470	13.04(实测)	13.04(实测)	11.6~17.4
570	13.6	13.42	11.6~17.4
670	15.04	13.86	11.6~17.4
770	14.16	14.37	11.6~17.4
870	14.20	14.41	11.6~17.4
970	13.69	14.69	11.6~17.4
1070	13.86	14.86	11.6~17.4
1170	14.14	15.14	11.6~17.4
1270	15.42	15.42	11.6~17.4
1370	15.73	15.73	11.6~17.4
1470	16.20	16.20	11.6~17.4
1570	16.88	16.88	11.6~17.4
1670	17.32	17.32	11.6~17.4
1770	17.80	17.80	11.6~17.4

由表3-43可知,在1670h左右100℃运动黏度数值达到劣化预警值,因此100℃运黏度的劣化拐点为1670h。

4. 酸值模型计算及拐点分析

对表3-37中的酸值数列进行单位根平稳性检验,检验结果见表3-44。

表3-44　ACF单位根检验

检验统计量	-2.810481
p 值	0.0816024
滞后	4.000000
临界值(1%)	-3.501912
临界值(5%)	-2.892815
临界值(10%)	-2.583454

由计算结果可知,统计量 Test Statistic<10%的置信水平的临界值,说明序列平稳,满足预测的需要。

根据序列的自相关及偏自相关函数的拖尾和截尾性来判断具体采用何种模型,在 minitab 软件中通过 ARMA 模型定阶原则得出表3-37中酸值数列的自相关图3-19和偏自相关图3-20,均具有拖尾性,因此判断酸值序列特征符合 AR(p, q)的数学模型。

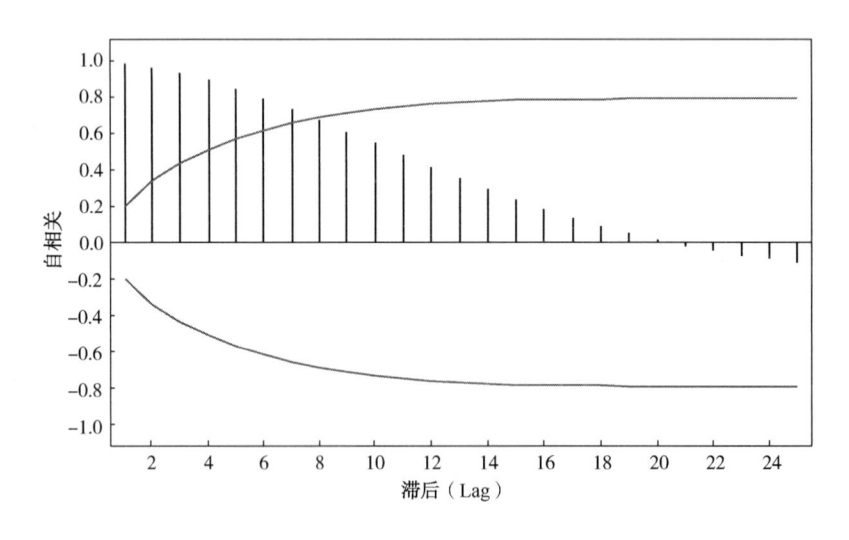

图3-19　酸值的自相关图

在 Python 分析模块中通过贝叶斯信息准则确定 CI-4 5W/40 酸值的 ARMA(p, q)模型的 p 值和 q 值,见表3-45。

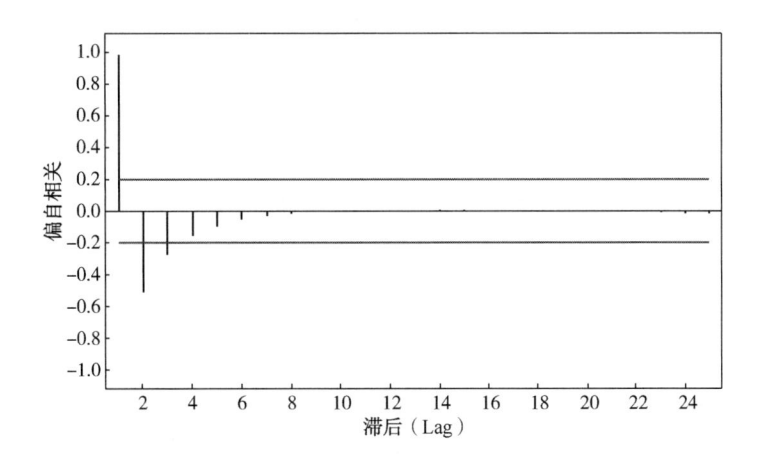

图 3-20 酸值的偏自相关图

表 3-45 Python 分析模块计算 BIC 最小值

类型	MA 0	MA 1	MA 2	MA 3
AR 0	−585.742	−706.623	−823.693	−937.356
AR 1	−951.503	NaN	NaN	NaN
AR 2	−1423.37	−1678.48	NaN	NaN
AR 3	NaN	NaN	−1674.41	−1669.82

由表 3-45 可知，当 $p=2$，$q=1$ 时 BIC 值最小，BIC(2, 1) = −1678.48，所以酸值的模型为 ARMA(2, 1) 模型。通过 minitab 可得到 AR(2, 1) 模型的最小二乘参数估计值，见表 3-46。

表 3-46 ESTIMATE 命令输出的未知参数估计结果

类型	估计值 φ	标准误差	T 值	p 值
AR 1	1.7093	0.0488	32.56	0
AR 2	−0.7947	0.0497	−11.96	0
MA 1	−1.0042	0.0549	−17.97	0
常数项	0.0550690	0.0007137	77.16	0

由表 3-46 可知，$X_t = \varphi_1 X_{t-1} + \varphi_2 X_{t-2} + \varepsilon_t + \theta_1 \varepsilon_{t-1}$ 中的参数为 $\varphi_1 = 1.7$，$\varphi_2 = -0.8$，$\theta_1 = -1.0$，$\varepsilon_t \sim N(0, 001)$，那么酸值的 ARMA(2, 1) 模型计算公式为：

$$X_t = 1.7 X_{t-1} - 0.8 X_{t-2} + \varepsilon_t - 1.0 \varepsilon_{t-1} \tag{3-43}$$

由图 3-21 可知，模型残差较小，其均值为 0，方差为 0.000025，通过检验发现残差近似服从正太分布，说明参数符合建模需要。

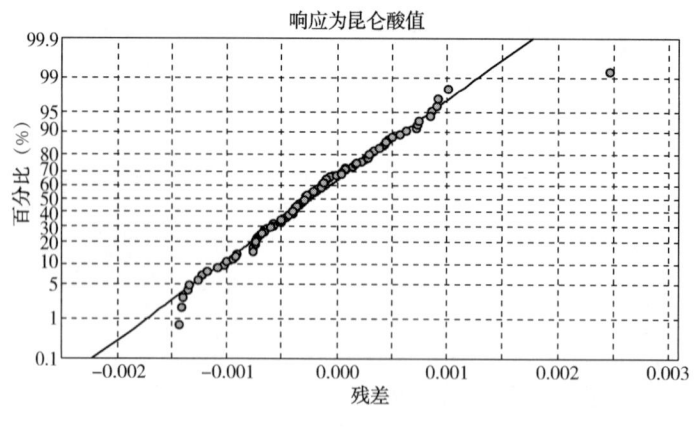

(a) 正态概率图

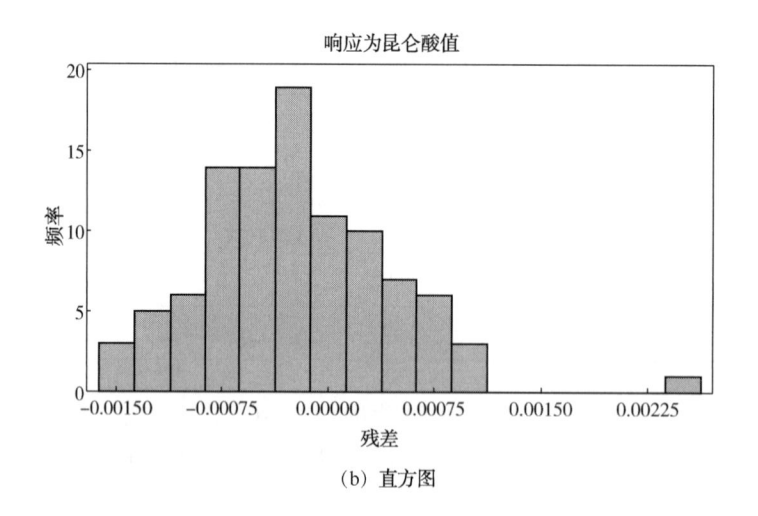

(b) 直方图

图 3-21　ARMA(2,1)模型残差检验

表 3-47 是根据模拟数据计算得出的差分序列，即在不同时间段内的检测值增量数列，对预测结果进行修正，即对预测结果加上模拟预测数据的差分值，表 3-48 即为修正后的预测值。

表 3-47　酸值的模拟序列差分计算

周期(h)	模拟劣化数据	时间间隔	差分序列 $d = X_{t+1} - X_t$
72	3.29	—	—
96	3.22	72~96	-0.07
120	3.24	96~120	0.02

续表

周期(h)	模拟劣化数据	时间间隔	差分序列 $d = X_{t+1} - X_t$
144	3.26	120~144	0.02
168	3.18	144~168	-0.08
216	3.03	168~216	-0.15
336	2.64	216~336	-0.39
456	2.4	336~456	-0.24
696	3.1	456~696	0.7
936	3.9	696~936	0.8
1176	4.23	936~1176	0.33

表3-48 酸值指标劣化拐点预测

周期(h)	ARMA(2,1)预测值	预测值+d(修正)	限值
570	2.39	3.09	最大值为5.8
670	2.86	3.56	最大值为5.8
770	3.17	3.97	最大值为5.8
870	4.46	4.46	最大值为5.8
970	3.88	4.68	最大值为5.8
1070	4.58	4.91	最大值为5.8
1170	4.79	5.12	最大值为5.8
1270	5.42	5.42	最大值为5.8
1370	5.78	5.78	最大值为5.8
1470	6.01	6.01	最大值为5.8

由表3-48可知，在1370h酸值达到劣化预警值，因此CI-45W/40的酸值的劣化拐点为1370h。

5. 碱值模型计算及拐点分析

对表3-37中的碱值数列进行单位根平稳性检验，结果见表3-49。

表 3-49　碱值数列的 ADF 单位根检验

检验统计量	-2.650404
p 值	0.128012
滞后	4.000000
临界值(1%)	-3.501912
临界值(5%)	-2.892815
临界值(10%)	-2.583454

由计算结果可知，统计量 Test Statistic<10% 的置信水平的临界值，则说明该显著性水平下，拒绝原序列存在单位根的原假设，即不存在单位根，说明序列平稳，满足预测的需要。

通过 minitab 软件得出表 3-37 中碱值数列的自相关图(图 3-22)和偏自相关图(图 3-23)，均具有拖尾性。因此判断碱值序列特征符合 AR(p, q)的数学模型。

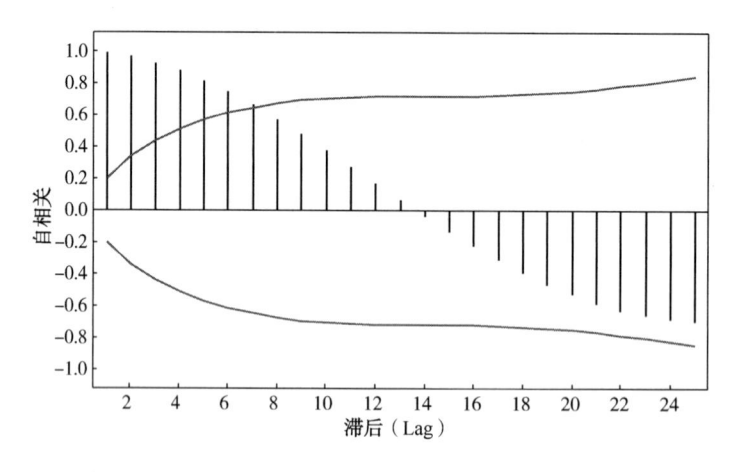

图 3-22　碱值的自相关图

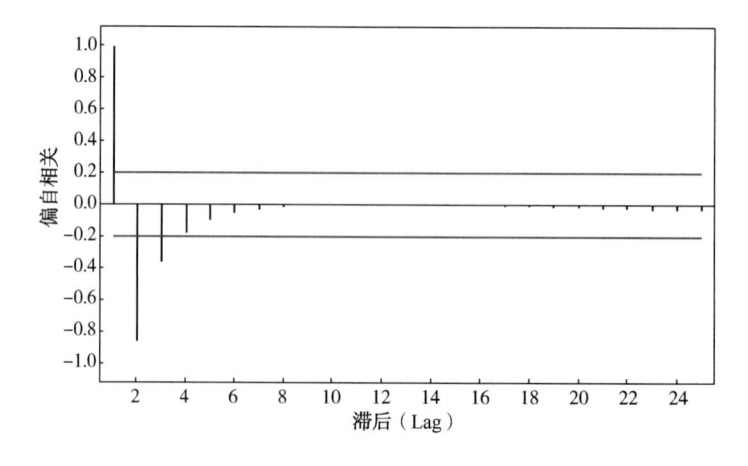

图 3-23　碱值的偏自相关图

在Python分析模块中通过贝叶斯信息准则确定CI-4 5W-40碱值的ARMA(p，q)模型的p值和q值，见表3-50。

表3-50　Python分析模块计算BIC最小值

类型	MA 0	MA 1	MA 2	MA 3
AR 0	-1041.62	-1164.23	NaN	NaN
AR 1	-1444.95	NaN	NaN	NaN
AR 2	NaN	-1728.46	-1724.04	-1719.5
AR 3	-1721.26	-1724.02	-1717.95	-1711.92

由表3-50可知，当$p=2$，$q=1$时BIC值最小，BIC(2，1)=-1728.46，所以碱值的模型为ARMA(2，1)模型。通过minitab软件可得到AR(2，1)参数的最小二乘参数估计值，结果见表3-51。

表3-51　ESTIMATE命令输出的未知参数估计结果

类型	估计值	标准误差	T值	p值
AR 1	1.8510	0.0186	99.58	0
AR 2	-0.8670	0.0185	-46.79	0
MA 1	-0.9904	0.0001	-9005.07	0
常数项	0.0415721	0.0001457	285.34	0
均值	2.59262	0.00909	—	—

由表3-51知，$X_t = \varphi_1 X_{t-1} + \varphi_2 X_{t-2} + \varepsilon_t + \theta_1 \varepsilon_{t-1}$中的参数为$\varphi_1 = 1.85$，$\varphi_2 = -0.86$，$\theta_1 = -0.99$，$\varepsilon_t \sim N(0，0005)$，因此碱值的ARMA(2，1)模型计算公式为：

$$X_t = 1.85 X_{t-1} - 0.87 X_{t-2} + \varepsilon_t - 0.99 \varepsilon_{t-1} \qquad (3-44)$$

由图3-24可知，模型残差较小，其均值为0，方差为0.001，通过检验发现残差近似服从正太分布，说明参数符合建模需要。

表3-52根据模拟数据计算得出的差分序列，即在不同时间段内的检测值增量数列，对预测结果进行修正，即对预测结果加上模拟预测数据的差分值，表3-53为修正后的预测值。

由表3-53可知，在1070h碱值超过预警值，因此CI-4 5W/40的碱值的劣化拐点为1070h。

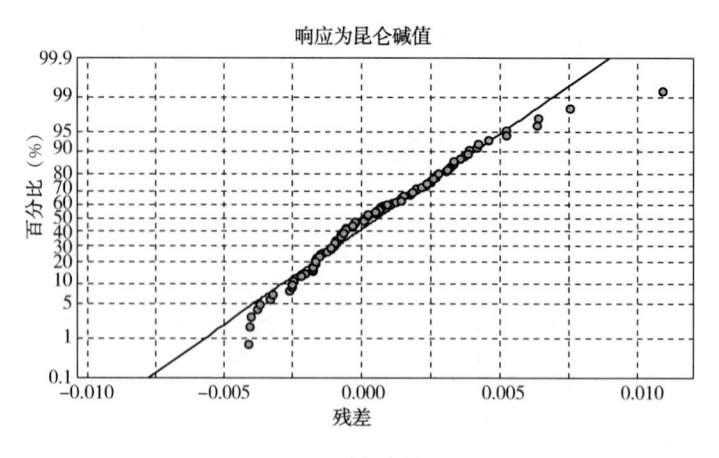

(a) 正态概率图

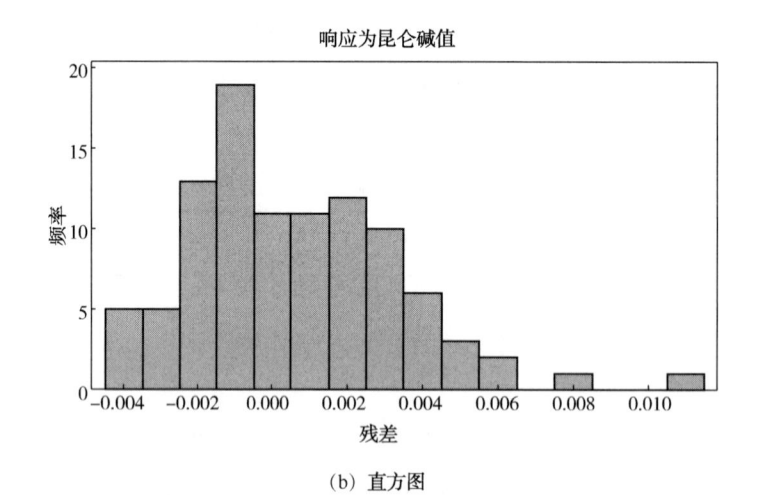

(b) 直方图

图 3-24 碱值 ARMA(2, 1)残差检验

表 3-52 模拟碱值数据差分序列

时间(h)	模拟劣化数据	时间间隔	差分序列 $d = X_{t+1} - X_t$
72	11	—	—
96	11	72~96	0
120	11	96~120	0
144	11	120~144	0
168	11.2	144~168	0.02
216	10.6	168~216	-0.6
336	10.3	216~336	-0.3

续表

时间(h)	模拟劣化数据	时间间隔	差分序列 $d=X_{t+1}-X_t$
456	9.52	336~456	-0.78
696	8.94	456~696	-0.58
936	7.55	696~936	-1.39
1176	6.3	936~1176	-1.25

表3-53 碱值指标劣化拐点预测

周期(h)	ARMA(2, 1)预测值	预测值+d	限值
570	10.6	9.82	最小值为5.6
670	9.98	9.2	最小值为5.6
770	10.22	8.83	最小值为5.6
870	9.19	7.8	最小值为5.6
970	8.22	6.97	最小值为5.6
1070	7.11	5.86	最小值为5.6
1170	6.14	4.89	最小值为5.6

6. CI-4 5W/40的劣化拐点计算分析

通过ARMA模型分别计算CI-4 5W/40的100℃运动黏度、酸值和碱值等参数的劣化拐点，分别为1670h、1370h和1070h，CI-4 5W/40的100℃运动黏度、酸值和碱值的权重分别为31%、46%、23%。根据公式：

$$X = W1 \cdot X1 + W2 \cdot X2 + W3 \cdot X3 \tag{3-45}$$

式中：X为柴油机油劣化拐点(小时数)；$X1$、$X2$、$X3$分别为黏度劣化拐点、碱值劣化拐点、酸值劣化拐点的；$W1$、$W2$、$W3$分别为黏度、碱值和酸值反应油品性能劣化时的权重比。

可知CI-4 5W/4的劣化拐点计算结果为1394h。

四、效果验证

根据劣化拐点的计算结果，按照安全原则，柴油机油更换周期初步确定为800h，与原来的500h或250h换油相比，延长了60%。表3-54是对换油周期的验证。

实际上从本章所有内容看，只要广大设备管理人员、润滑技术人员开动脑筋、集思广益、创新思维、求真务实，在新时代一定大有可为，大有作为。

表3-54 5W/40柴油机油劣化模型及换油周期验证

序号	设备名称	设备编号	润滑油使用时间(h)	检测项目	检测时间	单位	检测结果	质量指标	试验方法	结论
1	压裂车	压-077	780	100℃运动黏度	20190514	mm²/s	14.02	12.5~16.3	GB/T 265—1988	指标合格，油稳定性较好，添加剂正常，如 Ca: 842.7，Zn: 776.1，P: 1420.9
				倾点		℃	-48	≤报告	GB/T 3535—2006	
				水分		%	痕迹	≤0.2	GB/T 260—2016	
				机械杂质		%	0.35	≤0.5	GB/T 511—2010	
				铁元素		ug/g	12.1	150	GB/T 17476—1998	
				铜元素		ug/g	3.3	50		
				铝元素		ug/g	4.0	30		
				硅元素		ug/g	6.5	30		
2	压裂车	压-041	720	100℃运动黏度	20190326	mm²/s	11.86	12.5~16.3	GB/T 265—1988	黏度指标不合格。油稳定性较好，添加剂正常，如 Ca: 805.4，Zn: 799.5，P: 1723.9。油中 Na2.4，怀疑黏度下降与串入防冻液有关系
				倾点		℃	-45	≤报告	GB/T 3535—2006	
				水分		%	0.14	≤0.2	GB/T 260—2016	
				机械杂质		%	0.38	≤0.5	GB/T 511—2010	
				铁元素		ug/g	13.1	150	GB/T 17476—1998	
				铜元素		ug/g	18.7	50		
				铝元素		ug/g	3.9	30		
				硅元素		ug/g	5.3	30		
3	压裂车	压-033	701	100℃运动黏度	20200610	mm²/s	13.47	12.5~16.3	GB/T 265—1988	指标合格，油稳定性较好，添加剂正常，如 Ca: 560.6，Zn: 829.8，P: 1278.5
				倾点		℃	-48	≤报告	GB/T 3535—2006	
				水分		%	痕迹	≤0.2	GB/T 260—2016	
				机械杂质		%	0.34	≤0.5	GB/T 511—2010	
				铁元素		ug/g	7.9	150	GB/T 17476—1998	
				铜元素		ug/g	13.9	50		
				铝元素		ug/g	4.2	30		
				硅元素		ug/g	4.6	30		

续表

序号	设备名称	设备编号	润滑油使用时间(h)	检测项目	检测时间	单位	检测结果	质量指标	试验方法	结论
4	压裂车	压-078	692	100℃运动粘度	20200629	mm²/s	14.91	12.5~16.3	GB/T 265—1988	指标合格，油稳定性较好，添加剂正常，如 Ca：592.8，P：1362.0，Zn：798.3
				倾点		℃	−48	≤报告	GB/T 3535—2006	
				水分		%	痕迹	≤0.2	GB/T 260—2016	
				机械杂质		%	0.21	≤0.5	GB/T 511—2010	
				铁元素		ug/g	19.8	150	GB/T 17476—1998	
				铜元素		ug/g	2.7	50		
				铝元素		ug/g	5.4	30		
				硅元素		ug/g	4.9	30		
5	压裂车	压-033	909	100℃运动粘度	20200811	mm²/s	14.213	12.5~16.3	GB/T 265—1988	指标合格，油稳定性较好，添加剂正常，如 Ca：559.9，P：1326.9，Zn：931.9
				倾点		℃	−48	≤报告	GB/T 3535—2006	
				水分		%	痕迹	≤0.2	GB/T 260—2016	
				机械杂质		%	0.21	≤0.5	GB/T 511—2010	
				铁元素		ug/g	33	150	GB/T 17476—1998	
				铜元素		ug/g	8	50		
				铝元素		ug/g	5.3	30		
				硅元素		ug/g	5.8	30		

参 考 文 献

[1] 韩申君,宫恩荣.润滑油储存期的考察[J].石油商技,2000,18(1):15-18.
[2] 程士坚.天然气场站设备润滑油品更换周期的研究[J].设备管理与维修,2018(12):176-178.
[3] 冯丽苹,王军,徐艳,等.运行汽轮机油剩余使用寿命评估方法[J].热力发电,2018,47(6):132-136.
[4] 庞晋山,贺石中,宁成云.基于氧化动力学模型预测烃基润滑油剩余有效寿命[J].润滑与密封,2016,41(12):98-101.
[5] 张志才,郭小川,赵波,等.不同黏度等级润滑油在柴油发动机上的对比试验[J].后勤工程学院学报,2014,30(5):41-46.
[6] 粟斌,史永刚,陈国需,等.润滑油黏度等级对发动机性能的影响[J].润滑油,2010,25(3):20-25.
[7] 万初峰.油田柱塞式注水泵专用润滑油的研究[J].中国石油石化,2017(3):63-65.